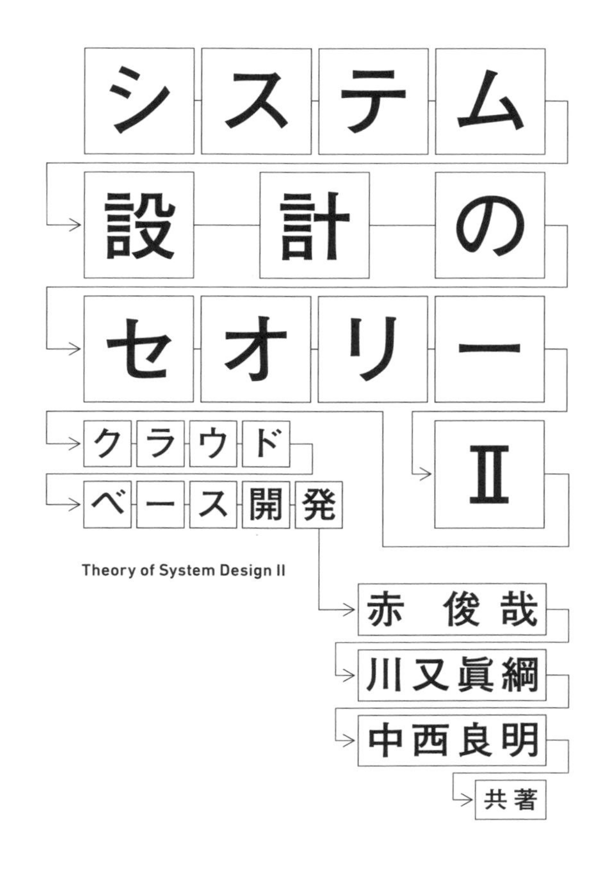
システム
設計の
セオリー
II
クラウド
ベース開発
Theory of System Design II
赤 俊哉
川又眞綱
中西良明
共著

リックテレコム

注 意

1. 本書は、著者が独自に調査した結果を出版したものです。
2. 本書は万全を期して作成しましたが、万一ご不審な点や誤り、記載漏れ等お気づきの点がありましたら、出版元まで書面にてご連絡ください。
3. 本書の記載内容を運用した結果およびその影響については、上記にかかわらず本書の著者、発行人、発行所、その他関係者のいずれも一切の責任を負いませんので、あらかじめご了承ください。
4. 本書の記載内容は、執筆時点である2023年4月現在において知りうる範囲の情報です。本書の記載内容は、将来予告なしに変更される場合があります。
5. 本書に掲載されている図画、写真画像等は著作物であり、これらの作品のうち著作者が明記されているものの著作権は各々の著作者に帰属します。

商標の扱いについて

1. 本書に記載されている製品名、サービス名、会社名、団体名、およびそれらのロゴマークは、一般に各社または各団体の商標、登録商標または商品名である場合があります。
2. 本書では原則として、本文中において™マーク、®マーク等の表示を省略させていただきました。
3. 本書の本文中では日本法人の会社名を表記する際に、原則として「株式会社」等を省略した略称を記載しています。また、海外法人の会社名を表記する際には、原則として「Inc.」「Co., Ltd.」等を省略した略称を記載しています。

はじめに

遠い昔、水を飲むためには、自分で貯水槽を用意し、水飲み場まで管を敷き、蛇口を用意する必要がありました。

飲む人の数により、必要な貯水槽の大きさは異なります。利用者の人数を前もって想定し、準備しなくてはなりません。皆が水を飲みたくなるタイミングも考慮する必要がありました。食事の時でしょうか、朝の洗濯の時でしょうか。蛇口を求めて人が殺到するときに、最大限必要となる蛇口の数と水栓の太さを想定して、用意しておきます。さらに、故障しないように、利用頻度や用途に応じて太く、頑丈なものを、これもまた想定して用意しなければなりません。これだけの準備が前もって必要なため、初期費用は膨大なものになっていきました。

ITシステムの世界も永い間、状況はあまり違いませんでした。あらゆることを前もって想定しておかないと、インフラの準備はできませんでした。できることといえば、拡張性を少しでも考えておくことくらいでしょうか。それでも限界はあります。つまり、不確定なビジネスの将来を見込んでシステムのインフラを準備するのには、制約があったのです。初期投資は大きく、変化への対応は難しかったといえます。

今、水道の栓をひねれば、必要な時に必要な場所で水が飲めます。公共の場所なら無料でしょうし、自宅や仕事場では使用量に応じて料金を支払えば利用可能です。ITシステムの世界も同様です。クラウド環境には数多くのサービスが用意されています。多額の初期投資は必要ありません。不確定な未来に起こるビジネスの変革にも対応可能です。

もはやクラウド抜きのITシステムは考えられません。手軽に開発できるSaaSのアプリが好例です。コロナ禍の給付金システムのような期間限定のアプリを、躊躇せず迅速に開発できるようになりました。クラウド環境を前提としたシステム開発の波はとても大きなものとなり、今やほとんどの業務システムの開発において有効な選択肢となりました。

ビジネスおよび業務に貢献するITシステムを、クラウドベースで開発する際には、クラウドならではのものと、オンプレミスで開発する際と何も変わらないものとが確かにあります。「クラウドならではのもの」とは、圧倒的な技術進化を許容し続けるための仕掛けです。「変わらないもの」とは、上流工程を含むシステム設計の重要性です。この「変わるもの」と「変わらないもの」をきちんと認識して理解を深めていくこと、それこそが本書のテーマです。

本書では、クラウドベース開発でシステム設計を行うために、新たに変えるべきものと、変えてはいけないものとを明確にした上で、実践すべきセオリーを説明していきます。

本書は拙著『システム設計のセオリー』の姉妹編であり、進化版とも呼ぶべき書籍です。今回は私以外に、バックボーンの異なる2人の執筆者との共同執筆という形をとりました。3人の知識を総動員して、幅広い視点からクラウドベース開発におけるシステム設計の手順を説明していきます。本書を通じ、読者の皆様が少しでも多くの気づきを得たなら、これに勝る喜びはありません。

著者を代表して　**赤 俊哉**

CONTENTS

CONTENTS

CONTENTS

序章

クラウドベースでITシステムを開発する際の前提として、まずクラウド環境自体の本質、そして本書の目指すもの、本書の構成を説明します。

01

Theory of System Design

クラウドの本質を理解しよう！

本節では、企業のITシステムにとってクラウド環境がどのような役割を果たすのかを説明します。

クラウドという「とてつもないテクノロジー」

筆者は今までベンダー、ユーザー、エンドユーザーといった様々な立場でITシステムに関わってきました。IT業界に入った頃は所謂「汎用機＝コンピュータ」の時代であり、今のPCのみならず、スマートフォンの原型すらない時代でした。そんな時代からITは「集中」と「分散」を繰り返しながら進化を続けています。そして今、クラウドというとてつもないテクノロジーがITシステム全体を呑み込もうとしています。

私たちはどこに向かって進んでいくべきでしょうか。

ある日のエピソードから話を始めます。

私は、ある病院の待合室に座っていた。まだ時間がかかりそうだったので、少々不謹慎とは思ったが鞄からノードPCを取り出して開いた。目の前に作りかけの資料の文字が広がった。頭は仕事のことに移っていく。

作成中の資料は今後のIT企画であり、私はその企業のIT担当責任者である。「将来を見据えたアーキテクチャの在り方」「次期システムの方向性」「IT施策の進め方」等を定めた上で、来年早々から順次実行に移さなければならない。この企画書はその重要な方向性を上申し、承認を得るために作成している。

私が下請けプログラマーとして所謂IT業界に入った時に比べて、ITは益々複雑化している。それ以上に顕著なのは、従来考えられなかった領域までをITがカバーしつつあることだ。

これはなんといっても、「クラウド」というとてつもないテクノロジーの進化に拠る処が大きい。今後の全社アーキテクチャや次期システム開発を考える上で、クラウドを避けて通ることはできない。だが「当社のレベルで、どこまでクラウドを活用すべきか」、考えれば考えるほどに頭が痛くなってくる。

振り返れば2年ほど前、クラウドベースで進化を続けている話題の「ローコード開発ツール」を使って、営業活動支援・仮受注・在庫管理システムを構築した。簡単にUIが作れることもあり、現場の担当者と一緒に簡単なワークフローを想定した上で開発を進め、迅速にカットオーバーできた。当初は多数の問い合わせに応じつつも、なんとか稼働していたが、徐々に様子が違ってきた。所期の目的から外れた要望や、想定外の問合せが増え、現在その対応に追われ悪戦苦闘している。

そんな経験をしたからか、「安易にSaaSに走るのはどうか？」とも思う。かといって今時、一からスクラッチで開発するコストや時間を捻出するのが正しいのか。そして何らかの選択をした上で、それらをどう組み合わせてデータのつながりを確保していくのか、考えなければならないことが多い。少し室温の低くなった待合室で、左のこめかみがキリキリ痛みだした。

クラウドベース開発を行うにあたり、考えねばいけないことをもう一度整理してみよう。

- 差別化の必要なコンシューマー向けシステムをスクラッチで開発するか？
- 何らかの外部サービスを使用するか？
- レガシーシステムをどうするか？（刷新すべきか、エンジンとして継続使用するか）
- ローコード開発ツールを使用してスピード感のある開発を行うか？
- データ連携やマスターの取り扱いをどうするか？
- セキュリティをどう考えるか？
- 全社のアーキテクチャ、特にデータアーキテクチャをどのように管理していくか？

考え始めるときりがないが、まずこれくらいは意識すべきであろう。

私はこれまで経験したシステム開発において、所謂上流工程、システム設計を最重要視してきた。スーパープログラマーがどんなに素晴らしいアプリケーションを開発しても、当初の方向性から乖離したり、目的を達成できなかったりしては意味がない。方向性と目的は、あくまで経営に資するかどうかで決めるべきである。それがぶれてしまうことがある。それは絶対に避けなければならない。これは数えきれない失敗から私が得た、確固たる教訓である。

場違いな病院の待合室だからか、キーボードの打刻音が大きく響いているよう感じ、思わず周りを見渡す。もちろん誰も私のことなんて気にかけてはいない。まだまだ考えがまとまらなかったが、結局テクノロジーがいくら進化しようとも、「上流工程まで含めた広義のシステム設計の重要性は変わらない」という結論に辿り行き着く。

それならまず、クラウドベースでも今までどおり行うべきものと、最新のテクノロジーを徹底的に活用すべき局面が必ずあるはずだから、それを見極めて全社のアーキテクチャに流し込もう。漠然とではあるが、少し光が見えてきた。まだまだ思いつきレベルだったが、夢中でPCにメモ書きしているところへ、私を呼ぶ看護士の声が聞こえた。

このエピソードは筆者が実際に体験した出来事と、そんな状況の中でも、頭から離れることがなかった悩みを描いています。読者の皆様はどのような立場でITシステムに関わっているのでしょうか。アナリスト、エンジニア、ユーザー企業のシステム担当、業務現場のエンドユーザー等、様々でしょう。本書はシステム設計についての書籍ではありますが、立場は違えども、もし少しでも同じような悩みを抱えているようであれば本書がその答えのひとつになります。

資産（持つもの）から経費（使うもの）へ

クラウドベース開発について説明する前に、クラウドとオンプレミスの違いを確認しておきましょう。一言でいえば、「所有して利用すること」と「賃借で利用すること」の違いです。自家用車をオンプレミスとすれば、レンタカーやタクシーがクラウドに相当します。クラウドでは用途に応じた大きさや速度、色々な機能を、必要なときに必要なだけサービスとして利用することができます。但し、レンタカーを毎日利用するよりも自家用車を所有した方が安く済むように、場合によってはオンプレミスにメリットがあります。

企業組織の投資の観点からも、オンプレミスとクラウドは異なります。オンプレミスの場合、インフラや開発したシステムは通常、「資産」として計上されますが、クラウドは「使った分だけ支払う」ので経費扱いになります。大きな初期投資を必要とせず、いつでも停止可能ですから、システム開発のトライアンドエラーが許容されます。

しばしば「クラウドは高くつく」という声を耳にします。機材等にかかる初期費用が低くても、運用にかかるランニングコストは大きくなりがちなことから、「高い」という印象を持たれるのでしょう。しかし、安定稼働のための管理コスト、教育を含む人的コストや、機材更新、機会損失などまで計算したら、どちらが高いでしょうか。日々進化する技術を摂取し続けるための費用も含め、幅広い視点が求められます。クラウドなら、常に最新の環境を入手できますが、オンプレミスではそうはいきません。オンプレミスからクラウドへの移行は、自社ビル所有から、最新のインテリジェントビルの賃借への移行に似ています。つまり所有から賃借へのコスト構造の転換以前に、発想の転換が不可欠です。

但し、クラウド利用は目的ではなく手段にすぎません。まず、経営上の効率改善や課題解決について熟考し、そこにつながるシステム課題を見据えます。

- インフラ調達リードタイムの短縮
- 新ビジネス立ち上げ、課題解決等への対応スピードの向上
- システムコストの削減（新規構築の初期コスト）

こうした課題の解決手段としてクラウドを活用し、ビジネスの目的に役立てることが大切です。

次に、クラウドについてもう少し詳しく説明していきます。

クラウドについてもう少し深く

クラウド環境ではインフラ構築の作業自体が不要になります。但し「賃借」である以上、細かい技術的仕様は隠蔽されると考えた方がよいでしょう。さらに、突然サービス内容が変わってしまったり、終了してしまうリスクがあります。また、クラウドサービス

の多くは他の利用者とシェアされているので、利用者側がサービス仕様に合わせなければなりません。サービス仕様のアップグレードに対応して、機能のアップグレード作業やプログラムの改修を行う必要が出てきます。

とはいえ、時代がクラウドへの移行を推し進めています。情報もWeb上に溢れており、特徴を理解した上でうまく使用することは十分可能です。リスクを正しく理解して使いましょう。

また、開発手法やテクノロジー導入を含め、新たなチャレンジのハードルが下がる点は見逃せません。クラウド環境では「まずやってみる」「小さく生んで大きく育てる」ことが可能になります。開発手法としては、ウォーターフォール型よりもアジャイル型の方が親和性が高いといえます。最近ではローコード開発ツールを活用する事例も増えています。これらは先を見通すことが難しい今日のビジネス環境において、トライアンドエラーを迅速に、繰り返し行うことを可能にするのですから必然といえます。

また、クラウドベース開発にアジャイル型の手法を適用した場合、マイクロサービスを前提としたDevOpsとの親和性が高いことも、開発手法を選択する際に認識しておく必要があります。もちろん、すべてにアジャイル型を適用すべきというわけではないことは、言うまでもありません。

クラウド時代の開発は、使う側と作る側の距離を確実に縮めます。早く、小さなサイクルで仮説を作り、試してみることができます。意見を取り入れながら改善のサイクルを回して、どんなデータベースもどんな開発ツールもどんどん試すことができますし、スケーラビリティの拡張も容易です。駄目ならすぐに使用をやめればよいのです。すべてを想定し、準備する必要はありません。やってみてから「少し違う、やり直してみよう」といった開発には、クラウドベース開発は最適です。

但し注意すべきは、たといクラウドベース開発であっても「ビジネスに貢献するシステムを開発する」という目的に変わりはありません。その目的を見失っては元も子もありません。そうならないためには、まずシステム開発対象の大枠を把握した上で、試行錯誤しながら詳細化していく筋道が必要です。

クラウドの進化は止まらない

クラウドの技術的な進化が止まることはなく、加速する一方でしょう。それに比例して、ますますクラウドベース開発を最優先に考えざるをえなくなります。AIやIoT等、テクノロジーの進化に呼応して、「クラウドファースト」の時代が本格的に始まっています。

インフラ面におけるこれまでの進化の課程は、大きく3段階に分類できます。

① 2018年頃　：オンプレミスサーバーのクラウド移行が進む段階
② 2019年頃　：サーバーのコンテナ化が普及するのに伴い、マイクロサービスが台頭した段階
③ 2020年以降：サーバーレスアーキテクチャ、フルサーバーレス化への移行段階

図0-1　クラウド技術の遷移

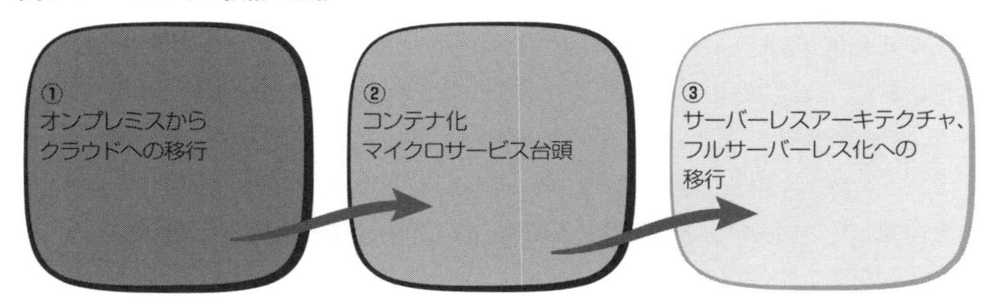

この①から③への進化により、サーバーの存在を意識しなくてよくなります。また、アプリケーションやデータベースの分散処理が促進されると共に、新たな技術革新の可能性が拓かれています。

サービスの進化を取り入れる

クラウド技術の進化に呼応するかのように様々なサービスが数多く提供されています。その数は増加を続け、適用範囲も拡大を続けています。また、そのまま使用可能なサービスだけでなく、スクラッチ開発向けに多数のフレームワークが用意されており、これらを使うことにより俊敏性のある開発が可能になります。所有と賃借、自分と他者の責任範囲をきちんと認識した上でこれらを有効活用できるよう、クラウドベース開発自体も進化を続けています。

第0章 序章

Column

情報システムではなくITシステム

筆者は昔から「情報システム（IS）」と「情報技術（IT）」の違いにこだわってきました 。しかし今、若い人の多くは、「ITを活用したシステム」や「IT使用を前提として開発されるシステム」のことを、情報システムとは呼ばなくなりました。それどころか「情報システム」という言葉を聞くことさえなくなっています。

企業組織においても「情報システム部門」ではなく「IT部門」、「IT○○部」、「デジタル○○室」といった呼称が増えてきました。インターネット検索の結果を見ても、IT関連メディアでも、「情報システム」という表現は減り、ITやデジタルという語に置き換わっています。本書も時流に倣い、「情報システム」を「ITシステム」と呼び換えた方がストレートに伝わると考えるようになりました。

さらに、時代はDX（デジタルトランスフォーメーション）、即ちデジタルファーストに物事を考えるようになり、「業務+IT＝情報システム」という理解だけでは済まなくなりました。「ITシステム⊃業務」つまり「業務はITやデジタルの一部」という理解が当たり前になろうとしています。

言葉が変わっても、情報システム（と呼ばれていた仕組み）の本質は変わりません。こうしたことから本書も、幅広い読者に馴染んでもらえるよう、「ITシステム」という呼称に統一することにしました。

02 Theory of System Design

本書が目指すもの

本節では、本書が目指す事項を説明します。

システム設計に対する気付き

本書では、クラウドベース開発ならではの「①進化に対応すべき物事」と、時代の流れの中でも「②普遍的で永く変わらない物事」、「③細かく変えていかなければならない物事」を明確化して、クラウドベースのシステム設計に必要な事項を説明します。本書を読むことにより読者が何らかの気付きを得て、実践に活かせることを目指します。

特定の方法論に依存しない経験知は不変

本書では一部の例外を除き、拙著『システム設計のセオリー』と同様に、特定の開発手法や方法論について深くは説明しません 。最低限必要な原理原則として、クラウドベース開発における「システム設計のセオリー」を厳選し集約しています。

また、最新の手法のみをピックアップしているわけではありません。オーソドックスな設計手法の説明も多く含んでいます。

どのような環境で開発を行う場合でも、システム設計を行う上で、どこで何を行うべきかの原理原則を知ることはとても大切です。本書では、クラウドベース開発を前提としているものの、不変なものと、クラウドならではの意識すべきものとを明らかにします。特定の開発方法論や手法に依存することなく、設計の各工程において必要最低限把握すべき事柄をまとめています。

本書が対象とするシステム領域

本書は業務用ITシステムの開発を想定しています 。制御系やゲーム関連の開発は対象外とします。

業務用のITシステムは、企業組織内およびその関係者の使用を想定し、特定のエンドユーザーを対象とする「エンタープライズ系システム」と、不特定多数の一般消費者に開放される「コンシューマー向けシステム」とに分類されます。SOE/SOR（System of Engagement/System of Record）といったマーケティング派生用語による分類も可能ですが、本書では対象ユーザーの違いで分類します。つまり、限定された特定ユーザーのみ操作するのか、不特定多数のユーザーが操作するのか、の違いです。

それ以外の違いとしては、エンタープライズ系システムは使用動機が業務ルールであり、なにより信頼性が重視されます。コンシューマー向けシステムは使用動機がユーザーの任意であり、俊敏性が求められます。

また、ITシステムは、以下のような目的の違いで分類することも可能です。

① 日常の業務オペレーションを効率化する
② 新たなビジネスモデルを実現する

「①には主に前述のSoRが該当し、②にはSoEが該当する」と言えますが、その境界は曖昧です。無理に分類すると、レガシーシステムとDXの断絶を促すように感じます。レガシーでもDXでも、企業組織における「データのつながり」を確保することでITシステムは価値を持ちます。さらに技術革新に伴い、いずれ②は①に吸収されていくかもしれません。つまり、新たなイノベーションを実現していても、すぐにレガシー化していく可能性があるのです。

DXの手段と見られているIoT、AI、ロボティクス、ドローン、VR等テクノロジの進化は加速し続けます。それらを直接扱うシステムについては本書では触れませんが、システムの本質はさほど変わるものではありません。システム設計の重要性も同様です。また、これらのシステムは、業務システムと連携してこそ価値を持ちます。上記①と②を同時に可能とし、DXの実現に寄与するシステム設計が求められるのです。

本書では、「エンタープライズ系システム」と「コンシューマー向けシステム」を中心に説明しつつ、やや異なる指向を持つシステムにも共通する、いつの時代も変わることのない不変のセオリーを説明していきます。

Theory of System Design

本書の構成

以上の内容を踏まえて、本書の構成を説明します。

本節を含むこの序章では、本書の目的、前提となる考え方、クラウドベース開発について述べました。

この後の第１章では、クラウドベース開発における「システム設計」の意義を明らかにします。

そして第２章以降の各章では、システム設計の各工程における目的、作業内容、成果物、留意点などを具体的に明示していきます。データや業務プロセス、ＵＩといった設計対象ごとに、概要から詳細へ、「論理設計から物理設計へ」と進める手順を説明します。さらに、クラウド環境におけるエンタープライズアーキテクチャ全体の考え方を明示し、実践につなげる方法を説明していきます。

第２章では、論理設計の最初のステップとして、クラウドベース開発における「要求／要件定義」と、システム設計の前準備としてやっておくべきことを明示します。クラウドベース開発であろうとも、標準の策定や、要求／要件定義の重要性は不変です。

第３章は、データ設計について、押さえるべきポイントを説明します。

第４章は、プロセス設計について、押さえるべきポイントを説明します。プロセスが明らかになることにより、「IT機能」と「UI（ユーザーインターフェース）」の姿が徐々に見えてきます。

第５章では、データとプロセス、IT機能との関わりを分析するために使用するCRUDマトリクス分析について説明します。

第６章では「機能・UI設計」を扱います。アプリケーションが備えるべきIT機能を、データとプロセスの設計から導出し、定義していく手順、および今後ますます重要度が高まるであろうUIを設計していく手順を説明します。

第７章は、クラウドベース開発のUI設計において、その価値を左右するといってもよい「ユーザビリティ設計」のセオリーを説明します。UIの操作性やユーザー満足度を向上させるためのノウハウを示します。

第8章は、クラウドベース開発の前提であり基盤となる「アプリケーション／テクノロジアーキテクチャ設計」のセオリーを述べていきます。オンプレミス環境におけるインフラ設計に相当します。具体的には、サービス選択、RDBとNoSQLの使い分け、メッセージ連携、ネットワーク基盤、運用管理基盤、コスト戦略等について説明します。

第9章は「クラウドファースト実現のために」と題し、様々なクラウド環境における実装フェーズへの橋渡しを手引きします。具体的にはマイクロサービス、コンテナオーケストレーション、アジャイルプロセス、DevOps、継続的インテグレーション、セキュリティ設計、ローコード開発等について説明します。

最終章となる第10章では、クラウドベース開発における成功パターンと失敗パターンを明示します。

以上の全編を通じ、「ユーザー要求を正しく実装へつなぐ」[1]という目標に向け、クラウドベース開発における「システム設計のセオリー」を明らかにしていきます。

1 2016年刊行の拙著『システム設計のセオリー』も同じ目標を持ち、この台詞を書名のサブタイトルに掲げていました。

第1章

クラウドベース開発における「設計」

第１章では、クラウドベース開発における「システム設計」の在り方と、意義を明らかにします。

1.1
Theory of System Design

クラウドベース開発の意義を理解しよう！

本節では、ITシステムをクラウドベースで開発することの意味について説明します。

より有効にクラウドを活用するために

クラウドベース開発では様々な選択肢があり、スクラッチ開発はそのひとつになります。クラウドベースでスクラッチ開発を行う場合、ウォーターフォール型開発よりも、マイクロサービスやDevOpsを前提としたアジャイル型開発の方が、相性が良いといえます。

一般的に開発手法は、プロジェクトの体制やシステムの用途に応じて選択すべきです。その点クラウド環境なら、どのような開発手法にも対応可能です。アジャイル型開発のエッセンスを取り入れた反復型開発が妥当な場合もあります。また、スクラッチ開発を選択する前に、ローコード開発ツールや外部サービスの使用を積極的に検討すべきです。

開発手法以上に留意すべき事項は「他者の責任範囲」を明確にすることです。クラウド環境は「賃借」ですから、自分達で管理可能なことと、他者に委ねるべきことを明確に分けるべきです。使用するクラウドサービスの範囲によって責任の範囲も異なります。借りている環境以外は自己責任と考えた方がよいでしょう。「情報セキュリティ」もその一例です。

企業によっては、意識の転換ができずに、機密性の高い社内情報の社外への持ち出しだけでなく、クラウドサービスを使用すること自体が問題になり、使用禁止を求められることすらあります。クラウド環境における情報セキュリティに関する使用基準は、セキュリティ認証を参考にして決めていくのが適当です。有名な団体や機関の認証を取得していれば、十分に品質を満たしていると考えてよいでしょう。

自分達で管理可能とすべき最優先事項はやはり「データ」です。オンプレミス環境であろうとクラウド環境であろうと、ITシステムの価値はデータで決まります。クラウドベース開発を行う際にも、データマネジメントを基盤としたデータアーキテクチャを「自分の責任範囲」として確立していくことが重要です。システムが作り出すデータの「構造」と「中身」は自分のこととして認識し、管理する必要があります。逆にインフラについては「他者の責任範囲」と割り切って、ブラックボックスを許容することになります。

(1) クラウドサービスを理解する

クラウドベース開発に使用可能なサービスを以下に説明します。

利用されることが多いのは以下の3つのサービスです。これらは「アズアサービス」と総称されることもあります。サービス内容は第8章で詳しく説明します。

●IaaS (Infrastructure as a Service)

ハードウェア(CPU・メモリ・ストレージ)のリソースを提供するサービスです。ネットワークやOS等を一緒に提供することがほとんどです。

オンプレミスであれば、自社の環境もしくはデータセンターにサーバーを設置し、ネットワーク機器や回線などを準備して接続しなければなりません。クラウドであれば、一から準備する必要がなく、すぐに環境構築を完了させることができます。多くの機能が提供されてきており、スケールアウト/スケールアップが容易に行えます。オンプレミスでは準備するのが難しい多くのリソースが、事前に準備されています。

●PaaS (Platform as a Service)

IaaSの環境に加えて、各種機能がフレームワークの形で実装されており、利用者はインストールなどの作業を行わなくても機能を利用できるサービスです。スクラッチ開発したアプリケーションを実行でき、環境設定を容易に変更できる機能などが提供されています。

●SaaS (Software as a Service)

クラウド環境に用意されたアプリケーションであり、様々な機能がサービスとして提供されています。利用者は特別な準備なしで、すぐにアプリケーションを利用することができます。

いずれにおいても、サービス事業者が保有し提供している「サービス」を「賃借」して「利用」することになり、初期コストの削減が可能です。サービスの開始や終了も容易に行えます。「月・日・時間・分・秒」といった単位の利用時間、「容量・回数・ユーザー数」といった利用量に応じた課金が行われます。基本的に使った分だけの費用が請求されます。

上記のほかに、CaaS（Containers as a Service）などの比較的新しいサービスもあります。CaaSとは、コンテナオーケストレーションをクラウド上で提供するサービスです。CaaSの使用方法は第8章で詳しく説明します。

昨今よく使われるようになったのはSaaSです。SaaSの進化は凄まじく、その状況を把握せずには、適切なサービス選択はできません。システム設計者には目利きの能力が必要とされます。サービス選択は本来アーキテクトの仕事です。しかし昨今では、アーキテクチャを意識して設計を行う能力がシステム設計者には必要であり、実際に行わなければならない状況が多々あります。そういった場合、システム設計を行う際に留意すべきは、まず「SaaSを使用するか、それ以外のサービスを使用するか」、「SaaSにおいて外部サービスを使用するか、ノーコード／ローコード開発ツールを使用するか」です。

いずれの場合もクラウドベース開発では、ユーザー要求を迅速に実装へ反映させることができます。ビジネスの足を引っ張らずに、スピード感を持ってビジネスとITの距離を縮めるためにどうすべきかを考え抜いて、多くの選択肢から最善の選択をすべきです。

開発の俊敏性を生かし、できるだけ早期に要求と技術をマッピングしていくことにより、最適なクラウドベース開発が可能になります。

(2) それ以外の分類

サービスの違い以外に、クラウド環境にはパブリッククラウド、プライベートクラウドといった分類があります。詳細については割愛します。

Column

組織論やマネージメントの扱い

クラウドベース開発を成功に導くには、組織論やマネージメントに関わる事項が重要なことは言うまでもありません。しかし本書では、あえてこれらにほとんど触れません。

開発体制とそのマネージメントが、システム開発の成否を左右することは周知の事実であり、クラウドベース開発に限った話ではありません。プロジェクトマネージメントに関しては素晴らしい書籍が多数出版されていますので、詳しくはそちらを参照してください。

本書では、クラウドベース開発におけるシステム設計のセオリーとなりうる理論と実践に話題を絞って、説明をしていきます。

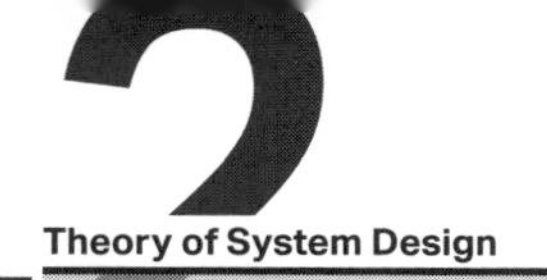

Theory of System Design

クラウドベース開発における システム設計の位置づけ

本節ではクラウドベース開発におけるシステム設計の位置づけと、在り方を説明します。

システム設計の重要性は不変

クラウドベース開発におけるシステム設計は、どうあるべきでしょうか。

開発環境や動作環境がどうであろうと「システム設計の重要性」は不変です。ドキュメント作成の有無等に相違があるかもしれませんが、設計なしでITシステムを開発するのは不可能です。仮に設計なしのまま、アジャイル型で新規開発から保守（変更）開発を行ったら、すぐにシステムの劣化が始まります。

システム設計とは以下の行為を指します。

システム設計　＝　業務設計＋IT設計

この場合の業務とはあくまでビジネスに貢献する仕組みにおける具体的な作業を指します。本来はビジネス自体の設計も併行して行うことにより、ビジネスと業務の一体化が可能になります。本書ではビジネスに貢献する業務を設計することを意味を込めて「業務設計」という表現を用います。

業務設計とは以下の行為を指します。

業務設計　＝　（業務で使用する業務データ・業務プロセス、およびそれらの関係性の設計）

具体的には以下の設計を行います。

- **データ設計**　：　リソース系とイベント系の業務データの設計、および連携仕様の把握
- **プロセス設計**　：　UX（User Experience：ユーザー体験）を最大化する業務シナリオを可能とするための業務プロセスの設計
- **CRUD設計**　：　業務データと業務プロセスの関わりの把握、定義、設計

IT設計とは以下の行為になります。

IT設計　＝　（業務に必要となるIT機能・UI・データの設計）

具体的には以下の設計を行います。

- **データ設計**　：　使用するIT機能とUIで扱うデータベースの設計、およびデータ連携の設計
- **機能設計**　：　業務プロセスとUIを実現するために必要なIT機能の設計
- **UI設計**　：　業務プロセスとIT機能を実現するために必要なUIの設計
- **その他アーキテクチャ設計**
  ：　開発方法、インフラに応じたDD（データアーキテクチャ）、AA（アプリケーションアーキテクチャ）、TA（テクノロジーアーキテクチャ）の設計
  クラウドベース開発においてTAはクラウド環境が前提となる。

システム設計というとIT設計だけをイメージしがちですが、業務設計が重要です。業務設計をきちんと行わないシステム開発は間違いなく破綻します。たといクラウドベース開発であろうとも業務設計は必須です。業務設計は、後述するEA（エンタープライズアーキテクチャ）におけるBA（ビジネス（業務）体系）を作り上げる作業になります。ビジネスに貢献するために必要となる業務とは何か、分析した結果を基に行っていくことになります。

論理設計と物理設計

システム設計を別の観点から整理します。

システム設計は「論理設計→物理設計」という順番に行っていきます。論理設計では、主に「何を」(What) を明らかにし、物理設計では主に「どのように」(How) を明らかにして定義していきます。本書では、この【論理設計⇒ 物理設計】という普遍的な手順を重要視します 。そして両方の区分を重ね合わせて、各工程の呼び名を、次の図および下記の⓪から④のように定めます。

図1-1　論理設計・物理設計と工程との関係

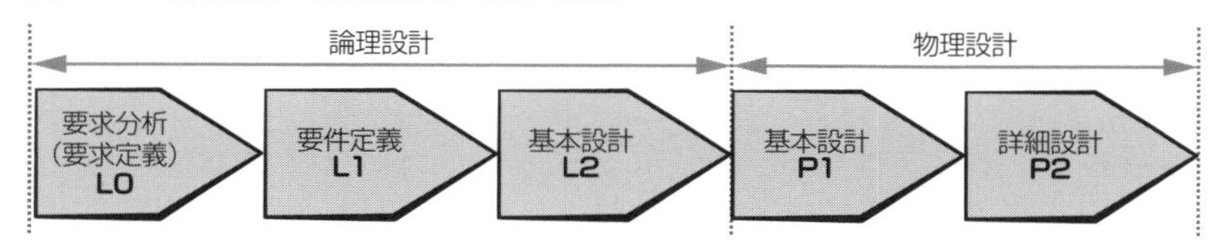

以下、「L」は論理設計、「P」は物理設計を表します。

⓪**L0**　：要求分析（要求定義）：要求を分析し、目指すべきあるべき姿に対する開発者と利用者の間の合意形成。合意に伴い、次の①のインプット（入力）として有効な成果物を作成することを目指します。

①**L1**　：要件定義（論理設計）：要求の深堀および実現化に関する、開発者と利用者の間の合意形成。合意に伴い、次の②のインプット（入力）として有効な成果物を作成することを目指します。

②**L2**　：基本設計（論理設計）：要件に応じた設計結果に関する開発者と利用者の間の合意形成。合意に伴い、次の③のインプットとして有効な成果物を作成することを目指します。

③**P1**　：基本設計（物理設計）：上記②の結果に基づき、物理的要素を加味して、実装の準備を行います。これに伴い、次の④のインプットとして有効な成果物の作成を目指します。

④**P2**　：詳細設計（物理設計）：実装のための設計を行います。

論理設計にて「何を」を明らかにすることにより概要定義を行い、物理設計にて「どうやって」を明らかにすることより詳細定義を行います。クラウドベース開発における実際の設計は、以下の図のとおりに行うことになります。

図1-2　論理設計と物理設計

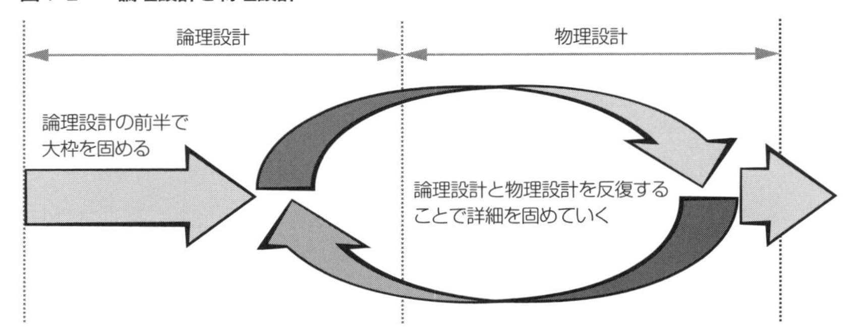

システム開発を行う目的と方向性に基づき、「何を」すべきかの大枠を論理設計の前半で固めた上で、論理設計の後半と物理設計を繰り返し行うことにより、論理設計にて「何を」をすべきか、物理設計にて「どのように」をすべきかを具体化していきます

論理設計にて（What）を明らかにした後に、物理設計にて（How）を考えた方が、人間の思考としてやることの順番がわかりやすいのですが、要求を迅速に反映させるために、クラウドベース開発においては、あえて論理設計と物理設計を繰り返し行うことにより、基本設計と詳細設計を行います。これはクラウドベース開発がアジャイル型開発やローコード開発との親和性が高いことを最大限活用するためです。

それ以外に、オンプレミスとクラウドベース開発における、システム設計の相違点は何でしょうか。明らかに異なるのは、前提とするアーキテクチャ、提供されるサービスの豊富さ、そしてトライアンドエラーの許容範囲が広いことでしょうか。これらの違いにより、手順の違いを生じることもありえますが、基本的にやることは変わりません。システム開発における「何を」を明らかにして、「どのように実現するか」を決めていくのがシステム設計です。行うべき内容の普遍性が変わることはありません。

先ほど説明した、業務設計とIT設計との関係を以下に示します。

図 1-3　論理設計・物理設計と業務設計・IT 設計の関係性

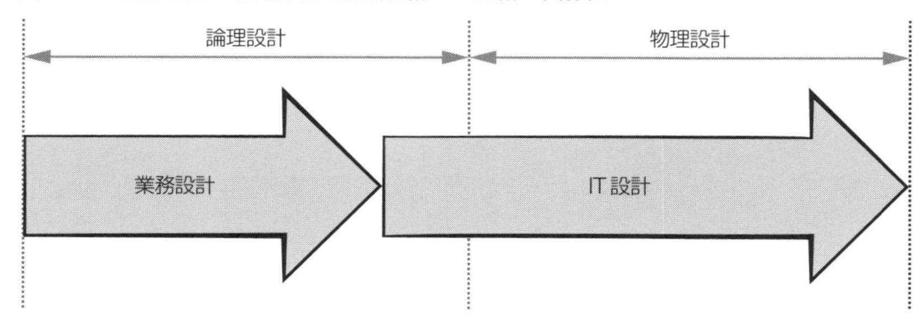

当然ではありますが、業務設計の概要は「何が」を明らかにする論理設計内にて終えていないといけません。業務として開発対象のシステムがどのようにビジネスに貢献するかを把握することなしに、技術の話に走るのは問題外です。

とはいえ昨今は早めにIT設計に着手する場合が増えています。この場合は若干、業務設計とIT設計を併行して実施することになります。

図 1-4　論理設計・物理設計と業務設計・IT 設計の関係性〜別パターン

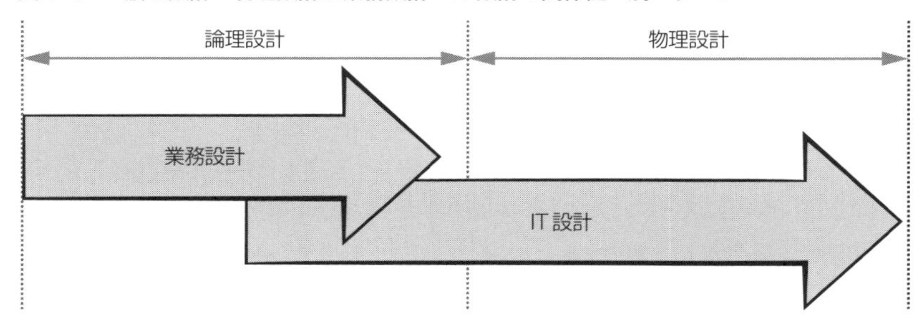

また、オンプレミスからクラウドへの移行、マイグレーション等の場合には、業務設計は現状確保を前提として、最低限許容できる範囲の変更に留める場合があります。その場合は業務設計よりもIT設計中心に行うことになるため、次の図のようなイメージになります。

図1-5　オンプレミスからクラウドへの移行やマイグレーション等の場合

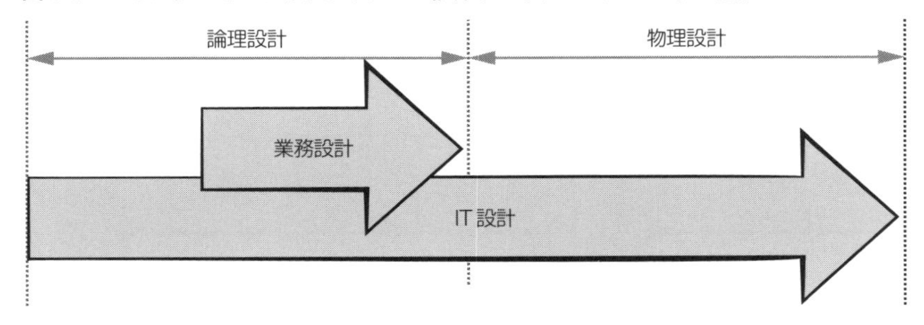

開発手法におけるシステム設計

ウォーターフォール型開発は要件定義を行い、設計や製造といった単位で順番に開発工程を進めていく手法です。開発途中で仕様を変更したり追加したりすると、前の工程に戻る必要が生じ、コストや時間がかかってしまいます。アジャイル型開発では設計・開発・テストの単位が小さく、リリースまで短期間で繰り返すことにより、仕様の変更にも柔軟に対応できることが特徴です。

どちらを選択するかでは、以下の点を検討します。ウォーターフォール型開発では、各工程ごとのゴールが明確に設定されます。そのため、全体把握が比較的容易であり、必然的に予算や人員に関する計画が立てやすくなります。一方、アジャイル型開発では「ゴールが明確に設定されない」というより、そもそも設定されるものではないので、全体的に計画が策定しづらくなる傾向があります。システムの形態やメンバーの体制、契約形態などを考慮して選択することになります。この中で、選択の決め手となるのは開発対象のシステム形態です。俊敏性と安定性のどちらを優先するのかで決めます。開発対象のシステムに適した開発体制を作るのが理想です。

開発手法の違いによって、システム設計の工程がどのように変わるのかを、2つの図で対比してみます。

図1-6　ウォーターフォール型開発の場合

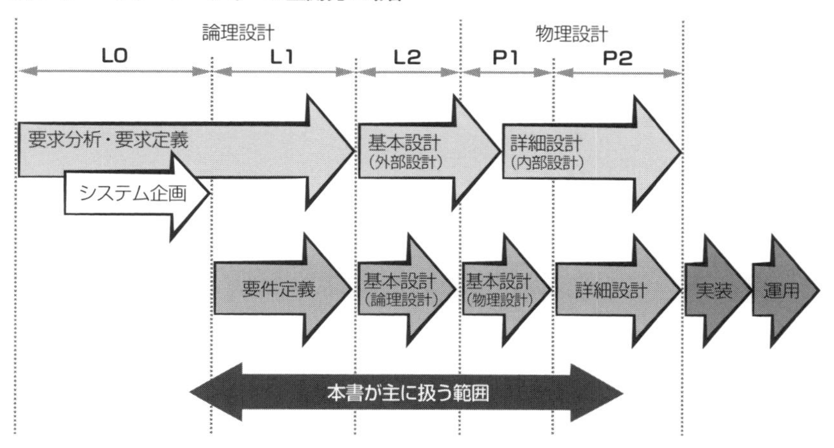

図1-7　アジャイル型開発の場合

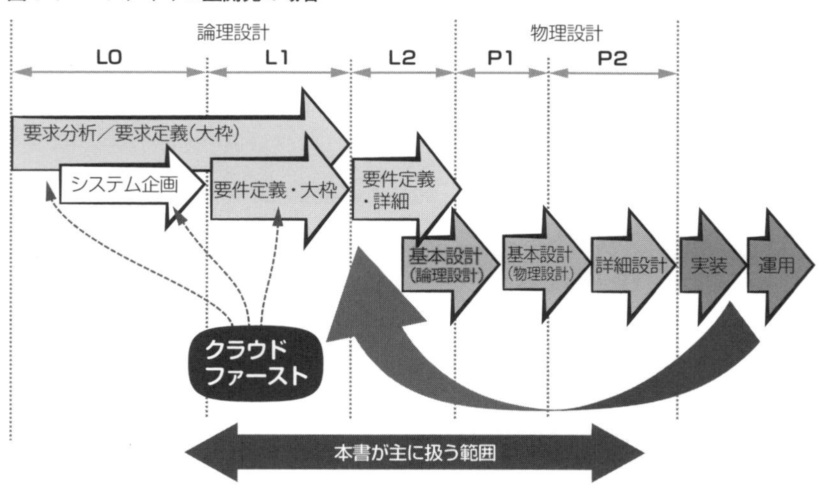

ウォーターフォール型開発の場合、論理設計にて「何が」を明らかにした後に、物理設計にて「どのように」を明らかにしていきます。

一方、アジャイル型開発の場合、論理設計の前半で要求分析を行い、設計情報の概要を固めます。そして、論理設計の後半と物理設計を繰り返すことにより、設計情報の詳細までを確定し、実装につなげていきます。つまり「何が」の概要を確定した上で、「何が」の詳細と「どのように」を、繰り返しの中で明確化していきます。

業務設計とIT設計に関して、業務設計は論理設計前半で終了させておき、さらにIT設計の大枠まで終了した段階で、繰り返しの中でIT設計の詳細を確定していくことになります。業務設計についても、大筋がぶれない限り、繰り返しの中でも「若干の修正も可」とします。

反復型開発を行う場合は、アジャイル型開発の工程の考え方に近くなります。

クラウドベース開発とEA

クラウドベース開発におけるシステム設計を行う上で重要なのは「アーキテクチャ」をきちんと理解することです。アーキテクチャ(Architecture)とは、設計思想、および、それに基づいた基本構造、体系を表します。

クラウドベース開発を前提としたアーキテクチャについて、エンタープライズアーキテクチャ(Enterprise Architecture:EA)の概念を用いて整理しておきます。

図1-8　エンタープライズアーキテクチャ

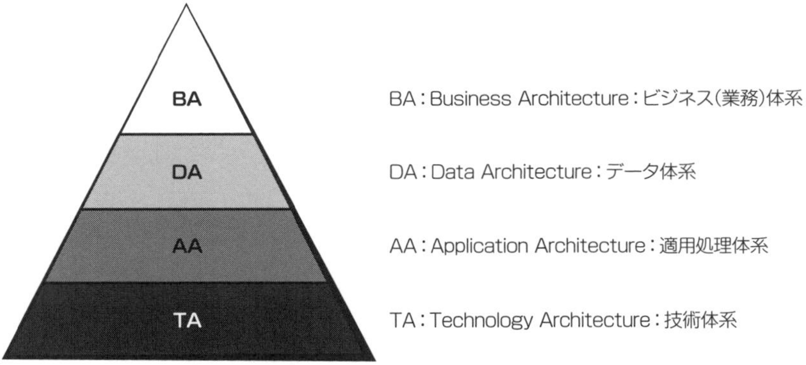

EAは、企業全体のシステム設計図です。開発プロジェクト単位の設計図ではないこと、EAとして整合性を保つことが重要です。企業組織が全社レベルでシステムを考える上では、この2点を理解する必要があります。開発プロジェクトはそのことを常に認識して遂行されなければなりません。

EAは上図で示すとおり4つの階層で表します。

(1) BA：ビジネスアーキテクチャ

ビジネス、業務の設計思想および基本構造、体系を表します。BAはどのような環境や開発手法を使用しようが、全社レベルで考える必要があり、その重要性が変わることはありません。開発単位に行った業務設計は、全社レベルの業務設計の一部として整合性を保つことが必須です。

(2) DA：データアーキテクチャ

データの設計思想および基本構造、体系を表します。

DAの重要性はBAと変わりませんし、全社レベルで考える必要があるのも同じです。但し、以下で説明するTAおよびAAの選択によっては、データの管理方法を考え直す必要があります。データの一元管理が難しい場合、データマネジメントをどのように有効に機能させるか、後述するデータモデルをもとに検討します。

(3) TA：テクノロジーアーキテクチャ

IT基盤の設計思想および基本構造を表します。

TAはAA/BA/DAのインフラに関するアーキテクチャです。クラウドベース開発では、パブリッククラウドやプライベートクラウドの違いが前提になりますが、システム設計で特に重視すべきは、①単体のクラウドサービス、②複数のクラウドサービスの組み合わせ、③クラウドサービスとオンプレミスの組み合わせによるハイブリッドサービスのうち、どれを選ぶかです。なお、②では異なるクラウド間の連携が必要となりますが、データ連携以外は①と同じです。また③では、クラウドとオンプレミスの連携が必要となります。

また、オンプレミスの基幹系システムから一部をクラウドサービスに切り出す場合や、新たにサービスを開発する場合も、基幹系システムとの間で何らかの連携が必要となるケースがほとんどです。データ連携に関する検討を忘れてはいけません。

TAの選択により、AAもDAも影響を受けます。

(4) AA：アプリケーションアーキテクチャ

アプリケーションの設計思想および基本構造を表します。AAにおいては、システム設計を行うにあたり、下図で示すとおり、以下の何れかを選択する必要があります。

① **作らない開発**　：外部サービスやパッケージが該当します。

② 極力作らない開発　：ノーコード／ローコード開発（以下ローコード開発と表現します）が該当します。

③ 作る開発　：スクラッチ開発が該当します。

SaaSを使用する場合は①と②がほとんどですが、他のアズアサービスを使用する場合もあります。システム設計においては、まずこれくらいの切り分けができていれば問題ありません。もちろん、①②③を組み合わせて開発するシステムも存在します。

上記①と②の場合、業務設計は何らかの機能面等の制約を受けることになります。

③を選択した場合は、アジャイル、DevOps、マイクロサービスの使用可否を検討します。「作る開発」とはいえ、昨今はAIの進化がすさまじく、AIを使用した結果として、「作る」を選択しても実質的には「極力作らない」形に落ち着くケースが増えています。本書ではビジネス論や組織論に深入りしませんが、これらが有効なのはビジネス上差別化が可能で収益を上げられるサービスやシステムを継続的に開発する際です。

当然のこととしてIT設計は、選択した①②③を踏まえて行う必要があります。

ノーコード／ローコード開発とスクラッチ開発

上記①②③の分類方法を以下に示します。

まず「SaaSサービスで対応可能か」を検討します。可能であれば①作らない開発を選択します。不可であれば次に「ノーコード／ローコード開発が可能か」を検討します。可能であれば②極力作らない開発を選択します。不可であれば③作る開発を選択することになります。いずれかのみで対応不可の場合は、これらを組み合わせて開発を行うことになります。

図1-9　「作らない開発」「極力作らない開発」「作る開発」

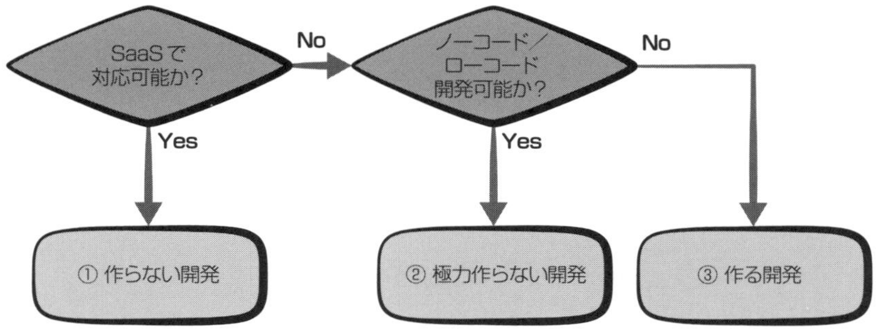

ノーコード／ローコード開発を行うことにより、開発工数を削減できます。以下にこれらの特徴を整理しておきます。

● ノーコード開発

プログラムのコードを書くことなく、Webやスマートフォンのアプリケーションを開発することが可能です。ノーコード開発ツールの多くはサービスとして提供されており、デザイン・動作・データなどを設定していくことで、アプリケーションを組み立てていきます。

コードを書かなくてもよいということは、コードを書く必要があるような複雑なロジックには対応できない可能性が高いということです。利用するノーコード開発ツールで、どれくらいの要件を満たせるか、事前の確認が必須です。コードを書く必要はありませんが、「どのようなプロセスにするか」「どの機能を当てはめるか」「データの構成はどうなるか」といった設計は必須になります。つまりシステム設計の重要度が増すことになります。

● ローコード開発

極力少ないコードの量で開発することを可能とします。開発の枠組みが出来上がっており、最小限のコードを追加・編集していくことで、アプリケーションを作成します。ノーコード開発とスクラッチ開発の中間的な位置付けであり、特徴を理解して適切に開発を行えば、開発の期間やコストを削減できます。また、多くツールでは、最低限のセキュリティなどが考慮されており、リスクも低減できます。

今後ますます普及していくであろうノーコード／ローコード開発ツールは、次の3種に分類できます。

① データモデル主導型
② UI主導型
③生成AI型

①はクラウド前提のツールではないので、ほとんどがオンプレミスにも適用できます[1]。基幹系のリプレースにも適用可能です。第8章の分類では「DB駆動型」「モデル駆動型」のツールが相当します。

②はクラウドへの適用が前提です。「UI＝アプリ＝データベースのテーブル」といった形態がほとんどです。UI単位にデータを取得し、承認プロセス等（ワークフロー）に乗せていく場合等に有用です[2]。第8章の分類では「画面駆動型」のツールが相当します。

当然のことながら、①の方が②よりも、複雑なアプリケーション開発に向いています。とはいえ、現在、②においても連携をスクラッチで開発したり、プラグインを使用することにより、制約がどんどん少なくなり、活用範囲が拡がっています。このことがますます選択を難しくしているといえます。さらに③を使うと、文章で指示するだけで、作りたいアプリが自動生成されます。AIの進化により有効な選択肢になってきています。

1　データ設計で使用する用語を少し使ってしまいますが、リレーション設定が可能であり、トランザクションを保証できるものが多いといえます。 最近はクラウドへの適用を前提とし、 簡易開発が可能となるツールが増えています。

2　またもデータ設計用語を使いますが、 正規化は期待できないので、 全社 DA を考える上でどうデータを統合していくか検討する必要があります。

Theory of System Design

様々な選択条件の違いを理解しよう！

オンプレミスとクラウドの違いを理解する

クラウドベース開発においては、新規システムを全面的にクラウドサービスで新しく構築するケースもあれば、既存のオンプレミス環境のシステムを更改するタイミングでクラウドサービスに移行するケースや、オンプレミス環境から一部をクラウドサービスに切り出すケース等もあります。

オンプレミス環境からクラウド環境への移行においては、何を、どこまでクラウドサービスへ移行するべきかを決めていきます。前述したとおり、そもそもの発想の転換が必要になります。

まずは範囲を特定します。インフラだけをクラウド環境に移行するケースもあれば、ソフトウエアについてはサブシステム単位で移行するケースや、アプリケーションの一部をクラウドサービスへ置き換えるといった様々なパターンがあります。まずは「何を」「どこまで」移行するのかを決めていきます。

クラウド環境が充実してきたとはいえ、なんでもかんでもクラウドに移行することが必ずしも良いとは限りません。クラウドサービスの特徴や良い面を活かすことが大切です。メリットとデメリットをきちんと把握した上で、最適な環境を選択して構築していくことです。

以下に意識すべき事項を説明します。

(1)「所有」と「賃借」の違いを理解する

ハードウエア、ソフトウエアを問わず、オンプレミス環境とクラウド環境では「所有」と「賃借」の違いがあります。

(2) 自由度の違いを理解する

上記、所有と賃借の違いにより自由度が異なります。オンプレミス環境では所有しているので、通常は「占有」して自由に使用することができます。クラウド環境は「賃借」である以上、他の利用者と「共用」することになり、自由度は制限されます。前述したとおり、オンプレミスが「自社ビル」であれば、クラウドは「賃借のインテリジェンスビル」をイメージするとわかりやすいでしょう。

クラウドサービスの多くは、他の利用者とシェアされているので、利用者はサービス仕様に合わせて利用しなければいけません。持ち家では意識する必要がないようなことでも、賃貸のビルであれば、他の使用者とともにコミュニティのルールに従う必要があるのと同様です。

(3) 規模とコストの違いを理解する

人は自動車やバス・電車、飛行機といった様々な手段を使って移動します。自動車なら普通の勤め人であっても、比較的容易に所有できますが、飛行機を所有するのは、ほとんどの場合不可能です。しかし、所有はできなくても必要なときに利用することはできます。クラウド環境も同様です。

但し、気を付けないといけないことがあります。クラウド環境では、必要な時間・必要な規模で容易にサービスを利用できますが、時間や規模の見積を誤ると、コストが想定外に膨らんでしまうことがあります。例えば、レンタカーを毎日「賃借」して利用するよりは、「所有」して使用した方が安いのと同じです。また、必要がないのに大型ダンプカーを借り続ければ、無駄なコストがかかります。利用状況に応じて、本当にクラウド環境を使用すべきか、どれくらい使用すべきか、むしろオンプレミスを使用すべきではないかを、きちんと検討した上で使用します。

(4) 運用の違いを理解する

オンプレミス環境であれば、OS、ミドルウエア、アプリを問わず、自らの必要とするタイミングでバージョンアップやメンテナンスのスケジュールを決めることができます。その反面、バージョンアップやセキュリティに関する対応は、自発的に行う必要があります。前述したとおり、自由度と引き換えに責任を負うことになります。

クラウド環境のサービスでは、ソフトウェアのバージョンアップなどはサービスを提供する側が責任をもって実施します。数カ月程度でバージョンアップが繰り返されることも多く、強制的にアップデートが行われることがあります。その反面、アップデートやメンテナンスに合わせて、今まで問題なく稼働していたシステムの動作確認が必要になります。この動作確認にはデータ連携も含みます。クラウド環境が提供するサービスの仕様やバージョン等に合わて運用していくことになります。

(5) システム更改やバージョンアップの頻度の違いを理解する

オンプレミス環境では、一度所有したハードウェアやソフトウェアを、5年から10年の間、保守が切れるまで使い続けることがほとんどです。そのため、その期間中は大きな変更を行わずに長く使うことを指向する傾向があります。

クラウド環境のサービス利用では、必要なリソースはすぐに準備できるので、変更が容易です。最新の環境をすぐに使用して開発することが可能です。サービスインまでの時間がないシステムや、短期間しか利用しないシステム、頻繁な変更を行っていくシステムに最適です。

サービス混在環境における選択条件

オンプレミス環境とクラウド環境のサービスは、混在させて利用することがあり、「ハイブリッドクラウド」と呼ばれています。オンプレミス、プライベートクラウド、パブリッククラウド等を組み合わせることもあります。この3つのクラウドサービスについては第8章で詳しく説明します。用途に応じて可用性、コスト、機能等のメリット／デメリットを考慮した上で、組み合わせを検討します。

オンプレミス環境とクラウド環境のサービスを混在利用する場合、データ連携に関する検討を最優先に行います。各種マスターやユーザー情報などをシステム間で共有する必要があれば、ファイルやAPIによりデータ連携が可能なクラウドサービスであることが選択の前提条件になります。

新規開発と再構築の違い

新規構築であれば、全面的にクラウドベースで設計を行うことが可能ですが、既存のシステムをオンプレミス環境から移行、もしくは再構築するのであれば、何らかの制約条件や前提の有無を確認した上で、それらを考慮してクラウドサービスへ移行が可能かどうかの検証と、移行範囲の確定を行います。

・インフラ部分のみクラウド化
・既存システムの追加機能のみクラウド化
・既存システムの一部をクラウド化して、少しずつ範囲を広げていく

このような対応が考えられます。それぞれの状況に応じた対応を検討します。

契約内容の違いによる留意点

少しだけ、契約について触れておきます。

クラウドサービスでは、それぞれのサービス規約に基づく契約を締結します。外部リソースの人員が必要な場合は「請負契約」や「委任契約」のいずれかを締結することになります。請負契約は、成果物に対する対価となるので、成果物の存在しないアジャイル型開発には適していません。成果に対してそれぞれ見積や発注を繰り返す必要があり、変化に対応するメリットを生かし切れないからです。

委任契約は、要求分析等論理設計の前半からある程度の大枠を定め、繰り返しの中で改善を行うことで完成形に近づけていけるので、アジャイル型開発に最適といえます。但し、時間等の制約をきちんと定めないと、スケジュールがどんどん遅延したり、機能が必要以上に肥大し、それに応じてコストが膨れ上がる危険性があります。

クラウドベース開発における他の留意点

(1) クラウドサービスを試用することの重要性を理解する

使用開始／中止が容易であるメリットを生かして、まずは、様々なクラウドサービスを使ってみることが重要です。使ってみることにより、該当サービスが最適か否かを把握できるようになります。本格的な使用までしなくても、システム開発の初期段階（理想は開発の前工程である要求分析およびシステム企画段階）において、要求を満たすために適したクラウドサービスがあるかどうかを確認し、活用できるサービスがあれば試してみることです。試用した上で最善の選択を行うことが望ましいといえます。

(2) クラウドサービス利用とスクラッチ開発の線引きを理解する

どこまでクラウドのサービスを使い、どこからスクラッチ開発していくかの線引きを

行う必要があります。そのためには、使用するクラウドサービスのデータ連携および基本機能について、きちんと理解した上で使用することです。その上でサービスと開発したシステムの間での、データ連携の有無と方法および不足機能の開発を検討します。

(3) 全体像と詳細を理解する

オンプレミス環境で開発したシステムは、5年、10年といった間隔でシステム更新を行うのが当たり前でしたが、クラウド環境においては数年、1年、数カ月といった短い間隔でシステム開発を行うことが多くなっています。それらを実現可能としたのが、前述したノーコード／ローコード開発やアジャイル型開発、マイクロサービスといった手法です。これらは従来の開発よりも俊敏性に富み、小回りが効くことがメリットです。

しかし注意点があります。全体最適を忘れることなく、大きな方向性を見失わないようにしないと、時間が経つにつれて当初の目的からぶれてしまったり、目的自体が不明になることすらあります。スピードを重視して、「小さく生む」ことも大切ですが、システム開発においては全体最適の視点を忘れてはいけません。「木を見て森を見ず」とならないように、全体を見渡してみることも大事です。この全体とは、開発対象のシステムだけでなく、全社を対象としたEAを指します。

14

Theory of System Design

設計の全体像と基本方針を確認しよう！

本書では拙著『システム設計のセオリー』と同様に、以下の２つの基本方針を踏襲します。

- 「最小の労力で、最大の効果を実現する」
- 「成果物は、より少なく、しかしより良く」

何事もすべてを完璧に行えればよいのは言うまでもありません。しかし、必要だとわかっていても、できない状況というものがあります。システム開発プロジェクトは時間との戦いです。クラウドベース開発では、従来よりもますます俊敏性を求められます。また、完璧を期すためにいくらでも時間をかけてよいというものではありません。一方、拙速なあまり、次工程に引き継ぐべき設計のポイントを失念したり、そもそも設計そのものを行わないのは言語道断です。ドキュメントの有無は別として、設計を必要としないシステムは存在しません。

また、開発されたシステムは全社のEAの一部を担うものでなければなりません。システム設計は開発対象範囲だけでなくEAの視点を持って行う必要があります。

上記を踏まえて、どのようにシステム設計を行えばよいでしょうか。

本書では前述したとおり、業務で取り扱うデータとプロセス、その関わり、それらを下支えする適用処理、技術に関するアーキテクチャに焦点を当てて業務設計とIT設計を行い、システム設計とします。

設計ドキュメントの役割

設計工程で作成するドキュメントが必要かどうかは、後工程に情報をどれくらいの精度で、どれくらいの人に伝える必要があるかで判断します。複数の工程を同一人物が実施するのならドキュメントは不要ですし、現行メンバーがそのまま実施するのならメモ書き程度でよいかもしれません。

しかし、工程間で担当が異なったり、新規開発と保守および変更開発を実施するメンバーが異なるようなら、最低限の情報を引き継げる程度のドキュメントは作成すべきです。これは重要なコミュニケーションツールですから、わかりやすさを最優先にして作成します。

そもそも設計書をはじめとする成果物は、開発プロジェクトが終了し納品された直後から劣化し始めます。保守・変更開発では結局役に立たず、コード分析からやり直す例が多々見受けられます。アジャイル型開発では「終了」という概念自体ありません。

本書では、システム設計の各工程の実施目的と、その目的に対する成果を明らかにすることを優先します。システム設計に限った話ではありませんが、管理項目が多いほど、作成・維持コストとともにコミュニケーションコストも増加します。関係者の人数が1人、10人、100人、1000人と増えていくと、コミュニケーションコストはべき乗で増加します。作成される設計書は、この課題解決に役立つコミュニケーションツールでなくてはなりません。

システム設計を行うにあたっては、以下の2つは最低限実現する必要があります。

- シンプルで抜けのない設計情報
- 工程間の橋渡し可能とする設計情報

要件定義を含む「論理設計」から「物理設計」へと、設計仕様および設計の成果内容をきちんと伝え、後からトレース（追跡）できるようにしておくことです。それを実現可能にするという点で、設計ドキュメントは大きな価値を持ちます。価値あるドキュメントを構成するのは、まさに本書で説明する各種モデルです。

第2章

要求／要件定義のセオリー

本章では、システム開発のスタートとなる要求／要件定義について説明します。要求／要件定義では、システムの持つ機能はもちろん、性能や可用性などの非機能要件、保守／運用の進め方など、様々な事柄を取り扱います。

2.1

Theory of System Design

要求／要件を明らかにしよう！

本工程のinput	本工程のinput：ビジネス要求、システム化目的
本工程のoutput	要求仕様書、RFP、要件定義書

クラウドの時代においても、要求／要件定義はシステムの全体像を明らかにする重要な工程です。ウォーターフォールやアジャイル開発など開発プロセスの違いがあっても、要求／要件を明らかにすることに違いはありません。本節では、要求定義や要件定義のフェーズで実施する作業の概要を示します。

要求と要件の違い

システム開発における「要件」と「要求」は、次のように定義されています。

要 求 ：何をどのような目的で行うか、ユーザーの希望を表すもの
要 件 ：システムが実現すべき仕様を表すもの

ユーザーの希望が詰め込まれた要求から、システムで実現すべき機能や、達成すべき性能目標を検討し、要件としてまとめていきます。要求に誤りや漏れが起きると、開発プロジェクトには大きな手戻りが発生します。影響が多大な場合、開発プロジェクトの中止にまで発展することもあります。また一般的には、すべての要求を満たすシステムの開発などというものは、期間やコストの面から不可能です。多くの人に望まれるシステムを作るためにも、必要十分な要求を正しく取り扱うことが必要不可欠なのです。

要求の整理

要求を漏れなく抽出するために、要求の発生源や、背景にある情報を整理し要求仕

様書にまとめます。システム開発を外部ベンダーに委託する場合、要求仕様書の内容はRFP（Request for Proposal）を作成するための入力情報になります。

●要求の抽出と発生源の確認

まずはビジネス上どのような効果を得るためのシステムかを把握することから始めましょう。現場のユーザーだけではなく、経営層からの要求も明らかにすることが重要です。吸い上げた要求の発生源を整理し、その要求を満たすことでどのような課題が解決するか検討しましょう。

●要求の背景にある情報を整理し目的を明確にする

吸い上げた要求について、その背景となった情報も確認しましょう。要求の背後に隠れた真の目的を明らかにし、具体的な問題点を明確にします。ユーザーの考える問題点が、真の問題ではないことは多々あります。経営課題の解決に直結する要求を中心に取り扱うよう意識しましょう。

●要求に重要度をつける

要求に対し、次の評価基準に従ってランク付けを行います。要件に落とし込むべき優先度の高い要求は何か、システム化の目的に沿った要求かを検討します。

・経営やビジネスに影響を与える度合い
・緊急度

これらの重要度は、「必須」「必須ではないが欲しい」「なくても可」のようにレベルを設定して、ランク付けしましょう。「高」「中」「低」のような、基準の曖昧なランク付けをしないように注意しましょう。

●要求仕様書の作成

要求として明らかにしてきた内容を、「要求仕様書」にまとめます。要求仕様書には、システムを作る「目的」や、「システム要求」を漏れなく記載します。要求仕様書の作成をとおして、抽出されにくい「非機能要求」についても明らかにします。

システム要求には、測定可能な達成目標を持たせるようにしましょう。この条件を満たす要求を優先して、詳細化します。

要求仕様書にまとめる内容は次のとおりです。ここに記載のない項目でも、要求があれば適宜追加します。

表2-1　要求仕様書の構成

項番	目次	記載内容
1	システムの概観	
1.1	目的	システム化の目的、狙い、目標、命題（社会課題）など
1.2	使用環境	誰が、いつ、どのように使うシステムか
1.3	利用者	システムの利用頻度、システム利用者のITスキル、業務経験など。エンタープライズ系システムの場合、具体的なユーザーを定義する。コンシューマー向けシステムの場合、ユーザーのペルソナを定義することを推奨
1.4	前提条件	要求に影響を及ぼしそうな要因の有無
2	システム要求	
2.1	機能要求	機能の概観、その機能要求を満たすべき理由、重要度、必要時期（初期リリース、第2フェーズなど）を機能単位で記載
2.2	データ要求	主要なデータ項目と使われ方、データフローなど、設計前から明らかな情報
2.3	設計要求	システムをどう作るかの要求。業界標準や技術仕様による制約、利用することが予め決まっているハード／ミドル／ソフトによる制約
2.4	性能要求	処理速度（レスポンス時間、スループットなど）、信頼性、可用性、保守性など。詳細は「非機能要求グレード[1]」を参照
2.5	外部インターフェース要求	連携先の制約とインターフェース要求。ファイル転送、HTTP通信、特殊電文など、わかる範囲で明らかにする
2.6	UI要求	利用者像と照らし合わせ、UIに制約や要求があれば記載する
2.7	ハードウェア要求	オンプレミス、クラウド、XaaSなど、システム基盤に相当するハードウェアの要求
2.8	ソフトウェア要求	主に共存するシステムの有無や、システム内での利用が望まれるソフトウェアやフレームワーク
2.9	セキュリティ要求	認証／認可方式の要求。準拠すべき標準、守るべき資産などを列挙する
2.10	国際化・輸出に関わる要求	UIやメッセージの翻訳、外為法関連の考慮事項
2.11	スケジュール要求	法改正など、開発で考慮すべき必達のマイルストーン

1　https://www.ipa.go.jp/archive/digital/iot-en-ci/ent03-b.html

項番	目次	記載内容
2.12	文書化要求	操作マニュアルなど、設計書以外の必要文書、準拠すべき標準の有無など
2.13	トレーニング要求	システム利用者のトレーニング要否、対象メンバー、実施場所や環境など
2.14	導入・移行要求	既存システムからの移行手順、移行に関する制約など
3	代替機能要求	サードパーティー製品、パッケージ製品の購入可否
4	受け入れ基準	開発を外注する場合の受け入れ基準

要件の整理

整理した要求から、システムで実現すべき要件をまとめましょう。

● 要求から要件へ落とし込む

列挙された要求には、システムで対応できないものがよく混入しています。システム化可能な要求を選り分けて、「機能性」「信頼性」「使用性」「効率性」「保守性」「移植性」の観点で分析し、システム化すべき要件を整理しましょう。1つの要求から複数の要件が導かれることもあります。

要求がどの要件に落とし込まれたか、また設計やテストにどう反映されたか、「要求要件追跡書」を用いてトレースします。詳細は2.2節で解説します。

アジャイル開発では、ユーザーストーリーを用いて要件を整理することもあります。ユーザーストーリーの詳細は第7章で解説します。

● 開発範囲を確定する

開発プロジェクトで取り扱う要件を選定し、開発範囲を確定します。詳細は2.3節で解説します。

● 非機能要件の確認と整理

システムの機能と直接関連しない非機能要件を、要求の中から抽出して整理します。詳細は2.4節で解説します。

●システム全体構成の作成

実現すべき機能要件と非機能要件をある程度明らかにしたら、それらを実現できるシステムの構成を検討します。どのような構成で、どのようなアプリケーションを構築するか具体化しましょう。詳細は2.6節で解説します。

●運用／保守要件の整理

システムの運用や保守に関する要件も、要件定義の検討範囲です。システムの安定化と進化を両立するために必要な事柄を明らかにしましょう。詳細は2.7節で解説します。

●要件定義書の作成

整理した要件は、最終的に「要件定義書」にまとめます。要件定義書の基本構成は次のとおりです。

表2-2　要件定義書の構成

項番	目次	記載内容
1	業務要件	
1.1	システム化目標	システム化に至る業務的な背景、システム化の目標
1.2	システム化 対象範囲	システム化の対象範囲を定める。機能全体図を用いて別途まとめることもある
1.3	システム成功要因	構築するシステムの必須機能と、現行業務および現行システムの課題
1.4	ステークホルダー	システム化要求部署、直接利用者、システム開発に影響を与える組織
1.5	要求の優先度	業務的な要求の優先度と、優先度の決め方
1.6	前提条件	準拠すべき基準や法律、システム稼働日・非稼働日・オンライン時間帯
1.7	業務の定義	業務内容、業務ルール、業務の入出力、制約、担当者
1.8	業務フロー	業務とシステムの関係、業務フロー図
2	機能要件	
2.1	システム提供機能	ユースケース記述、各機能の入出力情報や処理形態
2.2	UI要件	UX要件、業務手順、操作性
2.3	データ要件	概念データモデル、既存システムのデータ容量、新システムの推定データ容量

項番	目次	記載内容
2.4	外部インターフェース要件	連携先システムごとの入出力インターフェース、データ形式、データ量
3	非機能要件	
3.1	可用性要件	信頼性に対応する要件。稼働時間、年間運用スケジュール、MTBF[2]、MTTR[3]、災害／障害対策
3.2	性能要件	効率性に対応する要件。応答時間、ピーク時スループット、（障害時などの）縮退時性能、コンピュータリソース使用量
3.3	拡張性要件	利用者数やデータ件数の増減見通し、拡張性に関する規格や法規
3.4	運用／保守要件	運用性や保守性に対する要件。業務運用要件、システム運用要件、特殊運用要件。運用要件書として別途まとめることもある
3.5	移行性要件	移植性に対応する要件。既存システムからの移行方針、移行スケジュール、手順、新システム利用トレーニングの有無
3.6	セキュリティ要件	アクセス制御、データ秘匿性、不正アクセス監視、監査、疑わしいアクセスの検知、ウィルス対策、OSパッチ等の適用方針など
4	システム基盤	ハードウェア／ソフトウェアの基本構成、システム全体図（システム全体図を別途まとめることもある）
5	プロジェクト管理要件	外部ベンダーに開発を委託する場合に記載する。開発スケジュール、開発に必要なリソース、開発環境やテスト環境の制約、開発ドキュメント（納品対象）の規定、技術リスクや課題と対策
6	用語集	略語・専門用語・業務用語の説明

2　Mean Time Between Failure：平均故障間隔。

3　Mean Time To Repair：平均修理時間。

2.2
Theory of System Design

要求／要件へのトレースを可能にしよう！

本工程のinput 要求仕様書、RFPなど

本工程のoutput 要件定義書、要求要件追跡書

要求から要件へ、要件から設計へと、徐々にシステムは具体的な形へ落とし込まれていきます。最初に掲げた要求が要件として取り込まれ、設計に反映され、動くシステムとなるまでトレースできるよう管理しましょう。

要求と要件を紐づける

システム要件は、要求に基づいて導出されます。それぞれの要件が、どの要求から発生したのかをトレースできるように管理しましょう。要求がそれほど多くなければ、「要求要件追跡書」で管理できます。

表2-3　要求要件追跡書の例

要求No	発生元文書章・頁	要求内容	発生日付	要件No	要件種別	要件内容	変更日更新日	要件定義書参照先	論理設計書参照先	結合テストケースNo	STテストケースNo
1	要求仕様書 2.1	○○部要員が◇◇できるようにする	XX/XX	1	機能性	△△サブシステムに□□画面を作成する	XX/XX	2.2.1	業務設計書 2.1 画面設計書 3.1.1	IT0001 ～ IT0005	ST015
2	要求仕様書 2.4	XXの情報をリアルタイムに参照できるようにする	XX/XX	2	効率性	データ取り込み処理10秒以内	XX/XX	3.2.1	-	-	ST910
				3	効率性	紹介系画面面応答時間5秒以内	XX/XX	3.2.1	-	-	ST910

要求No	発生元文書章・頁	要求内容	発生日付	要件No	要件種別	要件内容	変更日更新日	要件定義書参照先	論理設計書参照先	結合テストケースNo	STテストケースNo
3	要求仕様書 2.4	サーバー障害時も業務停止しないようにする	XX/XX	4	信頼性	APサーバーはActive-Activeの構成にする	XX/XX	3.1.3	アーキテクチャ設計書 1.3	-	ST805 ST806 ST809
4	要求仕様書 2.5, 2.11	YYサービスの次期更改に対応する	XX/XX	5	採用なし	YYサービスの更改時期、仕様が不明のため要件外	XX/XX				
				6	保守性	外接I/Fの変化に対応しやすいAP構成にする	XX/XX	3.4.2	アーキテクチャ設計書 2.3	IT9008	

要求要件追跡書は、システム開発の進行にあわせて追記し続けます。要求定義の段階では、要求の一覧を列挙することから始めましょう。要件定義では、システム要件と要求を紐づけて、要求が抜け漏れなく要件に落とし込まれたかを確認します。システム開発の最後には、要求から要件、設計、テストケースまで、一気通貫で追跡できるよう継続して管理しましょう。

抽出した要件は、最終的に「要件定義書」にまとめます。要求要件追跡書は、その前段階の整理を行う場として最適です。

要求管理ツールの活用

大規模なプロジェクトでは、要求要件追跡書の代わりとして、要求管理ツールの活用も検討しましょう。クラウドサービスの中には、要求、要件、設計、ソースコード、テストケースまでを一貫して管理するサービスがあり、その多くはALM（Application Lifecycle Management）ツールとして整備されています。ALMツールについては9.3節で解説します。

Theory of System Design

開発範囲を確定しよう！

本工程のinput	要求仕様書、RFPなど
本工程のoutput	要件定義書、要求要件追跡書

要求や要件の中から、今回の開発の対象範囲を決めていきます。最初は重要度の高い要求を中心に据えて要件定義を進めながら、徐々に開発範囲を確定します。

システム化対象範囲の策定

要求と要件を整理する過程で、システムに対する期待は大きく膨らんでいきます。しかし、その期待をすべて叶えようとするとコストがかさみ、本来実現したかった要求が満たせなくなります。システム化に至る業務的な背景や目的と照らし合わせて、システム化の対象範囲をどこまでにするか、冷静に判断を下しましょう。

システム化の対象とした要求は深堀を行い、要件として整理していきます。前節で解説した要求要件追跡書やALMツール内で、要求を満たすために何ができればよいかを分析しましょう。

要件には、大きく分けて次に挙げる6つの品質特性があります。これらの観点で要件を整理したとき、要求や要件に抜け漏れがないかよく確認しましょう。表出していない要求を、可能な限り早い段階で掘り起こすことが重要です。

- **機能性**　：業務機能、外部インターフェース、準拠する法規や標準、セキュリティ関連の考慮事項など。
- **信頼性**　：障害発生率、障害対応方法、障害復旧時間など。
- **使用性**　：UI要件、利用者向けヘルプ、システム運用など。
- **効率性**　：応答時間、スループット、コンピュータリソースの使用率など。

・**保守性**　：障害原因の追跡、保守開発の環境、リリース運用など
・**移植性**　：システムを異なる環境に配置することの有無、移行など

これらの品質特性については、要求要件追跡書やALMツール内に記載して管理することを推奨します。

対象外にした要求／要件の取り扱い

要求や要件として挙げたものの、要件定義の過程でシステム化の対象から漏れてしまう項目も発生します。それらについては、対象に含めなかった理由を付記して、要求／要件から削除しましょう。ここでも要求要件追跡書やALMツールがトレースに役立ちます。

今回対象外とした要求や要件は、将来、再度扱われる可能性があります。なぜ対象外にするのか理由を残すことで、将来のシステム開発でのインプットとなる可能性があります。

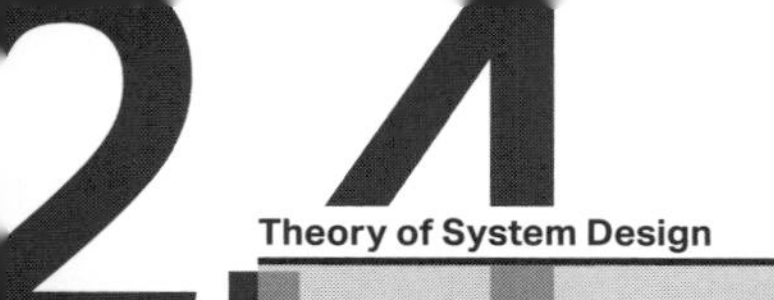

Theory of System Design

非機能要求／要件の概要を把握しよう！

本工程のinput	要求仕様書、RFPなど
本工程のoutput	要件定義書、要求要件追跡書

昨今では、非機能要求／要件の重要度が大きく増しています。非機能要件への配慮が、システム成功要因のひとつと位置付けられ、機能要件の実現と同列に扱われるケースも増えました。特にクラウドを前提としたシステムでは、非機能要件のブレはシステムアーキテクチャの根幹に影響を与えることもあるので、早い段階から検討を進めるようにしましょう。

非機能要件とは？

非機能要件とは、システムの提供する機能以外の要件全般を指します。前節で挙げた要件の6つの品質特性のうち、機能性（特に業務機能や外部インターフェース）以外の要件が該当します。

システムのアーキテクチャは、非機能要件の実現手段と考えることもできます。例えば止まることが許されないシステムであれば、広域災害にも耐えられるよう、冗長化して地理的に離れた場所に配置しなければなりません。非機能要件を定義することで、システムの全体像やあるべき姿は鮮明になっていきます。

非機能要件を重視する理由

今日では、ユーザーにとって必要な機能をITシステムが提供することは、もはや当たり前となりました。同じような機能を実現する多くのシステムの中で、ユーザーからの支持を集めるには、優れたユーザー体験の提供が必要不可欠です。システムが安定的に、かつ軽快に動作し、ユーザーが再び利用したいと感じるような体験を提供することが、システムの価値として重視されています。

コンシューマー向けシステムでは、この価値観は従来から重要でした。昨今ではこの傾向がエンタープライズ系システムにも影響を与えています。業務マニュアルがなくても直感的に利用できるシステムであれば、業務の無駄を削減できます。また、使い勝手の良いシステムは、従業員の満足度向上に寄与します。これらは企業の売上げや利益向上に対して、間接的な影響を及ぼすことがわかってきています。

非機能要件の概要定義

要求を整理していく過程では、非機能要件として扱うべき事柄も明らかになっていきます。2.2節で解説した要求要件追跡書やALMツールを用いて、非機能要件のトレースも行うようにしましょう。ここで検討した内容は、要件定義書にまとめます。非機能要件の中でも、特に重要度の高い項目について解説します。

● ユーザビリティ

ユーザビリティは、非機能要件の中でも特に大切な検討項目です。当該システムのユーザー像と利用シーンを具体化し、システムの目的に適合する使い勝手を検討しましょう。

同じ機能であっても、利用者や操作デバイス、利用環境によって、システムに求めるインターフェースは大きく異なります。ここで検討した内容は、画面設計の重要なインプットとなります。2.5節で解説する「UI標準」として整備しましょう。

● 可用性

オンプレミスでもクラウドでも、障害によるシステム停止を完全に避けることはできません。どの程度のシステム停止であれば許容できるか検討していきましょう。

可用性については、システムの稼働率から目標値を定義します。要求を満たすための稼働率はどの程度かを分析しましょう。稼働率と年間／月間のシステム停止時間の関係をまとめると次の表のようになります。

表2-4　稼働率と停止時間の関係

稼働率	年間停止時間	月間停止時間
99.0%	87.6時間	7.3時間
99.5%	43.8時間	3.65時間
99.9%	8.76時間	43.8分
99.95%	4.38時間	21.9分
99.99%	52.6分	4.38分

システム停止の時間を短くするには、サーバーやネットワークを冗長化し、故障の影響を受けないようシステムを構成しなければなりません。冗長構成をとればとるほど稼働率は上がりますが、設計や運用のコストはかさみ、投資効果はどんどん下がっていきます。システム停止に伴う損失と運用コストを天秤にかけ、最適な稼働率を見定めなければなりません。

クラウドサービスを活用する場合は、クラウドベンダーの提供するベストプラクティスをよく研究しましょう。一般的な業務システムで必要な可用性を担保するシステム構成がまとめられており、参考にできる事例も多数紹介されています。

●保守容易性

ビジネスをITシステムが支えるようになったことで、システムライフサイクルが短期化するようになりました。これに伴いITシステムには、保守容易性の確保が求められています。当初はビジネスに直結するコンシューマー向けシステムがこの問題に直面していました。しかし、「塩漬け」の許されてきた基幹系システムにも、ライフサイクル短期化の影響が及ぶようになりました。

昨今問題となっているのは、アプリケーション基盤を含むミドルウェアやOSS（Open Source Software）のライフサイクル短期化です。数カ月単位でメジャーバージョンアップを繰り返すものや、サポート期間が1年程度しかないものも当たり前になりました。ITシステムを安心・安全に更新し続ける体制と、仕組みの構築が必要不可欠です。

クラウドにも同様の傾向が見られます。PaaSやFaaS（Function as a Services）のように、アプリケーションの実行ランタイムをクラウドベンダーが管理する環境では、最新の環境を可能な限り早いタイミングで利用できることが、サービスの価値とされています。これによりクラウド環境の更新頻度は相対的に早まりました。古い環境はどんどんサポートが打ち切られ、利用できなくなります。このような足の早い技術をシステムに取り入れる場合は、保守容易性の確保が重要な要件となります。

DevOpsの下で、運用と開発の距離は縮まりました。また、アジャイル開発の浸透により、システムを頻繁にリリースする考え方も広がりを見せています。これらを実現し、ビジネスを成功に導くには、保守容易性の向上が必須です。アジャイル開発については9.2節、DevOpsについては9.3節で解説します。

クラウドベース開発の設計標準をつくろう！

本工程のinput 要求仕様書、RFP、要件定義書など

本工程のoutput 設計標準、開発標準

本節では、設計標準や開発標準として検討しておくべき内容を解説します。多くの人が携わる開発プロジェクトでは、標準化が欠かせません。設計標準や開発標準がないと、開発者ごとにバラバラで統一感のないシステムが設計／開発されてしまいます。一貫性のあるシステムを構築できるよう標準を定めましょう。

UI標準

システムの利用者、利用目的、利用環境を整理して、備えるべきユーザーインターフェース（以下UI）の方針を定めましょう[4]。ここで定めたUI標準は、画面設計の入力情報となります。

UI標準を定めるには、UXやユーザビリティを理解しなければなりません。UI設計については第7章で解説します。

UI標準として検討すべき内容は次のとおりです。

4　通常ここで定めた環境は、テスト対象の環境となります。エンタープライズ系システムのように、システムの利用環境が限定される場合は、事前調査を十分に実施して定めるようにしましょう。

表2-5　UI標準の検討事項

標準化の対象事項	検討事項
デバイス	マウス操作を前提とするデバイス、タッチ操作を前提とするデバイスなど、何を前提とするか。カメラ、バーコードリーダーなどの特殊な入出力デバイスの利用有無
稼働対象OS ブラウザ	システムが稼働するクライアントOS／ブラウザの種類
画面サイズ	解像度や画面の拡大率などを定め、画面設計の入力情報とする。スマートフォン、タブレット、ノートPC、大型モニタなど、デバイスによるサイズの違いも検討の範疇に含め、対応が必要な環境を定める。レスポンシブルデザインの要否も検討項目
画面レイアウト	ヘッダー、フッター、メニュー、サイドメニュー、メインコンテンツの配置とサイズなど、画面のグランドデザインを定める。レスポンシブルデザインを採用する場合は、画面サイズごとに定義する
コンテンツの基本レイアウト	パンくずリスト、見出し、操作ボタン、メッセージ表示領域など、コンテンツ内のどの場所に何を配置するか基本レイアウトを検討する。ボタンの配置順序（キャンセルとOKの配置順など）も標準化対象
メッセージ	メッセージ標準を定める。利用者向けヘルプ、国際化（多言語）対応の要否
配色	ベースカラー、メインカラー、アクセントカラーを定める
デザインルール	フォント、スタイルガイド、UIフレームワークを定める。デザインシステムとしてまとめることもある
アクセシビリティ	アクセシビリティを確保する対象と目標適合レベル。詳細はJIS X 8341-3および本書第7章7.4節を参照
キーボード操作	ショートカットキー割り当てやマウスレス操作の方針
エラー通知方式	画面内の領域、ポップアップ画面、トースト表示などの通知方式を定める。システムエラー画面、Not Found画面のデザインと表示内容も検討する
標準画面パターン	検索・登録・更新・削除の画面デザイン、画面遷移、画面操作の標準パターンを定める
データ型に応じた表示形式	数値・通貨・年月日・時間などの表示形式
データ型に応じた入力形式	数値・通貨・年月日・時間・メールアドレス・郵便番号・電話番号・姓名などの入力形式や入力方法
選択項目の入力形式	ドロップダウンリスト、リストボックス、コンボボックス、チェックボックス、ラジオボタンなどの使い分けと標準動作
非同期操作	画面遷移パターンと完了通知の方法

これ以外にも、業務的な観点での項目名やラベル名の標準化が必要です。用語集の作成をとおして標準化を進めましょう。

帳票標準

帳票出力を行う機能が含まれる場合は、帳票形式の標準化も行いましょう。UI標準の内容が帳票標準に当てはまる部分もあるので、UI標準とあわせて整備しましょう。

表2-6　帳票標準の検討事項

標準化の対象事項	検討事項
帳票形式	用紙サイズ、印刷方向
印刷方式	プリンタ直接出力、特殊様式（チケットなど）、PDFや画像などの電子ファイルなど
フォント	日本語／英数字の基本フォント、等幅フォント、プロポーショナルフォント、PDF化する場合の埋め込みフォント、外字フォントなど。見出し・本文・金額等の数字など、対象領域ごとの標準を定義する
ヘッダー／フッター	各領域への出力内容（帳票名・印刷日時・ページ番号・著作権表記など）
帳票の基本レイアウト	ヘッダー、フッター、コンテンツの配置とサイズ、余白、1行の文字数、1ページの行数
項目フォーマット	桁区切り、通貨記号、年月日、時間のフォーマットを定める。項目ごとに左右寄せ、中央寄せ、均等配置、上下寄せの標準
機密区分	「社外秘」「秘」などのマーク、すかしの有無とデザイン
電子ファイルのセキュリティ	電子署名の有無、パスワード設定／管理方法

データに関する標準

データ設計を行う際の標準を定めます。データ設計はシステム設計の中でも特に重要な作業です。ここで標準を定めることは、多くの人がかかわるシステム開発の円滑化に寄与します。また、将来のシステム保守性の向上にも役立ちます。

● 用語集とデータ辞書

まずは要求や要件に存在する業務用語を整理して、用語集をまとめることから始めましょう。要求や要件内の名詞や動詞には、業務に関連する単語が多く存在します。これらの意味を正確に定義するようにしましょう。ここで定義した用語は、データの命名に使用します。

データの属性として使用する用語は、別途データ辞書としてもまとめます。データ辞書には属性の論理名、物理名、データ型、データ形式を併記します。これはデータ設計のみならず、UI設計や業務設計に至るまで、設計作業の最重要なリファレンスとなります。

データの論理名は、完成後のシステムのUIにも表れます。システムの利用者にも意味の通じる用語となるよう配慮しましょう。

表2-7　データ辞書の作成例

論理名	物理名	データ型	文字列			数値			
			文字種別	最小/最大文字数	フォーマット	最小/最大値	有効桁数	小数点以下桁数	単位
取引先コード	CUSTOMER_CODE	CHAR	半角英数	10/10	[A-Z]{3}¥d{7}				
取引先名	CUSTOMER_NAME	VARCHAR		0/256					
取引先口座開設年月日	CUSTOMER_ACCOUNT_OPEN_DATE	DATE							
取引先業種区分	CUSTOMER_BUSINESS_TYPE	SMALLINT				0/32767			-

論理名や物理名には命名規約を定め、規約に則った名前を付けるようにしましょう。命名体系は「修飾語＋主要語＋修飾語＋区分語」を前提としましょう。主要語、修飾語、区分語を統一し、標準化します。

- **主要語**　：管理する対象を表す語です。
- **修飾語**　：属性の意味を区分する語です。主要語も修飾語として使用できます。
- **区分語**　：属性値の種類を表す語です。

表2-8　論理名の命名例

フィールド名	修飾語	主要語	修飾語	区分語
月次売上金額	月次	売上		金額
新規顧客氏名	新規	顧客		氏名
売上合計金額		売上	合計	金額
得意先住所		得意先		住所
商品税込金額		商品	税込	金額
月次予約合計金額	月次	予約	合計	金額
部門貸方コード		部門	貸方	コード
仕入先コード		仕入先		コード

物理名は、大文字／小文字の使い方や、単語間のつなぎ方、英語表記／ローマ字表記を標準化します。エンティティ名を単数形／複数形どちらで定義するか定めることもあります。

エンティティ名や属性名が長くなりすぎることを避ける目的で、一部の語を略語表記することもあります。その場合は、省略してもよい語とその省略形を定めておきましょう。省略形を乱用すると、保守性が大きく低下します。定義した略語以外、使用しないことを推奨します。

まずは区分語の統一から始めましょう。同じ意味を持つ語があればそれらを統一します。中には異なる意味の語を、同じ語で表現しているケースも見つかるはずです。必要に応じて適切な語に置き換えて、正確に表現できる語を整理しましょう。次に例を示します。

表2-9　語の統一と整理

区分語	表記ゆれ一覧
コード	番号、No
年月日	日、日付
金額	額
氏名	名
社名	名
ユーザー	ユーザ、利用者、使用者

修飾語や主要語も、同様にして統一します。また物理名の統一も行うようにしましょう。

●データ型

利用するデータストアにおいて、各データの属性をどのような型で表現するか定めます。複数のデータストアを利用する場合は、データストアごとに標準を定めましょう。

数値型の属性については、単位も定めるようにしましょう。属性名とデータ型だけでは値の単位が不明確になりがちです。単位の明確化は、設計誤りの発生を未然に防ぐ効果があります。

●データモデルの表記方法

データモデルの表記には、通常ER（Entity Relationship）図を用います。ER図の表記方法にはいくつかの種類があるので、どれを使うか標準を定めましょう。

ER図単独では通常、属性の説明を付記することができません。先述したデータ辞書を組み合わせて、データモデルの表現力を高めることを推奨します。

●正規化レベルの指針

データモデルの正規化をどの段階まで行うか、指針を定めましょう。リレーショナルデータベース（RDB）を使用する場合、通常は第3正規形まで正規化します。また正規形を崩すケースについても、どのような指針でそれを行うか定めておきましょう。

NoSQLを使うことが明らかな場合は、積極的に正規形を崩すことが求められます。非正規化に際しては、データを利用するアプリケーションの立場に立ったモデリングが必要です。設計時に十分な検討が必要なので、正規化の考え方を統一するようにしましょう。

正規化については3.2節、3.3節で解説します。

●コードの標準化

データ辞書の整備にあわせて、コードの標準化も行いましょう。コードとは、属性の値を一定のルールに従って体系立てた、値や文字列を指します。「1:大人」「2:子供」のように、値ごとに意味を持たせた単純なコードと、商品コードのように、桁ごとに業務的な意味がある値を組み合わせたコードとに大別できます。データストア内に存在するコードを「コード定義書」にまとめましょう。詳細は3.4節で解説します。

設計標準

ここまでに扱ったもの以外にも、システム設計を進めるにあたって定めておくことが望ましい標準はいくつもあります。特に規模の大きなシステム開発の場合は、標準を定めるようにしましょう。

● 業務フロー記述の標準

主に次の事柄を標準として定めましょう。

- 業務フローの作成単位
- 命名ルール（業務フロー、業務フローの見出し、業務プロセス、その他アイコンごとの命名）
- 使用するフローアイコンの種類
- フローを表す線のルール（実線・点線・両方向・FROM-TO・許さない等）
- アクターの表現方法など
- 用紙サイズ（A3・A4等）と縦横の向き
- 文字フォントの種類とサイズ
- タイムスケール（時間軸）の使用方法
- 使用する作図ツール

業務フローに関する詳細は第4章で解説します。

● 設計書フォーマット

設計作業の結果は各種設計書にまとめ、システムライフサイクルが終わるまで管理し続けます。設計情報を体系立てて管理するために、必要な設計書フォーマットを作成しましょう。

ALMツールを使用して要求や要件を管理する場合は、ツール内で設計情報を管理することもあります。多くのツールは、マークダウンなどのテキスト形式で設計情報を記述できます。設計情報として残すべき項目は何かを検討し、書き方を統一するためのテンプレートを準備しましょう。

比較的よく準備する設計書フォーマットは次のとおりです。

表2-10　設計書の種類と記載内容

設計書種別	記載内容
画面設計書	画面のイメージや、画面内で入出力する情報、画面の操作や動作。主に画面レイアウト、画面項目定義、画面イベント定義にまとめる
帳票設計書	帳票の印刷イメージと、帳票内に出力するデータ項目を帳票レイアウトと帳票項目定義にまとめる。帳票に出力するデータを検索するためのクエリを記述することもある
ドメインモデル図	解決すべき問題をシステム上でどのように取り扱うか定めたモデル。問題領域の構造を定義したもの。通常はクラス図と、それを補足する業務設計書を用いてモデルを表現する。クラス図の書き方やツール、ドメインモデル図の作図単位を定める
業務設計書	ドメインモデル内に存在するビジネスルールやユースケースを記載する。機能要件の多くは、この設計書に表現される。要件定義書の一部となることもある。要求要件追跡書でトレースしやすいフォーマットや設計書体系を検討する
データベース設計書	データベースに永続化するデータモデルを記述する設計書。設計ツールでER図とテーブル定義を一緒に記述することもある。大規模なシステムの場合、体系立てた設計書の管理が必要になる
コード定義書	システム内で使用するコードを定義する

開発標準

設計標準を策定する過程で、コーディングまで含めた開発の標準を定めます。ウォーターフォール型の開発プロセスを採用する場合は、開発の初期段階でプロトタイピングを行い、それらの成果をもとに設計標準と開発標準を定めます。様々なスキルレベルのエンジニアが大人数で開発を行う場合、開発標準の策定は特に重要です。

●文字コード

使用する文字コードを定めます。外部システムや実行環境の制約条件として文字コードが定められているケースもあるので、事前に確認しましょう。確認と検討が必要な事項は次のとおりです。

- アプリケーションが文字列を処理する際に使用する文字コード
- ソースコードの記述に使用する文字コード
- データストアの文字コード
- 連携する外部システムが扱う文字コード（Web API連携、ファイル連携などの連携方式や、接続先システムごとに確認が必要）

近年ではUnicodeを採用するケースが増えていますが、文字符号化方式が異なることもあります。また、文字符号化方式にUTF-8などを採用していても、利用可能な文字集合が絞り込まれていることもあります。レガシーシステムと連携する場合は、特によく確認しましょう。

● 開発プロセス

まず、アジャイル型、ウォーターフォール型で大きく開発プロセスは異なります。どちらを採用するか、開発プロジェクトが発足する前に決めておきましょう。ITベンダーへ作業委託する場合、開発プロセスによって契約形態が変わるので注意が必要です。

アジャイル型、ウォーターフォール型を選択したら、何をどのような順序で作り、どのように検証を行うのか、システム開発の基本的な進め方を定義しましょう。ウォーターフォール型の場合、設計フローや設計書の作成フロー、検証・納品・検収などの作業フローも開発プロセスの一部となります。アジャイル開発の場合、スクラムなど一般的な開発手法がいくつかあるので、その選定から始めましょう。

開発プロセスの策定には、ALMツールの選択も関連します。ツールの持つ思想を理解し、ツールにあった開発プロセスを整備しなければなりません。また設計書やソースコードの構成管理方法、システムのテストやリリース方法など、開発を進めるための具体的な手順の整備も必要です。

アジャイル開発については9.2節、DevOpsについては9.3節で解説します。

● 規約

開発にあたって守るべきルールを「規約」としてまとめます。規約には次のようなものがあります。

表2-11　規約の種類と記載内容

規約種別	記載内容
メッセージ規約	画面に表示するメッセージや、ログに出力するメッセージのルールやフォーマット、指針。メッセージの管理方法など、設計やコーディングの手法を含めることもある
命名規約 (ネーミングルール)	様々な名前の付け方に関するルール。用語集やデータ辞書に登録する名前もこの規約に従う。 論理名と物理名、どちらの命名についても規約を定める。特に物理名は英語表記／日本語表記／ローマ字表記など、いくつかの選択肢がある。複合語の表記方法（パスカルケース、キャメルケースなど）にも選択肢がある。規約を定める対象物は次のようなものがあり、それぞれに規約を定める ・ドメインモデルやデータモデルのサブジェクト名、エンティティ名、属性名 ・ソースコード内のメンバー名、機能名、業務名 ・使用可能な略語、開発コードネーム
コーディング規約	コーディングの手引きとして準備する。セキュリティ問題や性能問題を引き起こす可能性のあるコーディングや、利用するのに注意が必要なAPIについてまとめる。 ソースコードのフォーマットは、Linterなどを活用して自動的に統一できる仕組みを作る。Linterの設定ファイルを準備し、無駄な規約の作成を代替する
ログ規約	ログの出力方針を定める。本番環境やテスト環境など、環境ごとに、どこにどのレベルのログを出すか定義する。 アプリケーション内から出力するログについて、ログレベルの選択指針と出力する内容を定める。例えば業務停止につながる情報を出力する場合はError、発生した業務エラーの情報を記録する場合はWarningなど、出力するログの目的にあわせてログレベルの選択指針を示す。 また、ログに含める情報を定義する。何がいつどこで起きたか、後から状況を正しく理解するために必要な情報を整理し、ログフォーマットを定義する

●開発ガイド

定めた開発標準をもとに、システム開発の手順を示した開発者向けのガイドをまとめます。開発ガイドの作成には手間がかかり、すべての開発プロジェクトで作成すべきとは限りません。しかし、システムの品質を底上げする効果は非常に高く、同時開発者数が50名を超えるような大規模開発では作成する意義も高まります。開発者のスキルレベルにばらつきがある場合は、アーキテクトなど、技術力の高いメンバーを中心にして整備することを検討しましょう。

Theory of System Design

全体構成を考えよう！

本工程のinput	要求仕様書、RFP、要件定義書、要求要件追跡書など
本工程のoutput	アーキテクチャ設計書、システム全体図

非機能要件が明らかになると、システムの全体的な構成を検討できるようになります。非機能要件をどのように実現するか、また、できる限り安く無理のない構成を作れるか、アーキテクトの腕の見せ所です。システムの全体構成やアプリケーションの構成を定め、アーキテクチャ設計書としてまとめましょう。

システムアーキテクチャの検討

ITシステムを構成するサーバーやクラウドサービス、外部システムなどの組み合わせを「システムアーキテクチャ」と呼びます。非機能要件の多くはシステムアーキテクチャに制約を与えます。非機能要件を検討しながら、少しずつシステムアーキテクチャを作り上げましょう。

クラウドの普及に伴い、クラウドを前提にしたシステムアーキテクチャが当たり前になりました。オンプレミスにすべき非機能要件がないのであれば、クラウドファーストで検討してみましょう。システムアーキテクチャについては8.1節、クラウドサービスに関しては8.3節および8.4節で取り扱います。

アプリケーションアーキテクチャの検討

ITシステムを構成するサブシステムごとに、アプリケーションの全体的な構成を設計します。まずはサブシステムをWebアプリケーション、モバイルアプリケーション、コンソールアプリケーションなど、どのようなアプリケーション形態で構築するかを検討しましょう。

続いて、アプリケーションの処理方式を検討しましょう。オンライン処理方式、バッチ処理方式、ディレイドオンライン処理方式などの選択肢があり、どれを選ぶかは要件によって異なります。また採用する処理方式によっては、システムアーキテクチャに影響を与えることもあるので、並行して設計を進めるようにしましょう。

アプリケーションアーキテクチャについては8.2節で取り扱います。

システム全体図の作成

設計対象システムの全体像を把握するために「システム全体図」を作成します。システム全体図は3段階程度に分けて、目的別に記述します。厳しい要件がない場合、要件定義ではレベル2の完成を目指します。

地理冗長をとる災害対策構成や、高セキュリティが要求として明らかな場合は、レベル3まで踏み込んだ全体図を要件定義で作成しましょう。システム全体図については8.5節で解説します。

表2-12　システム全体図のレベル別作成目的

レベル	作成目的
レベル1	構築対象のシステムと、他システムの関係を整理する。外部インターフェースの連携方式や、外部接続の認証方式などを確認する。また完成必達の期日など、外部システムに起因するシステム外の制約条件がないか確認する
レベル2	構築するシステムの全体像を捉え、システム内の全体構成を整理する。サブシステム分割を行い、サブシステム間の連携方式を定める
レベル3	システム内の物理的な構成を可視化する。クラウド／オンプレミスなどのシステム配置場所、サーバー構成、クラウドサービスの構成など、まずは要件から明らかな部分を作成し、徐々に精緻化する。非機能要件の実現方式を示す設計書となる

サンプルアプリケーションの作成

策定したアーキテクチャや、各種規約類に準拠したサンプルアプリケーションを作成します。設計やコーディングのリファレンスとして活用できるように仕立てましょう。多くの機能で使われる画面パターンや処理パターンを中心に作成することを推奨します。

データ量が多い機能や、応答性能が求められる機能など、技術リスクの高い機能については、プロトタイプを作成して技術検証を行いましょう。アーキテクチャの正当性を早い段階で確認し、本開発でのリスク低減を図ります。

UIが重要視されるアプリケーションでは、画面プロトタイプの作成も検討しましょう。アプリケーション全体の動きや、個別の画面コンポーネントの動きを全開発者で共有し、画面設計のインプットとして活用します。UIフレームワークの選定に影響与える要件があれば、併せて検証してもよいでしょう。

いずれの場合も、サンプルアプリケーションの作成前に、作成の目的を定めましょう。サンプルを作り始めると、作ること自体が目的化しがちです。常時目的を振り返りながら、作成を進めましょう。

システムの利用者にサンプルアプリケーションを見せて要件をまとめる場合は、画面の細かな動きに注目され過ぎないよう十分注意しましょう。画面を見てしまうと、多くの人は画面にだけ目を奪われ、要件の整理や業務設計など、重要度の高い設計要素を看過しがちです。画面設計やデザインについて協議する場と、業務要件について協議する場を分けて設けるような工夫も大切です。

サンプルアプリケーションは、設計力や実装力、アーキテクチャ理解度の高い技術者が作ることを推奨します。単純に動くだけでは、十分とは言えないからです。様々な技術領域に対する深い知見と配慮をもとに、後の開発で活用されることを念頭に置いて作成しましょう。

2.7

Theory of System Design

運用/保守について概要を固めよう!

本工程のinput　要求仕様書、RFPなど

本工程のoutput　要件定義書、要求要件追跡書、運用要件書

システムを活用/進化させ続けるためには、運用/保守を適切に遂行し続けることが重要です。要件定義の段階では、運用と保守に関する要件を洗い出しましょう。具体的には、非機能要求グレード2018における「運用・保守性」の項目や、JISX0129-1における「信頼性(回復性)」「使用性(運用性)」「保守性(解析性、変更性、安定性、試験性、保守性標準適合性)」を参考に要件を固めます。

運用/保守要件は、要件定義書内にまとめるか、「運用要件書」として別途まとめます。保守/運用要件の基本構成は次のとおりです。

表2-13　運用要件書の構成

項番	目次	記載内容
1	業務運用要件	
1.1	年間スケジュール	通常日とシステム上のイベント日(祝祭日・週末・月末・年末・繁忙期など)
1.2	運用時間	オンライン時間、閉塞時間、バックグラウンド処理時間を定義する。通常と運用時間の異なるイベント日については個別に定義する
1.3	計画停止	システムメンテナンス、ハードウェアメンテナンス、法定点検等による計画的な停電などの影響有無について方針を定める。次章の「システム運用要件」には、ここで定める内容と整合性のとれた要件を記載する
1.4	サービスデスク	サービスデスク設置の有無、サービス時間、1stレスポンス時間
1.5	他システムの制約	同時稼働する他システムのための運用要件
2	システム運用要件	
2.1	通常運用	

項番	目次	記載内容
2.1.1	運用体制	通常運用時の体制、役割分担、マニュアルの整備要否
2.1.2	バックアップ	取得範囲、自動化範囲、取得間隔、保存期間
2.1.3	システム監視	監視対象（死活監視・エラー監視・ログ監視・メトリクス監視・ログイン記録）を定める。死活監視やメトリクス監視については監視間隔も定める
2.1.4	予防保守	故障予測の方式、機器交換などのメンテナンス基準
2.1.5	アプリケーション保守	ログなどのファイル退避、ガベージ、DBメンテナンス（統計情報更新、インデックス再構成、不要情報のガベージ）の要否と方針
2.2	障害運用	
2.2.1	運用体制	障害運用時の体制、障害報告ルート、役割分担、障害運用の訓練方法、障害運用に関するマニュアル整備の要否
2.2.2	業務継続性	障害発生時の待機系への切り替え時間、業務停止の許容度（障害時に業務停止してもよい、単一障害は停止しない、二重障害でも許容しないなど）、待機系で縮退運用が許されるかどうか
2.2.3	データリカバリ	目標復旧地点（N営業日前の時点、障害発生の直前など）、目標復旧時間（N営業日以内、N時間以内など）、目標復旧レベル（特定業務のみ、全業務など）
2.2.4	大規模災害	災害発生時の復旧および業務継続方針（システム再構築、N営業日以内の復旧、DRサイトでの業務継続など）
2.3	リリース運用	
2.3.1	ハードウェア保守	補助記憶装置などのサーバー機器、ネットワーク機器などハードウェアの交換方針
2.3.2	OSメンテナンス	ディスク枯渇対応、デフラグ等のメンテナンス方針、セキュリティパッチの適用方針、OS最新化方針
2.3.3	アプリケーション	最新版の本番配置方針（自動化、オンライン時間中のリリース有無、ユーザー影響の有無など）、ABテスト/ベータ版提供の有無
2.4	開発運用	
2.4.1	開発環境の設置	保守時に利用できる開発環境の有無、およびその環境
2.4.2	テスト環境の設置	保守時に利用できるテスト環境の有無、およびその環境
2.4.3	依存ライブラリの更新	整合性チェック方針（自動化、人力など）や、更新の指針
3	特殊運用要件	
3.1	システム監査	外部機関によるシステム監査の有無や監査対象

項番	目次	記載内容
3.2	遵守すべき 規格や法規	遵守するJIS（Japanese Industrial Stand-ards）、ISO（International Organization for Standardization）、IEC（International Electrotechnical Commission）などの規格や法律（サイバーセキュリティ基本法、著作権法、電子署名、認証業務に関する法律など）
3.3	遵守すべき業界標準	遵守するFISC（金融情報システムセンター）ガイドライン、PCI DSS（Payment Card In-dustry Security Standards Council）、CCDS（重要生活機器連携セキュリティ協議会）、分野別セキュリティガイドラインなどの業界標準

第3章

データ設計のセオリー

第３章では、クラウドベース開発を行う際に（ビジネスにおいても）基盤となる「データ設計」をいかに行うべきかのセオリーを説明します。
昨今、その重要性が叫ばれているデータ経営を実践するには、まずはデータの重要性を認識した上で、ビジネスを支援するシステムを考える必要があります。概念データモデルの作成をはじめとする本章の内容がその一歩になります。データモデル作成なくして、データを経営の指針とすることはできません。

3.1

Theory of System Design

概念データモデルをつくろう！

本工程のinput	要求仕様書、RFP、規定・業務ルール、新システム全体図、方針など
本工程のoutput	概念データモデル、ビジネスルール集
本工程と併行作成するoutput	ToBe概要業務フロー図（本書4.1節にて解説）
本工程の目的	概念データモデルを作成することにより、データ構造の「見える化」を実現する

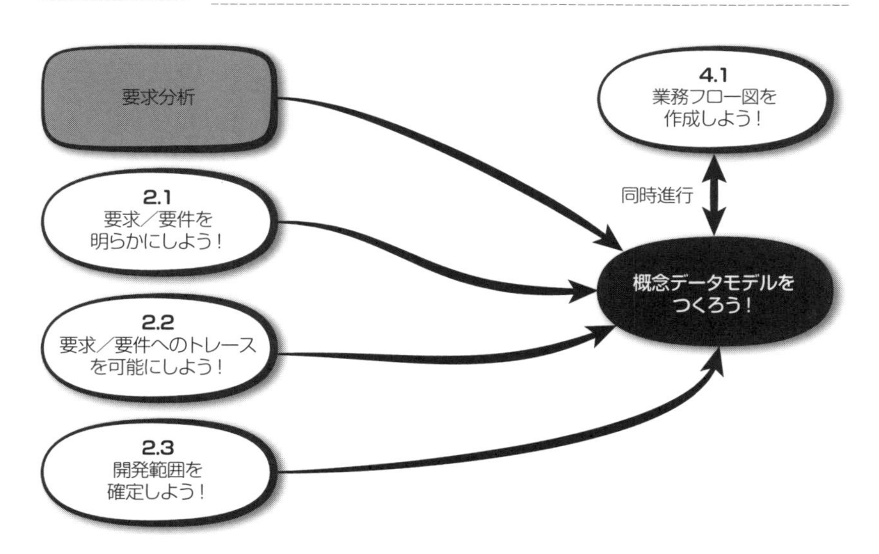

本節（3.1）では、業務で扱うデータの構造と全体概要を把握するために、開発範囲（スコープ）を確認した上で、「概念データモデル」を作成します。

業務データを表す概念データモデルの作成は、業務設計の一環です。本来は要求／業務分析の段階から作成を開始します。概念データモデルは、開発対象のシステムがビジネスや業務にどのように貢献するかを把握するために必要不可欠です。この概念データモデルがIT設計においてはデータベース設計の基になります。クラウドベース開発やWebシステムの開発経験しかない方には、「概念データモデル」という言葉自体に馴染みがないかもしれません。しかし、クラウドベース開発であっても、システム開発の手戻りを防ぎ、また、システムの骨組みを確定するために、この工程はとても重要です。アジャイル型開発であっても、またローコード開発を行う場合においてもデータモデル、特に本節で説明する概念データモデルの作成は欠くことのできない作業になります。

さらに、外部システムとのデータ連係に関する要求を明確にすることも、概念データモデル作成の目的です。

データモデルとは?

データモデルは、「ER図[1]」と呼ばれるチャート図式と、「データディクショナリ」(データ辞書)から構成されます。図式だけがモデルなのではなく、この2つが揃ってデータモデルは成立します。

以降本書でも、「データモデル」というときはER図とデータ辞書の両方を指すこととします。但し、本節で取り挙げる概念データモデルでは、属性(管理すべきデータ項目)の管理は対象外とし、属性に関しては次節(3.2)以降説明します。

各工程を通じて、以下のようなデータモデルを作成していきます。

① **サブジェクトエリアモデル**:「サブジェクトエリア」(後述します)と呼ぶ領域の一覧表です。

② **概念データモデル**:サブジェクトエリアごとに、管理すべき実体(エンティティ)と、エンティティ同士の関係を把握し、定義します。

③ **論理データモデル**:それぞれのエンティティにとって必要不可欠な「データ属性」を表現することで、より詳細な定義を行います。サービス分割の必要があれば、論理データモデルで表現することになります。

---

1 エンティティ・リレーションシップ関連図。データを実体(エンティティ)と関連(リレーションシップ)、属性(アトリビュート)という3つの要素で表すモデル図。具体的には、箱(エンティティ)と箱同士の関連を表す線(リレーションシップ)を組み合わせ、箱に中に属性をはめ込んでいくことにより作成します。

④ **物理データモデル**　　：技術上の制約や用途、パフォーマンス要求等を踏まえて、実装に必要な情報をさらに詳細に定義していきます。

どのような開発手法やサービスを用いようとも、①と②の作成は必須です。但し、小規模なシステムの場合、サブジェクトエリアごとの分類は不要なので①は省略可能です。

クラウドベース開発では、スクラッチ開発を行う場合に、保管・格納するデータの特性に応じてRDB以外のデータベースを使用することがあります。その場合は③の作成を概要レベルに止めて、④と実装を迅速に行うことができます。これは要求／要件定義段階でデータ構造が定まらない、つまりビジネス（業務）ルールが定まらず、とりあえずデータを保管・格納する場合に限ります。本書ではきちんと論理データモデルを作成することを推奨します。ローコード開発の場合も同様です。ERPを使用する場合には、③はサービスが提供するデータモデルをそのまま用いることを基本とします。但し、いずれの場合においても「データ連携」がある場合にはすべてのモデル作成を行います。その場合、主にデータ連携に焦点をあてたモデルになります。

以上の作業全体を「データモデリング」と呼びます。①は本節、②は次節（3.2）、③は3.3節で説明します。

ここで、これ以降データモデルの説明を進めていく上で、理解しておく必要がある用語について説明します。

（1） サブジェクトエリア

「サブジェクトエリア」とは、データモデル全体をいくつかに区切ったときの、個々の領域（範囲）のことです。区切り方は、データモデルの管理が容易に、そして「見やすく」なるように、ビジネス上の観点から、一括りにまとめた方がよい範囲や、分割した方がよい単位を見定めます。

サブジェクトエリアは、サブシステムの分割単位の候補となります。例えば「購買」「販売」等の業務単位に分割することが考えられます。

マイクロサービス単位に分割していく場合には、このサブジェクトエリアが分割の第一候補となりますので、もう少し細かい業務単位、例えば「販売」を「予約」「請求」「決済」「配送」といった単位に分割しておくことも検討します。この時点では、明らかに管理対象として別に管理した方が良いと推察した場合に、サブジェクトエリアを分けておきます。サービス単位にサブジェクトエリアを分割する作業は、次節で説明する論理データモデルの作成時に行います。

図3-1　マイクロサービス使用時のサブジェクトエリアの分割単位

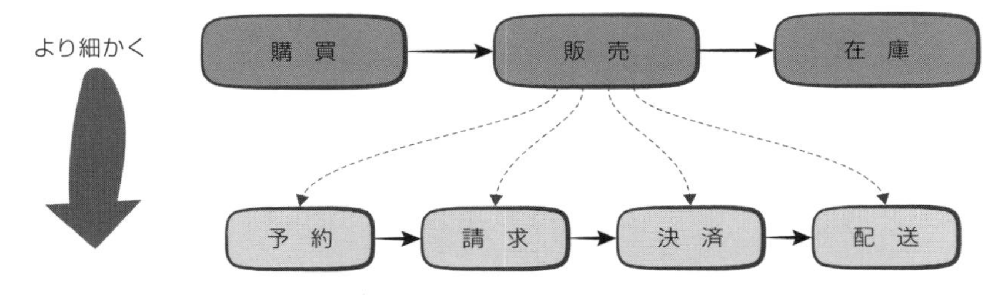

1つのサブジェクトエリアは、全体を鳥瞰できるよう、指定した用紙サイズ（例えばA3）1枚に収めることを基本とします。1つのサブジェクトエリア内のエンティティ数があまりに多いと、データモデルが見にくくなります。1ページに収まらないようなら、サブジェクトエリアをもう少し細かく分割した方がよいでしょう。20個くらいを目安とし、多くても30個以内に収めます。

(2) エンティティ

エンティティとは、全社もしくは開発対象のシステムにおける「静的な管理対象」を指し、「実体」と訳されます。

エンティティとは、次の「**5W1Hプラス1を表す名詞**」でもあります。

- **誰が（who）**：顧客、サプライヤ、従業員、組織など
- **何を（what）**：製品、商品、部品、サービスなど
- **いつ（when）**：日時、年度、月度など
- **どこで（where）**：事業所、倉庫、棚など
- **なぜ（why）**：業務ルール、法律、慣行、問い合わせ、注文、入金、出金など
- **どのように（how）**：計測方法、指示方法、請求書、契約など

- **集計（Measurement）**：売上、残高など

このエンティティを見つけ出す作業が、データモデリングを行っていく上で重要であ

り、概念データモデルの出来を左右します。

(3) リソース系とイベント系

エンティティは以下の2種類に分類されます。

- **リソース系エンティティ** ： ビジネスおよび業務におけるあり方を示し、資源となりうるのものを指します。データベースの設計・実装時に「マスター」となりうるエンティティ。例えば「取引先」「顧客」「商品」「サービス」など。
- **イベント系エンティティ** ： ビジネスおよび業務の行為により発生するものを指します。データベースの設計・実装時に「トランザクション」となりうるエンティティ。例えば「受注」「発注」など。

データモデルを作成する際、この2種をきちんと分けて書いていきます。

概念データモデルを作成する目的のひとつは、リソースの管理方法やあり方を明確にすることです。変更が生じた場合には、小手先の対応で誤魔化さず、見直しが必要になります。

スマートフォンやタブレットだけで稼働し、他システムと連携しないシステムを新規に開発する場合は、リソースに関しても限られた範囲だけを意識すれば済みます。しかしほとんどのITシステムは、「データのつながり」を確保してこそ価値を持ちます。よって、既存システムや外部システム等との間で、連携すべきデータを無視するわけにはいきません。また、開発当初は連携を考慮していなくても、いずれ必要になることが多々あります。

リソース(マスター)管理、コード管理(後述します)およびデータ連携の見直しが生じた場合には、概念データモデル作成から見直しが必要です。概念データモデルの作成にあたっては、これらの留意点を特に考慮します。

また、リソース(マスター)のあり方は、開発対象のシステム単位だけでなく、全社単位でどうあるべきかの検討が必要です。理想は全社で一元化すべきですが、難しいようであれば最低限、両者の整合性は確保します。

図3-2　一般的なデータモデル表現

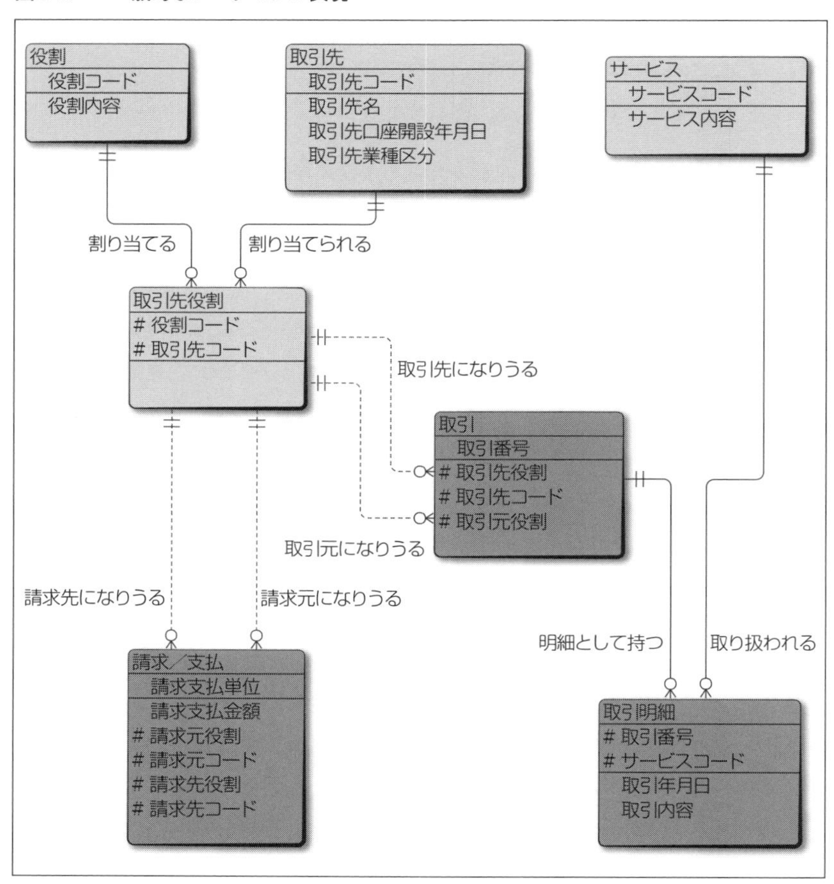

図3-2の「役割」と「取引先」はマスターとなりうる（取引先マスター等）ので、リソース系エンティティに相当します。「取引」や「取引明細」等はトランザクションとなりうるので、イベント系エンティティに相当します。

（4）リレーションシップ

リレーションシップとは、エンティティ同士のつながり（関係）を意味し、線で表わします。

図3-3　エンティティ間のつながり方の例

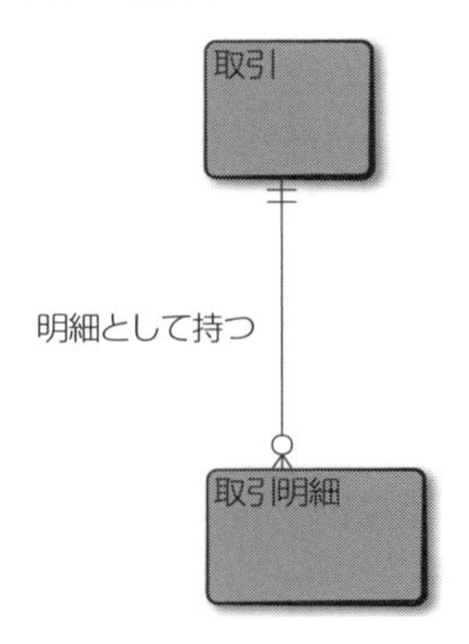

上の図で「取引」エンティティと「取引明細」エンティティの間を結ぶ線がリレーションシップであり、取引と取引明細は「明細として持つ」もしくは「持つ」という関係でつながっていることを示しています。この関係性の「見える化」が、データモデルの肝になります。実体と関係性を「見える化」することがデータモデル作成の目的でもあります。

本節で作成する概念データモデルは、対象とする事業や業務領域において重要と思われるエンティティとリレーションシップで構成されます。各エンティティとリレーションシップの定義は必須です。定義とは「なぜ存在するのかを明らかにすること」です。当然、それを満たす説明をわかりやすく記述していく必要があります。必然的に、開発対象システムの範囲だけでなく、全社視点の定義が求められます。

「定義する」という作業はなかなか骨が折れます。開発対象のシステムだけでなく、全社における存在意義をどうやって定義していくのか頭を悩ますことでしょう。各企業組織の本質に迫る答えは自ら考え抜くしかありません。でも安心してください。物事の本質はそんなに変わるものではありません。例えば、販売方法が対面から非接触（ネット）へ、決済方法が現金からキャッシュレスへと変化しても、ビジネスの本質は変わりません。また、顧客接点は変わっても、顧客そのもののあり方が変わるわけではありません。一度じっくり考え抜いた結果は応用可能です。

（5）工程とデータモデルの関係

工程とデータモデルの関係は下の図のとおりです。

図3-4　工程とデータモデルの種類

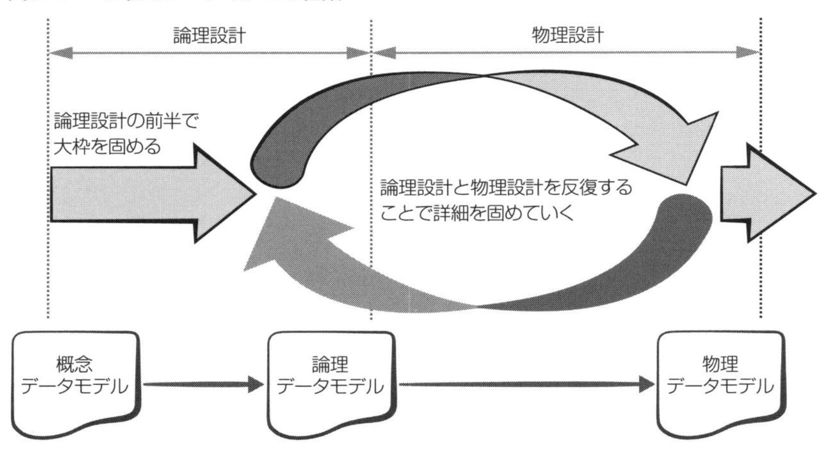

データ設計のうち、論理設計の工程では、まず対象となるデータを明らかにします。つまり本節の概念データモデルを作成するわけです。

クラウドベースでアジャイル型開発を行う場合、論理設計の前半で概念データモデルを作成し、論理設計の後半と物理設計を繰り返し行う中で論理データモデルと物理データモデルを作成していきます。

但し、概念データモデルの変更が生じるようであれば、もう一度論理設計の初めまで戻って検討をやり直します。論理データモデルと物理データモデルの作成を、無理してそのまま進めてはいけません。なお、ここでいう「概念データモデルの変更」とは、前述したとおり、リソース所謂マスターのあり方や取扱いの変更と、データ連携の大幅な変更を指します。

図3-5　概念データモデルの作成例

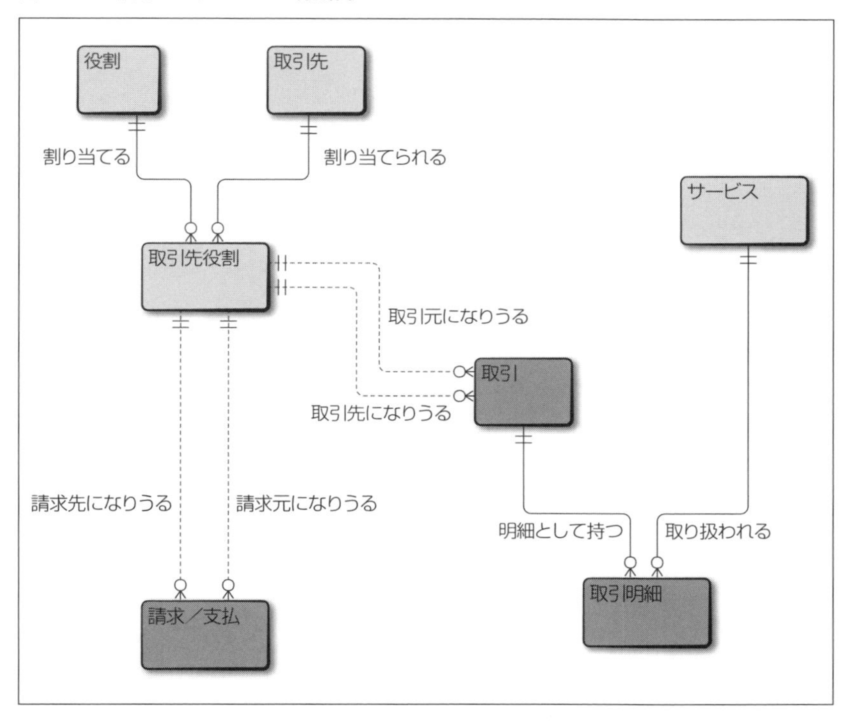

データ連携の整理

データ連携とは、設計対象のシステムと他の社内外のシステムとの間で発生するデータの受け渡しを指します。外部インターフェースにおける、データに関するインターフェースが対象になります。概念データモデルの作成においては、「どのデータを受け渡すか」だけでなく、「どのように受け渡すか」を可能な限り明らかにしていきます。当然ではありますが、「どのように受け渡すか」は、実装時には詳細まですべて明らかになっている必要があります。ここではその検討を始めます。

まず漏れがないように、どれくらいデータ連携が発生するのか把握することに努めます。ここでは以下の点を整理します。

① 連携元システム、連携先システム

② データ連携対象となるシステムの特性（APIの有無など）
③ 連携データの名称、項目
④ 連携の方向性（一方向、両方向）
⑤ 連携方法
⑥ 連携のタイミング

また、クラウドベース開発では、コンシューマー向けシステムとエンタープライズ系システムの相互連携が必要とされるケースが増えています。そういった場合には、上記のデータ連携だけでなく、連携対象のコンシューマー向けシステムとエンタープライズ系システムをすべて網羅したデータモデルを作成します。エンタープライズ系システム同士の連携が必要とされる場合も同様です。

図3-6　「データのつながり」を確保する

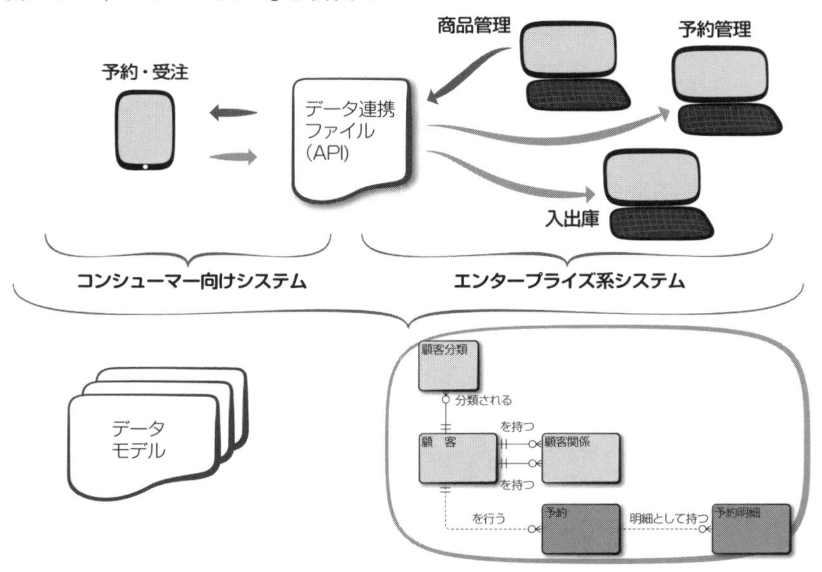

上記の例では、顧客情報登録をコンシューマー向けシステムで行い、予約受注情報とともにエンタープライズ系システムへ連携する場合や、逆に商品登録をエンタープライズ系システムで行い、コンシューマー向けシステムに連携する場合等が該当します。

片方がクラウドサービスやERP等でデータ仕様が公開されていない場合は、データ連携ファイル（API）までのデータモデルを作成します。但し、概念データモデルはビジネスや業務で扱うデータが整理されたものでなければなりません。そのため、ERP等においてもあるべきデータの形、特にリソースのあり方については、データモデルに記述しておくことです。実際にERPを導入する際のフィットアンドギャップ分析に役立ちます。

分析・設計の手順

以上を踏まえて、概念データモデルを作成します。作成の手順は以下のとおりです。

step 1　リソース系エンティティの抽出と定義

ビジネス／業務の鳥観図（あれば）、業務ルール、業務規定、要求仕様、新システム全体図等から、リソース系エンティティとして管理対象となりそうな「名詞」を見つけ出して書き出します。

次に、そのデータ（エンティティ）は「何のために存在するのか？」、「誰が管理するのか？」現時点で把握可能な説明・制約・取り決めを定義していきます。

エンティティの定義は、データモデルを作成する際の“必須の作業”です。よく見かける例として、図式に配置したエンティティが、いったい何のために存在しているのか、不明なことがあります。図式化と定義は対になるものであり、どちらが欠けてもいけません。出来上がったデータモデルは多数の目に触れるものです。誰が見ても同じ認識を持てるように注意して作成しなければいけません。

リソース系エンティティについては、既存システムのマスターを使用するのか、何らかの連携を行い参照するのか、独自に作成するのか、方向性を決定し、モデルに反映していきます。この方向性の決定は、システム開発において大きな意味を持ちます。もしも方向性の変更が発生した場合は、概念データモデリングを一からやり直すことになります。

step 2　イベント系エンティティの抽出と定義

リソース系と同様に、現時点で把握可能なイベント系エンティティを抽出します。併せて、各エンティティの定義も同様に行います。「予約」「受注」「発注」といったように、伝票処理が発生する行為が候補になります。次の第4章で述べる

「業務フロー図の作成」が進んでいれば、ToBe概要業務フローと詳細業務フローの上に「データを表すアイコン」で表現されたイベントデータを参考にします。

step 3　サブジェクトエリアに分割

全体のデータモデルをサブジェクトエリアに分割します。そのサブジェクトエリアの一覧表と、ひとつひとつサブジェクトエリアに所属するエンティティのうち、現時点で把握可能なエンティティの一覧表とを作成しておきます。

図3-7　サブジェクトエリアへの分割

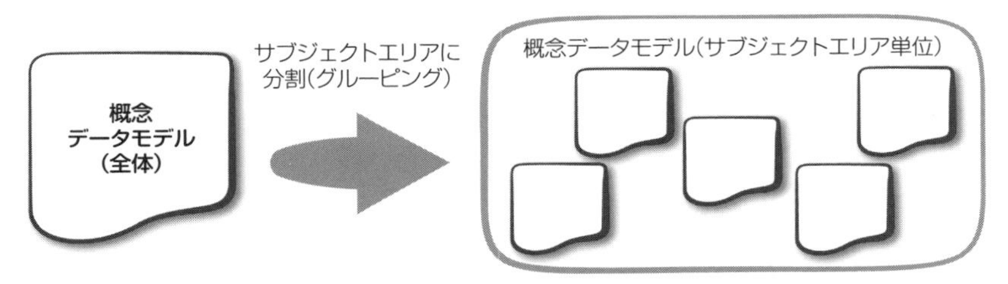

この時点でサブジェクトエリアを分割する場合、業務上の結びつきが強いと思われるエンティティ同士をグループ化し、複数のグループを作り上げていきます。

step 4　リレーションシップの線を引く

抽出したエンティティ同士の間にリレーションシップの線を引き、それぞれの線の意味を定義します。そのために、上記で収集した名詞同士を結ぶ「動詞」を収集します。

すべてのリレーションシップの線には、それが引かれた理由があるはずです。また、線の引かれた方向（矢印の向き）にも意味があります。線を引く際には、一つひとつの線の方向、そして意味（これが定義になります）をきちんと確認した上で、定義していきます。

リレーションシップの定義は基本的に、「～する」「～になる」「～構成させる」といった動詞句で統一します。矢印の方向に沿って「矢印元エンティティは矢印先エンティティを～する」という書き方を推奨します。

この工程が進むと、エンティティ同士が次々にリレーションシップで結ばれて、さらに定義が明確になることにより、相互の関係性が明らかになっていきます。

step 5　データ連携の把握

把握可能なデータ連携を抽出し、一覧表のほか、イメージできるようであればラフデザインを作成します。システム全体図に外部とのインターフェースが記述されていれば参考にします。

ラフデザインに連携の方向を記載し、さらに別表でもよいので連携項目を記入します。この項目は次節において「論理データモデル」に反映していきます。ここではその準備を行います。

step 6　データ連携ファイルをエンティティとして登録

データ連携用ファイルを、エンティティとして概念データモデルに登録します。データ連携ファイルには、すべての外部インターフェースとAPIを含めます。本書では、存在するデータの塊りは、それが何であろうと、エンティティとして管理することを基本とします。

登録の際には、他のエンティティ同様、データ連携ファイルについてもエン

Column

コンシューマー向けシステムのクラウドベース開発でも概念データモデルは必要

クラウド利用を前提としたコンシューマー向けシステムの開発では、概念データモデルが軽視されているように筆者は感じています。クラウドベース開発では、アジャイル型開発やローコード開発が行われるケースが多く、概念データモデル作成の時間さえ確保しないプロジェクトもあるようです。

しかし、特にコンシューマー向けシステムの価値を高めるには、他システム、例えばエンタープライズ系システムとのデータ連携は必須です。どのようにデータを連携するかの検討には、データ構造の把握が不可欠です。

たとえ連携があってもなくても、システムは「動けばよい」というわけではありません。新規開発の際に概念データモデルを作成していないと、変更開発の際に指針を失うことになりかねません。バージョンアップを繰り返すアジャイル型開発やローコード開発ツールを使用した場合には、ますます危険性が増すといえます。

まずはビジネスの目指すべき姿を明らかにして、概念データモデルを作成し、データ構造を「見える化」することが大切です。データ構造の意味が曖昧なシステムは必ず破綻します。まずは、ビジネスの「全体像を掴む」ために「描いてみる」ことが重要です。

ティティとしての定義をきちんと行います。それはデータ連携も他の更新要領と同様にCRUDマトリクスで管理するためです。詳細は後述します。

図3-8　データ連携ファイルをエンティティとして定義する

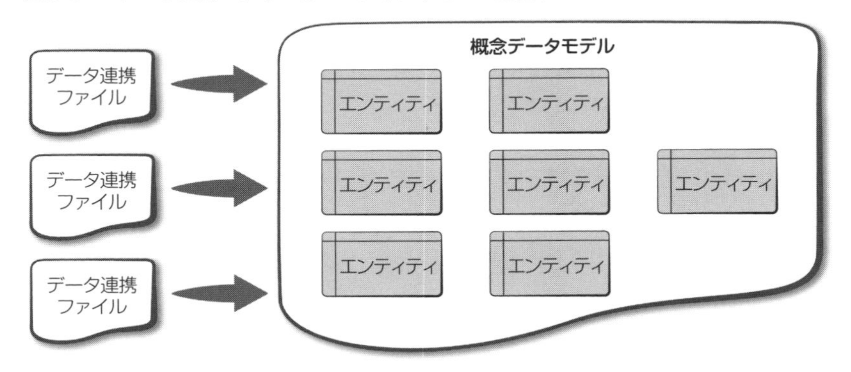

step 7　用語集作成の開始

概念データモデルの作成時に発見した業務用語を中心に、全社の共通用語を収集・整理して、用語集の作成を開始します。概念データモデルの作成時からこれを開始するのは、少しでも早い段階から用語の一貫性を確保しておきたいからにほかなりません。

Column

ビジネスルールを整備する

概念データモデルの作成過程では、様々な業務上の取り決めが明らかになってきます。それらはきちんと文書化しておきます。これらをまとめた「ビジネスルール集」（業務ルール集と呼んでもよいかもしれません）が、後々データベース定義や機能定義の参考になります。まずはメモ程度で構いません。忘れずに文書化しておくことが大事です。

オンプレミスであろうがクラウドベースであろうが、ビジネスルールを明確化し、それをデータに関連するもの、後述するプロセスに関連するもの、データを操作する「IT機能」に関連するものの3種に整理していく作業こそが、システム設計の肝になります。

3.2
Theory of System Design

論理データモデルをつくろう！

本工程のinput **概念データモデル、ビジネスルール集、ToBe概要フロー図、UIラフデザイン**

本工程のoutput **論理データモデル**（全体・各サービス単位）、**ドメイン定義書、用語集、ビジネスルール集**

本工程と併行作成するoutput **ToBe詳細業務フロー図**（本書4.2節にて解説）
プロセス定義（本書4.4節にて解説）
ユースケース記述（本書4.5節にて解説）
UI定義（本書6.1節にて解説）

本工程の目的 **全体およびサービス単位の論理データモデルを作成することにより、データ要求と静的ビジネスルールを把握する**

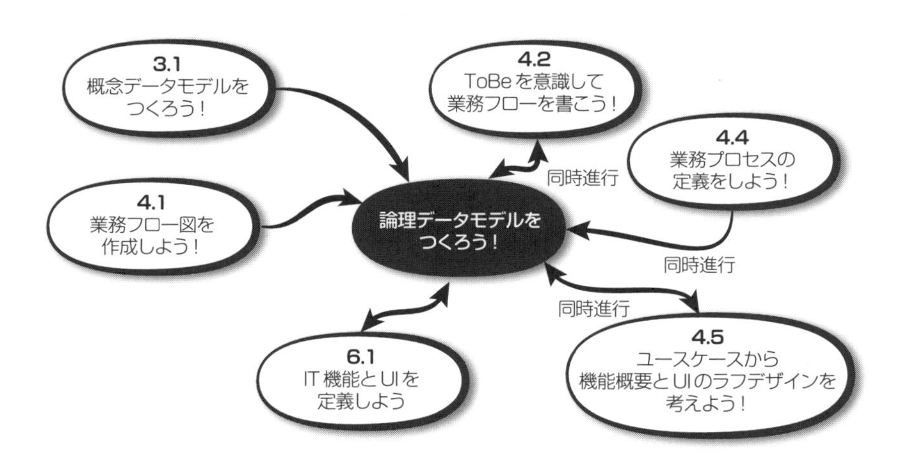

本節（3.2）では、3.1で作成した概念データモデルを基にして、「論理データモデル」を作成します。本書はクラウドベース開発を前提としていますが、概念データモデルと同様に論理データモデルは、開発手法や環境に関係なく不変の価値を持ちます。異なるのは、クラウド環境でマイクロサービスを用いる場合、全体を表す論理データモデ

ルをサービス単位に分割する必要があるという点、ERP使用時にはサービスから提供されたデータ構造を基に作成する必要があるという点だけです。

論理データモデルの作成では、概念データモデルの作成時に抽出し登録したエンティティに対し、「属性」(エンティティで管理するデータ項目)を定義していきます。さらに、属性定義とともに「正規化」と「抽象化」(後述します)を実施することにより、開発対象範囲のデータ構造を確定します。サービス単位に分割した場合は、個々のサービスごとに上記作業を繰り返し行って、サービス内のデータ構造を確定します。

論理データモデルの作成は、次の物理データモデルの作成との間で、反復を繰り返す中で完成に近づけるのが現実的です。特にアジャイル型開発を用いる場合にこの傾向は顕著です。

図3-9　工程とデータモデルの関係

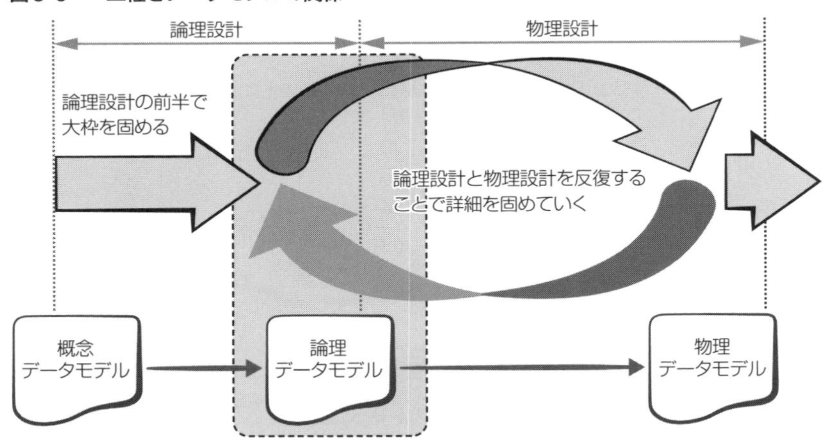

また本書では、論理データモデルの作成とUIの設計を並行して行うことにより、データ設計とUI設計相互の品質向上を目指します。

以下では、「データに関する標準」と、本工程以降で使用する用語や概念を説明しておきます。

データに関する標準

第2章で説明したように、データに関しても「データ設計に関する標準」に則した記述を行います。

データ設計を行う際の標準は、以下のとおりに定めていきます。

まず、エンティティに関する標準化を行います。検討対象は、大きく分けて以下の2つです。

- サブジェクトエリアIDおよびサブジェクトエリア名
- エンティティ名

データモデル（エンティティ関連図）におけるエンティティの配置ルールを決めておく場合もあります。

次に、属性のデータタイプを決めていきます。このデータタイプは論理設計において使用し、物理設計において、実際に実装するDBMS（データベース管理システム）のデータタイプに変換します。具体的には数字、コード、全角、半角、画像等に対して決めていくことになります。

データに関する標準策定の3番目として、フィールド（属性・項目）の命名規則（ネーミングルール）を決めていきます。 フィールドの命名体系については、「修飾語＋主要語＋修飾語＋区分語」という体系を前提とします。フィールド名称の主要語・修飾語・区分語を統一し、標準化していきます。

修飾語、主要語、区分語とは以下を指します。

- 修飾語とは、データ項目の意味を区分する言葉で、任意かつ複数指定可能とします。
- 主要語とは、管理する対象を表す言葉で、必須かつ単数指定とします。
- 区分語とは、値の種類を表す言葉で、必須かつ単数指定とします。
  ＊単数指定・・・項目名1つに1度しか現れないという意味です。
  ＊主要語は、修飾語になる場合があります。

例を挙げます。修飾語：日次、主要語：売上、修飾語：合計、区分語：金額から「日次売上合計金額」という属性を命名します。主要語と区分語は必須です。命名基準に沿って、属性名の主要語、修飾語、区分語を統一し、標準化します。「取引先コード」と「顧客コード」のように、名称は異なるものの意味が同じであるシノニム（異音同義語）や、同じ「顧客氏名」であっても「来場顧客氏名」と「購入顧客氏名」のように意味が異なるホモニム（同音異義語）が発生しないよう注意しましょう。

繰り返しになりますが、論理名称は、業務担当者にとって意味があり、容易に理解できるものでなければなりません。

また、当たり前ではありますが、区分語はそれぞれデータタイプに合った形で命名する必要があります。例えば、区分語が「コード」でデータタイプが数字では意味が不明であり後々確実に混乱します。

この段階ですべての用語を抽出するのは困難（不可能？）です。まずは区分語から規定をスタートする方がよいでしょう。以下に区分語を統一した例を挙げます。

- 区分語を「番号」に統一（例:「受注No.」を「受注番号」へ、「受注明細連番」を「受注明細番号」へ変更）
- 区分語を「年月日」に統一（例：「予約日付」を「予約年月日」へ、「受注日」を「受注年月日」へ変更）
- 区分語を「金額」に統一（例：「受注額」を「受注金額」に変更）

属性

「属性」とは各エンティティに含まれる「項目」（フィールド）を意味します。例えば、「顧客」エンティティの属性としては「顧客コード」「顧客名」「顧客住所」などが考えられます。

属性は、上記の命名規則に基づいて名前をつけます。その際には極力、用語集に整理されているビジネス用語を使いましょう。ＩＴ略語の使用はお勧めできません。ITに詳しくない人にもわかりやいことを最優先にします。

その一方、ビジネス用語にこだわりすぎると、名称が必要以上に長くなってしまうなど、エンティティ属性の命名がうまくいかないときがあります。そういった場合には、命名規則を遵守する前提で、わかりやすい略称等を用います。使用した略称は、用語集において、本来のビジネス用語との関係がわかるようにしておきます。業務担当者と開発者の間で合意していることが絶対条件です。

用語集やデータ設計に限らずシステム設計全般において、用語や構成要素の意味をきちんと「定義」しておくことは必須の作業です。定義が曖昧なまま開発が進んでいくと、必ずどこかで大きな壁に突き当たり、ほとんどの場合それが致命傷になります。このことは肝に銘じておきましょう。

エンティティの属性の定義では、「取引先名：管理対象となる取引先の名称を表す」「略称は不可とし、法人の場合は正式名（前株／後株は除く）、個人の場合は本名とする」といった具合にデータ項目としての本来の意味を記述します。

正規化

概念データモデルを下敷きにして論理データモデルを作成する際には、データモデルの「正規化」を行います。通常は、第一正規化から第三正規化までをすべて行います（詳細はデータベースの専門書もしくは拙書『システム設計のセオリー』を参照してください）。

正規化で重要なのは、データ設計の原則、即ち「One Fact In One Place」を厳守することに尽きます。この言葉は、「事実はひとつであり、その事実を記録する場所は1ヵ所だけ」という意味です。「データを整理するとき、同じデータは常に1ヵ所に格納せよ」という鉄則です。複数の項目にバラバラに格納されると、障害発生の可能性が高くなるので、それを防ぐために提唱されました。

「One Fact In One Place」は冗長性を排除するなど、データについて考える時、常に意識すべき言葉です。この原則に沿ってデータモデルの属性を整理すれば、自然と正規化状態となります。

後述するとおり、あえて「正規化を崩す」場合があります。メリットとデメリットを天秤にかけて、メリットが大きいようなら実施します。実施する際には、崩した正規化（非正規化と呼びます）の属性の定義に、重複属性であることを記述しておきます。最初から正規化しないのと非正規化を行うことは、全く意味が異なるということを認識しておく必要があります。

抽象化

論理データモデルの作成では、正規化とともに「抽象化」を行います。より多くの状況に適用可能とするために、細部を取り除いていきます。これには2つの方法があります。

- **汎化**　：エンティティの共通属性とリレーションシップを上位のエンティティにまとめます。この上位エンティティを「スーパータイプエンティティ」といいます。上位エンティティである「取引先」に、下位エンティティの「顧客／仕入先」をまとめる場合が相当します。

・**特化**　：上位のエンティティを分割し、属性を下位のエンティティに移動します。この下位エンティティを「サブタイプエンティティ」といいます。汎化とは逆に、上位エンティティの「取引先」を、下位エンティティ「顧客／仕入先」に移動する場合が相当します。

用語集

システム設計の重要な要素である「用語集」を整備していきます。データ辞書と表現することもあります。用語は開発プロジェクト単位ではなく、全社レベルで整備することを目指します。

登録すべきは、前述したとおり、ビジネス用語、UI等に現れる用語、業務で使用する用語、エンティティ名、エンティティの属性名称等です。このうち属性に関しては、前記の命名規則に準ずる形で登録していきます。属性の名称と定義のほかデータ形式や桁数なども、決まり次第用語集に登録していきます。

論理データモデル作成の留意点

論理データモデルは「概念データモデルに属性を追加したもの」というのが前提ですが、クラウドベース開発においてマイクロサービスを用いる場合には、サービス単位に分割した論理データモデルを作成します。マイクロサービスは「疎結合アーキテクチャ」を指向しているので、データモデルもそれに準ずる必要があります。

サービス単位に分割された論理データモデルに対しては、サービス単位に再度データモデリングを行います。正規化はある程度できているとして、このデータモデルに反映しなくてはならないのは、「他のサービスの参照」「他のサービスからの参照」「サービス間での重複したデータ管理」がありうる場合に、各サービス単位のデータモデルを完結した形へときちんと成立させることです。

システム全体、理想は全社単位で前述したOne Fact in One Placeを順守することが大原則ですが、マイクロサービスの場合は、その原則を崩しても、サービス間で重複したエンティティや属性を保有する必要があります。疎結合を実現するために、本来尊重すべき正規化を犠牲にして、非正規化を行う箇所を明らかにしていきます。この場合も、「最初から正規化しないのと、後から正規化を崩すのは違う」ということを理解しておく必要があります。

この分割は、疎結合を意識しつつ、ER図をベースにして考えていきます。まずは、業務単位にサブジェクトエリアを切り分け、次に「進化の速度が異なる部分」を、サービスとして分割していきます。これは、データモデルの段階で結びつきの弱いもの同士は、実際の業務プロセスやIT機能でも結びつきが弱い傾向にあるので、それを逆手に取るという考え方でもあります。

サービス分割後に、それぞれのサービス単位で再度データモデリングを行う際には、分割後のER図をそのまま使用するのでなく、データ構造をしっかり見直します。サービス単位内のデータモデルの整合性は、きちんと保つ必要があります。

サービスの粒度は設計・運用を経て、変化していきます。データモデルにおいても、サービスの単位の見直しを行う必要があります。そのためには、まず大きな括りでサービスを分割し、運用を経て、より小さなサービスに切り出していくのが現実的です。

図3-10　サブジェクトエリアとサービス

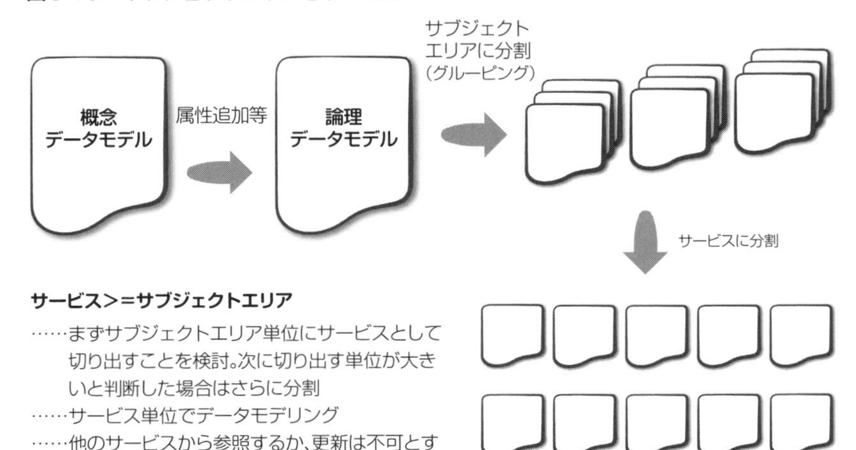

分析・設計の手順

実際の「論理データモデル」の作成手順は以下のとおりです。

step 1　リソース系エンティティの抽出

概念データモデルを参照して、リソース系エンティティを抽出し登録するとともに、エンティティの概要を定義します。この作業は、概念データモデルでの定義内容を見直すことになります。概念データモデルで登録したエンティティを基本とし、必要があれば追加もしくは削除していきます。

step 2　エンティティの定義と属性登録

ToBe詳細業務フロー図（第4章にて後述）、UI概要定義（第6章にて後述）から、イベント系エンティティを抽出し登録します。併せて、明らかになった属性をエンティティに登録します。「UI入力仕様→論理データ設計→UI出力仕様→論理データ設計」という行き来を繰り返すことで、モデルの完成度を高めていきます。併せて、定義を行います。

step 3　リレーションシップの線を引く

概念データモデル等を参照して、エンティティ間にリレーションシップの線を引き、定義していきます。このときも、概念データモデルに記述済みのリレーションシップを基本とし、必要に応じて追加・削除を行います。

どうしても線をうまく引けない場合には、エンティティとエンティティの中間に「関連エンティティ」と呼ぶエンティティを配置し、それぞれの間にリレーションシップの線を引きます。

図3-11　図3.2-3　中間エンティティの例

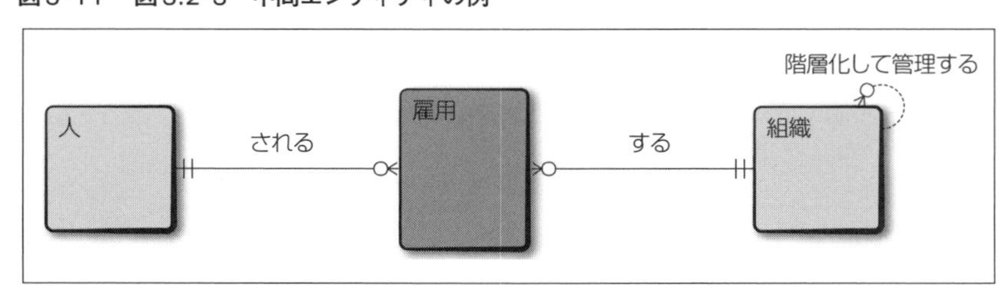

上図では関連エンティティとして【人】と【組織】の間に【雇用】を配置した例です。

- 「人」は「雇用」される。
- 「組織」は「雇用」する。

という関係を表すことができています。

step 4　正規化の確認

エンティティ間の正規化を確認します。また、以下の作業を行います。

- 主キーが同一であるエンティティ同士をひとつに統合していく。

例外として、親エンティティと子エンティティが1対0、または1対1の場合、ビジネス上の必要に迫られてエンティティが親子に分かれていることがほとんどです。何も考慮せずに統合してはいけません。

以下の作業は、One fact in One placeを意識して行います。

- 同一エンティティ内の重複属性があれば、どちらか一方を削除する。
- キー以外の同一属性が複数エンティティに所属しているような場合、どちらかを削除する。
- 計算により導出された属性を削除する。

step 5　属性定義

属性の定義を行います。具体的には以下の作業を行います。

- 属性の説明（意味）を定義し、文章で記述する。
- データの桁数、正式名称、編集形式等を定義する。
- エンティティの名称、エンティティ属性の名称を命名規則に沿った形に揃えていく。

step 6　データ連携の反映

概念データモデルに登録したデータ連携ファイルの対象エンティティを、論理データモデルに反映させます。具体的には、属性の登録と定義を行います。ファイルおよびAPIの項目を、そのまま属性として登録します。

図3-12　論理データモデルへデータ連携ファイルを取り込む

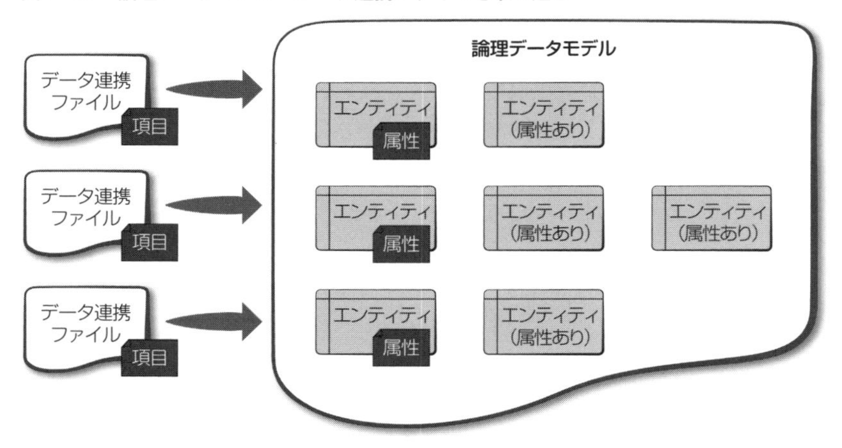

step 7　データ連携機能の検討

データ連携の対象エンティティについて、属性単位の連携ロジックを検討します。データ連携ファイルを論理データモデルに取り込んだことにより、データ連携の更新要領と更新ロジックは、論理CRUDマトリクス（第5章にて後述）の更新要領および更新ロジックとして管理できるようになります。API仕様もCRUDマトリクスに取り込みます。

図3-13　データ連携を反映させた論理CRUDマトリクス

	顧客		予約		予約明細		データ連携ファイル1	
予約登録を行う		R	C	R	C	R		
			U	D	U	D		
予約の照会を行う		R		R		R		
データ連携1		R		R		R	C	R
							U	D

データ連携を検討する際には、前もって相互のセキュリティポリシーを確認しておく必要があります。いくら物理的に接続できても、インシデントが発生する

ようなら、検討していたインターフェースは即変更します。クラウドベース開発の場合、接続先は別クラウドであったり、オンプレミス環境であったり多肢に渡るため、事前の確認が必要です。また、すぐに変更になる可能性もあるので、随時確認する姿勢が求められます。

併せて、障害発生時等の例外処理の対処方法を検討します。代表的な対処方法は、リトライと、ログへの出力の2つです。対処方法は実装までに決定していれば問題ありませんが、検討自体は早めに始めましょう。

step 8 抽象化の実施

汎化、特化を実施することにより、データモデルの抽象化を行います。

step 9 ドメイン定義

データ項目の共通的な性質を抽出し、ドメインとして登録します。「ドメイン」とは、ある視点から見た項目（フィールド）のグループ、塊りを指します。例えば「時刻」「日付」「名称」等といったように、意味が同じで、かつ、ＵＩにおける編集仕様やチェック仕様が共通のものを1つのドメインに登録し、定義を添えます。例えば「契約日」というドメインには「受注日」や「支払日」といった項目が含まれることになります。

併せて、「コンディション定義」を行います。これは、値の意味の定義と、値のとりうる範囲を具体的に明示することです。最大値や最小値の規定、「1:見積中」、「2：受注」といったコード値の意味内容の定義が該当します。

次に、定義したドメインを各属性に再度割当てていきます。例えば、属性「取引先名称」にドメイン「名称」を割り当てる、といった具合です。

ドメインも前述した用語集と同様、全社で一元管理するのが理想です。難しければシステム単位でも構いませんが、極力、全社で一元管理することを目指します。

step 10 データモデルパターン等の適用

ここまで作成したデータモデルについて、さらなる抽象化を検討します。もし、標準的な「業界データモデル」のようなものが手元にあるようであれば、参考にします。例えば、「受注」エンティティと「発注」エンティティを「取引」エンティティに統合するか否かの検討に用います。

それ以外のモデルパターンとしては、人や組織（取引先等の外部組織も含む）を表す「パーティ」を用いたものがあり、この概念を使用可能か検討します。「パーティ」は登山チームのような人の集まりを指します。論理データモデルでは、人や組織の上位概念を表します。但し、前述の「取引」とは違って、パーティを用いた抽象化はかなり難易度が高くなります。まずは「受注」や「発注」は「取引」とし、「仕入先」「顧客」は「取引先」として抽象化することを目指します。

図3-14　データモデルパターンの活用例

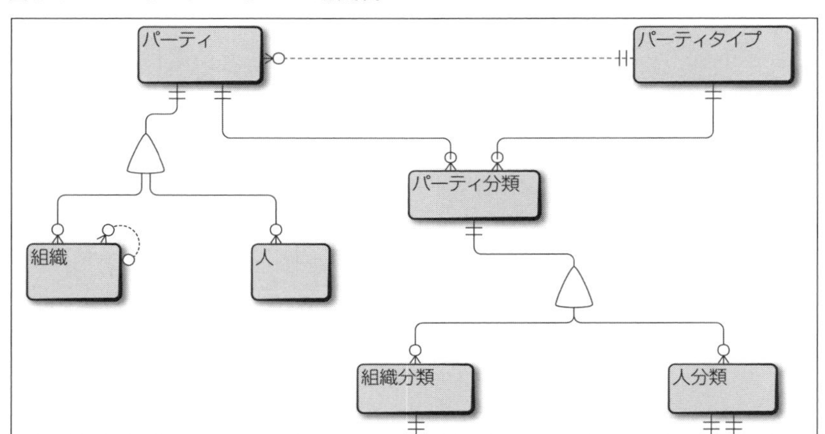

step 11　エンティティとリレーションの確定

今回のシステム開発において、管理対象となるエンティティおよびリレーションシップの登録と定義を一旦確定します。今後追加する際には、UI等への影響度を検討した上で反映させた後、論理データモデルへ追加登録します。

step 12　サブジェクトエリアの確定

「概念データ設計」において分割したサブジェクトエリアの見直しを行います。

サブジェクトエリアの粒度については、サブシステムの単位よりもさらに詳細に分割すべき場合があります。こうした場合、無理に分割するのではなく、モデルとしての管理しやすさを優先します。詳細な分割は次のサービス分割で検討します。

step 13 サービス分割

マイクロサービスを用いる場合には、サービス単位にデータモデルを分割していきます。まず、サブジェクトエリア単位のサービス分割を考えます。次に、より小さな業務単位、行為の単位のサービス分割を検討します。分割の可否は、進化や変更の速度が同じか否かで判断します。つまり、変更の影響を最小限にすることを目指します。

step 14 サービス単位のデータモデリング

分割されたサービス単位に再度データモデリングを行います。その際には、どこまで非正規化を行うかを熟考しつつ作業を行います。分割されたことにより、別サービスのエンティティを参照する必要が生じた場合には、各サービスのためにコピーしたエンティティを、重複して配置することを検討します。

第2章でも説明したように、NoSQLを使うことが明らかな場合は、積極的に正規形を崩してデータ構造を表現します。詳しくは後述しますが、特にKey-Valueでデータを保管・格納する場合は、ビジネスや業務をデータ構造に反映できない、あるいは、する必要がない場合がほとんどです。そういった場合にも、論理データモデルには、できる限り非正規化されたデータ構造を表現して、どのようなデータを保管・格納するのかを把握できるようにしておくべきです。

ここまでで、今回のシステム開発で管理対象となるサブジェクトエリアを一旦確定します。

step 15 用語集を整備

「用語集」を整備します。登録すべきは、ビジネス用語、属性として表れたデータ項目、UIに現れたデータ項目、エンティティ名、エンティティの属性、ドメイン名等です。

きちんと整理された用語集は、システムライフサイクル全般にわたって、立場の違う者同士の相互理解に役立ちます。そのため用語集は、開発対象のシステムだけでなく、全社のシステム管理に役立つように保守・管理していきます。もし、既存の用語集があれば、整合性を確保し、可能なら統合して管理します。

step 16 ビジネスルール整備

論理データモデルの作成を通じて明らかになった業務上の取り決めを、ビジネスルール集に追加登録します。データモデル作成中の議論や検討過程、決定の背景、その他エンティティ関連図の補足内容等を記述してタイトルを決め、ビジネスルール集に加えます。

ビジネスルールもドメイン定義や用語集と同様、いえ、それ以上に、全社で一元管理すべきです。この段階で明確になった開発対象システムに関するビジネスルールが、全社的なそれと食い違っていたら、プロジェクトを止めるくらいの覚悟で一本化しなければなりません。この作業をいい加減に終えてしまうと、開発したシステムは間違いなく無用の長物になります。

3.3

Theory of System Design

物理データモデルをつくろう！

本工程のinput	概念データモデル、ビジネスルール集、ToBe概要フロー図、UIラフデザイン
本工程のinput	論理データモデル、用語集、ビジネスルール集、ドメイン定義書、論理CRUDマトリクス（本書5.2節にて解説）、構成仕様、共通仕様
本工程のoutput	物理データモデル、ドメイン定義書
本工程の目的	「物理データモデル」の作成を通じ、データ要求実装を可能とする

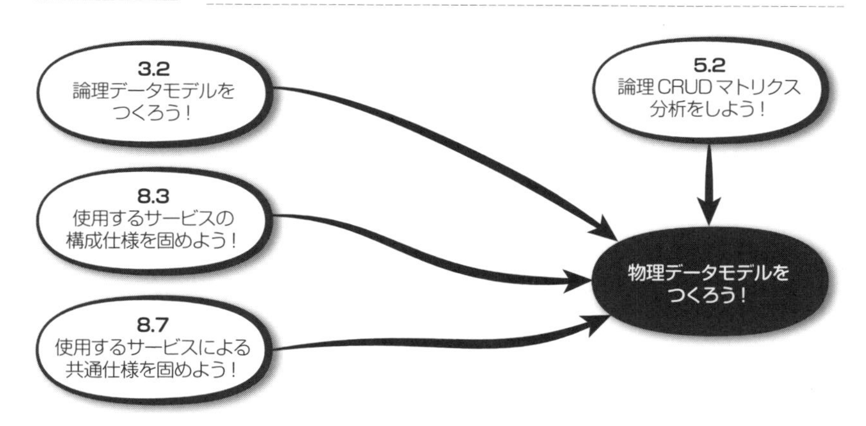

本節（3.3）では、論理データモデルから継承した設計情報に基づき、実装を意識した「物理データモデル」を作成します。使用するDBMSや、実装するテーブルレイアウトに即した物理データモデルを作成します。

図3-15　工程とデータモデルの関係

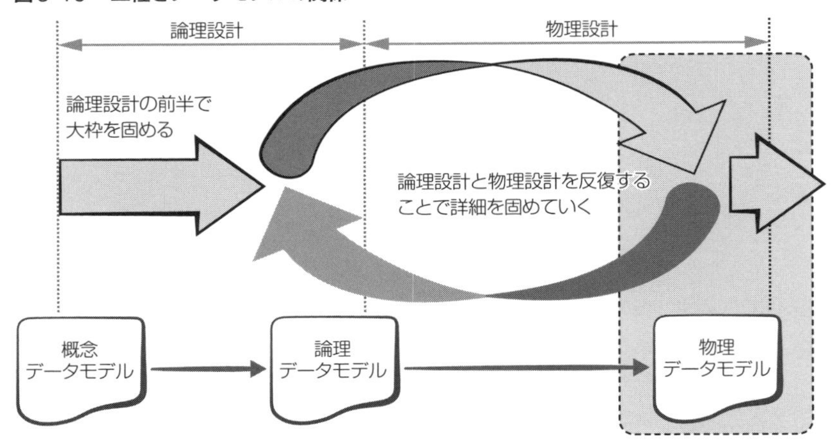

物理データモデルの作成

物理データモデルは、論理データモデルを基にして、以下の事項について取捨選択を行い、対策を講じる形で作成します。

- 技術上の制約
- アプリケーションの用途
- パフォーマンス（性能）に関する要求
- サービスの用途に応じた分散

技術的な制約を越えて検索パフォーマンスを向上させるために、非正規化等の対策が必要となるケースもあります。

図3-16　物理データモデルの例（部分）

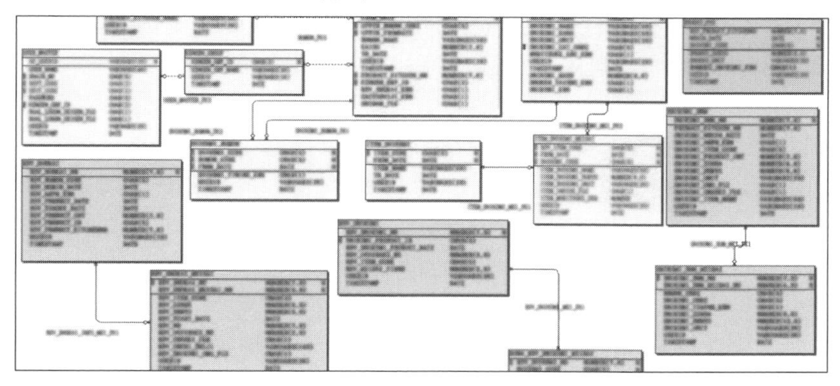

(1) 使用データベースへの実装準備

データモデルを全体もしくはサブジェクトエリア単位に、使用するDBMSとテーブルの構造に応じたデータモデルへと変換します。例えばKey-Value型のNoSQLを使用する場合には、列と行の組み合わせへと変換します。ローコード開発ツールを使う時には、ツールのデータベース構造に即したテーブル構造へと変換します。

(2) テーブル名の定義

「テーブル名」の定義は、物理データモデルを作成していく中で行います。論理データモデルで設定したエンティティ名を、命名規則に沿って物理名に置き換えることで、テーブル名とします。

(3) 属性を物理名に変更および詳細追加

属性についても同様に、論理データモデルで設定した論理名を物理名に置き換えていきます。

物理名には、基本的に1バイト文字（半角アルファベット）を使用します。また、物理名も命名規則に準じた名称に変換します。例えば、論理名が「予約商品合計」であれば、「予約＋商品＋合計」に分割し、1バイト文字で「REV＋ITEM＋TOTAL」と表現します。さらに間を「_」（半角アンダーバー）でつないで「REV_ITEM_TOTAL」という物理名を付与します。物理名称は、DBMSが許可する最大長に準拠する必要がある場合、略語を使用しても構いません。

また、物理名の定義と共に、各属性のデータタイプと、データ長（桁数）を定義していきます。今回開発対象となるDBMSのデータタイプに変換することで定義していきます。ドメインが同じ属性はドメインに設定を行い、各属性に反映していきます。

（4） ルール定義・物理目的の属性を追加

属性に設定可能なルールを設定し、定義します。実装するデータベースに応じた制約を設定することになります。さらに必要があれば、物理目的のみに使用する属性の追加と、詳細定義を行います。例えば、フラグ類、タイムスタンプ、更新者、更新日などです。

（5） データアクセス分析

アクセス負荷を予想するために、エンティティの件数とトランザクションの発生頻度を調べます。

論理CRUDマトリクス（5.2節にて後述）から、エンティティの各業務単位のデータ量（初期のデータ量と年次増加量）を算出して、まずは量から把握していきます。

さらに、パフォーマンスが重要となる業務プロセスを洗い出して、競合関係のあるトランザクションデータを見定め、対応方法を検討します。対応方法としては、クラウド環境の設定変更を最優先に検討し、次に、後述する非正規化等のモデル変更を検討します。実装してみてデータアクセス分析を行うことにより、対応を決めていくのが現実的です。

（6） 非正規化・導出項目

論理CRUDマトリクス分析等により、非正規化と、導出項目の追加を検討します。具体的には以下のような作業です。いずれも目的は、性能要件を満たし、パフォーマンスを向上させることです。

① 同じ主キーを持つエンティティ同士を統合する。例えば、別々に管理されている「受注」「納品」「請求」の各エンティティが、いずれも「注文番号」を主キーとして持っていたら、「注文」エンティティとして1つに統合するなど。

② リレーションシップでつながるエンティティ間で、子エンティティの明細合計値を、親側に導出項目として持たせる。例えば、親エンティティである「受注」に、子エンティティである「受注明細」の受注合計値を、属性として追加する

など。

③「必要な時、必要な場所（人）、必要なデータ」が明確になっており、分析軸が定まっている場合、導出エンティティを追加する。例えば、「月別地区別売上」など。

非正規化を実施する場合は、データ更新の際の整合性維持のために負荷が生じるので、データ不整合の防止策が必要になります。非正規化を行う際には、「きちんと正規化した上で非正規化を検討する」という正しい手順を踏むことです。

なお、上記③の導出エンティティは、非正規化とは扱いが異なります。例えば集計のタイミングがイベント系エンティティと異なる場合は、問題にはなりません。

分析・設計の手順

実際の「物理データモデル」の作成手順は以下のとおりです。以下は、RDB（リレーショナルデータベース）を利用する場合を中心にして説明します。

step 1　物理データモデルの作成

論理データモデル、論理CRUDマトリクス、インフラに関するアーキテクチャ設計書等を基にして、物理データモデルを作成します。

最初に、「主キーの人工キーへの変換」を行います。また、マスターの管理方針と削除方針を決定して反映するとともに、例えば削除フラグやタイムスタンプなど、物理目的の属性を追加します。

RDBを使用する場合は、大量のデータとりわけビッグデータを、RDBへ直接格納してはいけません。クラウドストレージに格納し、そのURLをRDBの属性として追加します。

RDB以外のデータベース使用時は、全体もしくはサブジェクトエリア単位に、使用するデータベースのテーブル構造に準じた形へとモデルを変換します。

step 2　プロセス／データアクセス分析

論理CRUDマトリクスから、パフォーマンスが重要となるプロセスとIT機能を抽出して、以下の事項を整理します。

・処理形態（リアルタイム処理／バッチ処理／オンラインバッチ）
・処理件数
・連動して更新する他のデータ（エンティティ）
・連動して参照する他のデータ（エンティティ）
・データ特性
・処理量（CRUDよりエンティティの各業務単位）
・データ量（初期のデータ量と年次増加量）

業務プロセスの5W2Hの定義も参考にします。

さらに上記内容に対して、アクセス効率や検索の容易性について、実装時に問題がないかを検討してみます。問題発生の可能性があると判断したら、各種設定、非正規化の実施、並びに実装時におけるクラウド環境設定、DB設定の見直し、分割等のテーブル構造変更の候補とします。ここではまず目星をつけておきます。

step 3　属性の物理名定義

属性を物理名に変更します。併せて、論理データモデルで定義したデータタイプの分類に基づき、データタイプと桁数を定義します。物理目的のみに使用する属性についても追加します。

step 4　各種ルールの定義・インデックスの設定

「参照整合性制約」「一意性制約」「主キー制約」「NOT NULL制約」「値制約」等の制約ルールについて定義します。それぞれの詳細についてはデータベースの解説書もしくは拙著『システム設計のセオリー』を参照してください。

全行検索の実行によるパフォーマンス低下を避けるため、必要と思われる属性にインデックスを設定します。

step 5　非正規化および導出項目の追加

必要に応じて非正規化を実施し、導出エンティティと属性を追加します。

step 6　物理データモデルへのデータ連携反映

論理データモデルに登録したデータ連携対象エンティティを、物理データモデルに反映させます。登録された属性を物理名に変換し、データタイプや桁数を含む物理属性を追加していきます。

step 7　データ連携機能の設計

論理データモデルの作成時に検討した連携を確定します。併せて、連携対象の属性と項目を確定します。

次に連携ロジックを検討し、決定していきます。ロジックの中には、連携元と連携先、それぞれのエンティティとデータ連携ファイルについて、対象項目のデータタイプと桁数の変換方法も含むものとします。

連携ロジックは、上記の各エンティティとインターフェースファイルに対して、どのようなデータ操作（生成・参照・更新・削除）をしているかを、更新要領／更新ロジックとともにCRUDマトリクスに登録していきます。つまり、確定されたデータ連携の更新要領および更新ロジックは、物理CRUDマトリクス（5.3節にて後述します）として管理するわけです。

3.4

Theory of System Design

コードを設計しよう！

本工程のinput	論理データモデル、用語集、ドメイン定義書、物理データモデル
本工程のoutput	コード定義書
本工程と併行作成するoutput	論理データモデル、物理データモデル
本工程の目的	コード化が必要な属性を抽出し、コード体系を決定する コードテーブルの設計、論理／物理データモデル反映

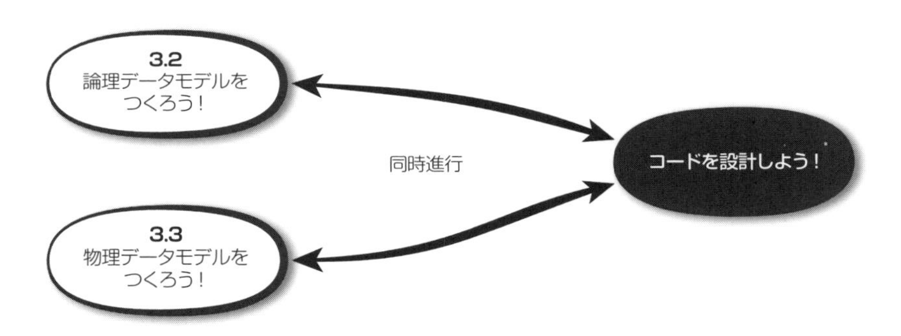

本節（3.4）では、論理データモデル、物理データモデルおよびドメイン定義に基づき、コード化対象項目に対してコードの設計を行います。コード設計の重要性は、クラウドベース開発であっても従来同様変わることはありません。

コードの共通化

可能であれば、コードもドメインと同様に、開発対象のシステムだけで決めるのではなく、EAにおけるDA（データアーキテクチャ、詳細は1.2節）を考慮して、全社での共通化・一元化を図ります。システムごとにコード体系が異なると、連携が必要になった場合に問題が生じます。

また、他のシステムとの連携を前提とする場合、既存のコード体系を使用するのか、新たに設計するのか方針を定めた上で、コードを設計していきます。

「データのつながり」を確保するためには、エンタープライズ系システムかコンシューマー向けシステムかを問わず、コードの共通化が必須となります。

他者の責任範囲のコードの取り扱い

SaaSサービスの内容によっては、使用するサービスに依存したコード管理とならざるをえなくなります。その場合は、コード設計については他者の責任範囲として割り切ることになります。

そのようなサービスと連携を行う場合には、管理可能な連携システム側に、サービスで採番されたコードを管理する、もしくはコードの対応テーブルを用意して、自社のコード体系の中で管理できるように設計しておく必要があります。

分析・設計の手順

実際の「コード設計」の作成手順は以下のとおりです。

step 1 コード化すべき属性の抽出

コード化が必要な属性、項目を洗い出します。以下に該当するものが候補です。なお、1番目を除く後ろの4つは、代替キーとして設定する必要があるかを、別途検討します。

- 各エンティティの主キー（各エンティティの識別子）
- ユーザーによる検索項目のキーとなるもの
- 分類が必要なもの（地区・業種・性別[2]など）
- 各種処理状態を表すもの（所謂ステータス「受注状態区分」として［1：見積］［2：受注］［3：出荷］［4：請求］など）

2 性別を新規にコード化する場合、この多様化の時代において、男女の二択では足りません。国際規格「ISO5218」では4種の分類を定めています。ちなみにFacebookでは58種の性別を用意しています。

・２つの値のいずれかをとるフラグ（オン／オフ、可／否、YES／NOなど）

step 2　値の定義

洗い出した属性のドメインに対して、値を定義します。コード化対象の属性に対して、とりうる値を明確にした上で、コード名（値名）とコード値（値）を定義します。例えば「コード名：顧客区分」、「コード値01：個人」、「コード値02：法人」といった具合です。

step 3　コード定義書の作成

コードの定義を記述します。コード体系の説明が必要な場合、例えば、やむをえずに意味ありコードを使用する場合は、その理由をきちんと整理し記録しておきます。意味ありコードとは、あるコード値の中に、別の意味を持つコード体系が含まれているコードのことを指します。

step 4　論理／物理データモデルへの反映

論理データモデルと物理データモデルに、必要となるコードテーブルを追加・反映します。反映の方法には以下の２とおりがあります。

- **別個のコードテーブルを作成する**：用途に応じてすべてのコードテーブルが書かれているため、モデルはわかりやすくなる反面、管理できないほどの多数のコードテーブルが必要になる可能性がある。
- **コードテーブル共通マスターを作成する**：コードテーブルが多くなってしまうようであれば、１つのテーブルにまとめる。但し、参照リストを変更するとテーブル全体が影響を受けることがある。コード値の衝突を避ける工夫も必要になる。

3.5

Theory of System Design

データ移行の設計をしよう！

本工程のinput	移行要件書、論理データモデル、物理データモデル
本工程のoutput	移行設計書、手順書（スケジュール含む）、論理データモデル、物理データモデル
事前に終了しておくべき工程	移行要件書の作成
本工程の目的	旧システムから新システムへのデータ移行の仕様を確定させる

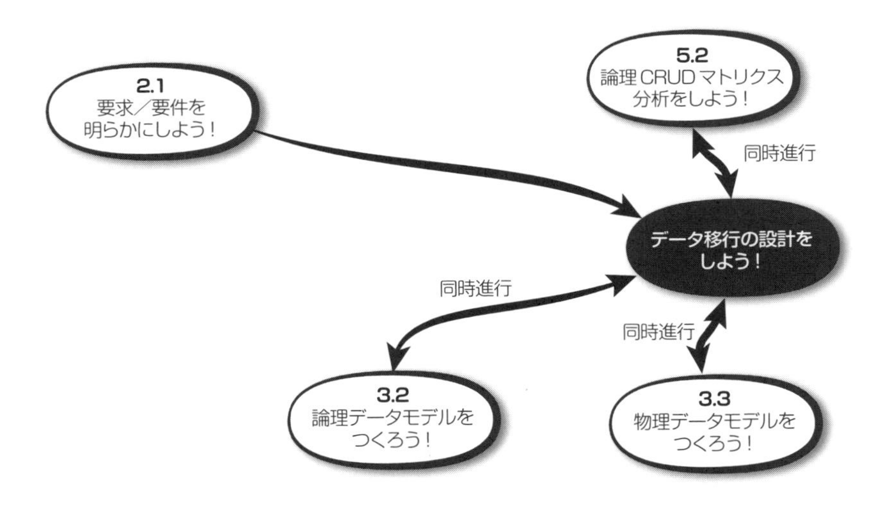

本節（3.5）では、第2章で検討した移行要件に基づき、旧システムから新システムへの データ移行に関する仕様を作成します。

AsIs分析の重要性

データ移行に関連するデータ構造とコード体系は、後述するAsIs分析（現状分析）をとおして把握していきます。特に、現行システムにおいて、コード自体に意味を持たせて何らかのロジックに使用している可能性がある場合には、AsIs分析により、旧コード体系を詳細に分析し把握する必要があります。

現行システムがある場合は、新システムへの移行対象となるであろう一つひとつの項目を確認していきます。少し時間がかかるので厄介ですが、実データを精査していくだけでも問題点を発見できるものです。異常値や不明な値が入っていることもあります。これらはデータ移行に際して問題となるだけでなく、ほとんどの場合、その異常値や不明な値を出力するロジックがあり、さらにそれを用いて何らかの処理が行われています。現行ロジックの調査という観点からも意味があります。

1度しか使わない機能

データ移行は、(複数回に分割して実施する場合は別にして) 基本的に1回しか行いません。そのため軽視しがちですが、データ移行はシステムの成否を左右します。データ移行が失敗すれば、せっかく開発したシステムがまともに稼働せずに、プロジェクトは失敗と見做されることになります。データ移行はシステム開発における重要な作業であるという認識が必要です。

リハーサル／シナリオの作成

移行に関する設計には、リハーサルの計画も含めます。そして、計画に沿って可能な限り本番に近い環境を構築して、入念なリハーサルを行います。また、可能な限り回数を重ねて、不測の事態が生じても対応可能なところまで持っていきます。

そしてリハーサル内容をきちんとシナリオの形にまとめます。移行本番はシナリオに沿って実施するだけの状態まで持っていくことです。

分析・設計の手順

データ移行の設計手順は以下のとおりです。

step 1　移行すべきデータの検討

必要とされているデータ移行対象要件について、改めて必要性を検討します。

論理データモデルと物理データモデルを参照して再度検討してみると、当初は必要と思われたデータが不必要だったり、逆に、必要なデータが漏れていたりすることがあります。

step 2　移行条件の明確化と属性の確認

対象要件の移行条件を明確にします。さらに、属性に漏れがないかを確認します。

step 3　属性の登録と定義

旧システムの移行元ファイルを項目単位まで、論理データモデルと物理データモデルのエンティティおよび属性として登録していきます。その際、属性の定義と、新エンティティの属性との関係性も、併せて登録します。

step 4　新旧エンティティおよびデータ抽出・移行・加工ロジックの検討

移行元エンティティから新システムの移行先エンティティへの、属性単位の移行・抽出・加工ロジックを検討し、確定します。

図3-17　データモデル内のデータ移行のイメージ

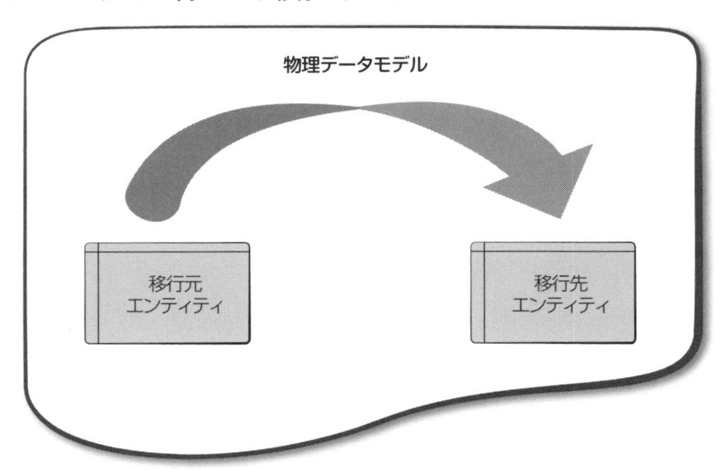

step 5　更新ロジックの登録

移行元と移行先エンティティに対して、どのようなデータ操作（生成・参照・更新・削除）をしているかを、更新要領／ロジック（第5章で後述）とともにCRUDマトリクスに登録します。

図3-18　データ移行を取り込んだ論理CRUDマトリクス

	顧客		予約		予約明細		データ移行元	
予約登録を行う		R	C	R	C	R		
			U	D	U	D		
予約の照会を行う		R		R		R		
データ移行1		C		C		C		R

step 6　移行手順の定義

移行方法（一括移行、部分移行など）を決定します。ここまで検討し定義した内容を、処理手順を明確にして、シナリオとしてまとめていきます。内容はリハーサルの際に参照し、改定を加えていきます。

物理モデルのエンティティ、および業務プロセスのひとつとして移行手順が定義されたことにより、物理CRUDマトリクス（第5章で説明します）として管理できるようになります。このことにより、後述するIT機能のひとつとしてデータ移行を管理することが可能になります。

step 7　スケジューリング

移行のスケジュールを決定します。

Column

データ連携とデータ移行をCRUDで管理する理由

本書では、外部インターフェース含むデータ連携やデータ移行を、CRUDマトリクスの一環に取り込んで管理する方法を説明しています[1]。また、すべてのデータに関する処理を、CRUD内に包含して管理する手法を推奨しています。

ビジネスおよび業務はデータとプロセスにより成り立っています。本書ではデータ設計とプロセス設計において、業務で必要なデータとプロセスを明らかにしていきます。次に、それらの関係性を明らかにしていきます。必要となるデータ、プロセス、それに両者の関わりを明らかにすれば、正しい業務設計と、業務設計に基づく正しいIT設計が可能になります。

この「データとプロセスの関わり」を表すのがCRUDマトリクスです。業務設計においては、データとプロセスとの関わりを表し、IT設計においてはデータとIT機能との関わりを表します。すべての読み込み、書き込み、データの出し入れを、CRUDで一元管理することにより、CRUDを見れば、すべてのデータの入出力が把握可能になります。

難解な技術書には書かれていませんが、本書では真実を書きます。どのような状況であろうと、ITシステムはCRUDさえきちんと管理できていれば「なんとかなる」のです。

そのCRUDにおいても、重要なのは「定義」です。システム設計では定義をきちんと行うことが重要です。データ連携やデータ移行に関しても、きちんとエンティティや属性の定義をしておくことで、外部連携機能や移行機能の漏れ、勘違いを防ぎ、品質の高いデータ連携機能やデータ移行機能を設計することができます。CRUDはクラウドベース開発においてますます重要度が増すと言ってよいでしょう。

1　拙著『システム設計のセオリー』と同様です。

3.6

Theory of System Design

クラウド環境のデータベースに実装しよう！

本工程のinput	物理データモデル、ドメイン定義書、データ連携詳細、定義書、移行設計書、構成仕様、共通仕様　物理CRUDマトリクス等
本工程のoutput	実装可能なデータベース定義体、テーブル定義書、インデックス定義書、ビュー定義書
事前に終了しておくべき工程	物理データモデルの作成、データ連携詳細定義、データ移行設計、物理スキーマの確立　物理CRUDマトリクスの作成
本工程の目的	「物理データモデル」を基に、実装可能なデータベース定義体を作成し、クラウドベースで開発されたシステムの「データ」に関する実装を確立する

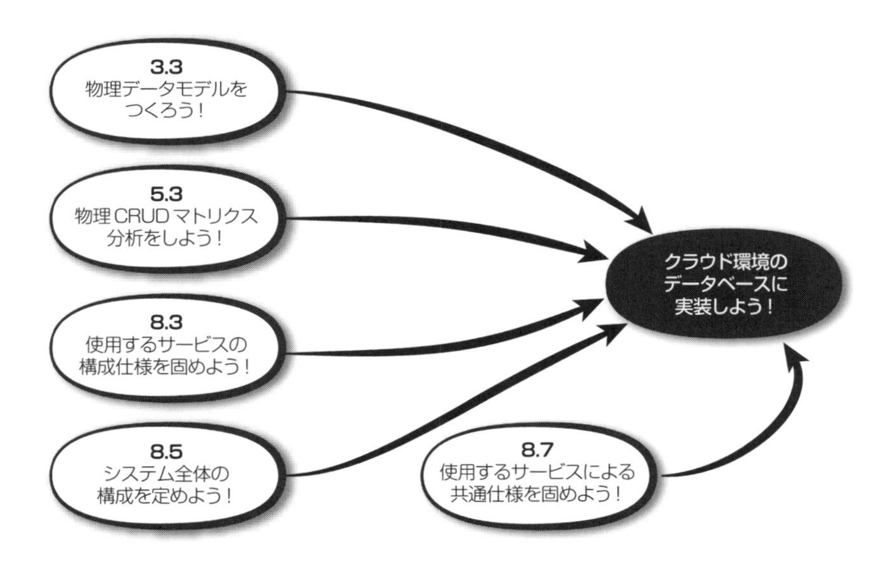

本節（3.6）では物理データモデルに基づき、実際の物理的制約を加味して、クラウド上の実装環境に「動くデータベース」を構築します。そのため、データモデル設計で使ってきた用語を、実装向けに変更して使います。例えば以下のような具合です。

・エンティティ⇒　テーブル
・インスタンス⇒　レコード
・属性⇒　カラム

データアクセス確認

物理データモデルの作成（3. 3節）で行ったデータアクセスの確認を、物理CRUDマトリクスに対して行います。パフォーマンスが重要となる業務プロセスとIT機能を洗い出して、競合関係のあるトランザクションを見定めます。この作業はRDBを使う上で重要です。オンプレミスだろうとクラウドベースであろうと、手順が変わるわけではありませんし、重要性も変わることはありません。

データ連携の詳細定義

データ連携について以下の内容を確定します。

・**連携方式を確定する**：クラウドベース開発の場合、まずWeb API連携の可否を確認の上、優先的に使用することを検討します。不可の場合、他の連携方法を検討します。
・**引数・戻り値を確定する**：連携に伴う引数・戻り値がある場合、値を確定します。
・**条件を確定する**：上記の連携方式に合わせて、連携の頻度やタイミング、セキュリティ等の連携を行う上で決めるべき条件を確定していきます。
・**例外処理方法を確定する**：例外処理の対処方法を確定します。
・**連携を確定する**：オンプレミス環境とクラウド環境、クラウド環境同志の連携を行う場合は、以下の点についても確定していきます。
　① データの同期
　② アクセス認証
　③ バックアップ
　④ ディザスターリカバリー
　⑤ セキュリティ
　⑥ 複数クラウド環境使用時に確定すべき事項
　⑦ ハイブリット型構成使用時に確定すべき事項

上記の①については、例えば、顧客マスターや製品マスターをオンプレミス環境とクラウド環境にそれぞれ配置して同期する場合、データ量に注意を要します。頻度や量によっては圧縮転送を検討します。

⑤については、責任分担を明確にする必要があります。基本的にインフラやミドルウエアに関してはサービス提供側、アプリケーションやデータに関しては利用側が責任を負います。⑥については、異なるクラウド環境が混在した場合のID管理とアクセス方法、⑦については、クラウド環境からオンプレミスのID管理システムと連携、またはアプリケーションを経由したアクセスを検討し、確定していきます。

キャパシティプランニング

必要なデータベースの容量を見積もります。物理データ設計で実施したデータアクセス分析に基づいて、初期のデータ量、データの増加率、最大量、保存期間などを考慮して算出します。

クラウド環境の場合、オンプレミス環境のように後々まで初期のサーバースペックに縛られることなく、後から調整可能です。開発時点で重要なのは、初期値として適切なキャパシティプランニングを行うことです。さらに、現時点で想定できる最大値、ピーク時の数値を把握し設定した上で、変更対応を可能にしておくことです。調整は運用後でも間に合います。

DBaaS

クラウド環境では、データベースのマネージドサービスである「DBaaS（Database as a Service）」があります。DBaaSでは、DBMSやインフラ管理、運用も含めてサービスとして提供されます。

クラウドサービスごとに設計思想が異なるため、あるクラウドサービスでは最適であったものが、ほかでも最適であるとは限りません。使用するクラウドサービスのDBaaSをきちんと理解して使用する必要があります。

当たり前ではありますが、DBaaSはSaaS以外のクラウド環境で使用します。SaaSでは実装について意識する必要はありません。

RDB以外の選択肢

大規模で多種多様なデータを迅速に分析・集計するのは、従来のRDBでは難しいといえます。クラウド環境では様々な用途に応じたDBを容易に使用することができます。それぞれの課題を解決・補完するために適切なDBを選んで、併用することになります。

用途や解決策の例には以下のようなものがあります。

- **RDBとデータウェアハウス（DWH）の併用**　　：
  業務システムで発生したデータをRDBに格納し、大規模なデータ集計・分析に特化したDWHへ連携して、分析可能とする。
- **行と列からなる非リレーショナルのデータベースとの併用**　：
  IoT機器から送られる膨大なデータを、水平方向の分散に強く高速に処理できるKey-Value型DBに保管し、RDBに連携することにより、柔軟なDB操作を可能とする。

但し、使用するDBの種類が増えるほど、データ連携やデータの一貫性確保にかかるコストが膨らむことを考慮する必要があります。できるだけ少ない種類のDBサービスでニーズを満たすようにするのが現実的な使用方法です。

NoSQLについて

2010年代以降に、RDBとは異なる性質を持ち、用途に応じて使用可能な、NoSQL（Not only SQL）と呼ばれるDBが出現しました。これは書き込みと読み込みの整合性を維持する「トランザクション」を引き換えにして、用途に特化した高性能を実現します。

他のデータとの連携が不要なデータを保存し、出し入れするという用途に適しているのが「KVS（Key-Value Store）」と呼ばれるDBです。「Key」と「Value」の2個セットが基本となるデータを扱うだけの、シンプルな仕組みです。サーバー台数を増やして性能を高める「スケールアウト」がしやすく、大量データの出し入れが得意です。

また、開発手法も変化を遂げてきました。ウォーターフォール型開発とは異なり、アジャイル型開発は要件が変わっていくことを前提とします。当然、どんどん機能を追加することができます。ここでRDBを使用している場合、問題が生じることがあります。

アジャイル型開発では、短期間に何度もリリースを行うことがよくあります。その度ごとにスキーマ変更が当然の如く発生し、それに伴って発生するデータ移行が問題になります。果たして度々データ移行を行うことが適切なのか、それともスキーマフリーのNoSQLを使用するのか、熟考する必要があります。要件の変更を許容するアジャイル型開発と、スキーマフリーであるNoSQLは親和性が高いといえます。世の中のデータは多様です。データが持つ様々な性質に応じ、それぞれに最適な管理の仕方が必ずあるはずです。いずれの場合においても使用するデータベースに対応した物理データモデルを作成し、それに基づいて実装を行っていくことになります。

NoSQLには、構造が定義できないデータを格納したい場合（アクセスログ、構造が決まっていないドキュメント等）に適している「ドキュメントDB」や、大規模データを集計・分析したい場合（IoTセンサーログの集計等）に適している「ワイドカラムDB」、データ間のリレーションを可視化したい場合（SNSにおける人と人のつながり、ECサイトのレコメンテーション、道路や路線の経路探索等）に適している「グラフDB」等があります。これらを用途、および格納・保管するデータに応じて使い分けます。

データ分割方法の決定

物理データモデルを基に、セキュリティ上の要請や、非機能要件で定義されたレスポンスや検索パフォーマンスを満たすために、テーブルまたはファイルを、縦方向（カラム）または横方向（レコード）に分割することを検討します。前者を「垂直分割」、後者を「水平分割」といいます。例えば、非同期で大量のデータを更新する場合（センサーネットワークからの事象データ収集など）には、垂直分割を検討します。

この時点でテーブルを分割すると、物理データモデルの変更と、物理CRUDマトリクスの検証を再度実施する必要が生じます。物理配置の検討が必要になることもあります。

分割した場合は、論理データモデルと物理データモデルの内容に相違が生じてしまい、何らかの管理が必要になります。分割を検討する前に、クラウド環境の利点を活かして性能向上を図ることを最優先に考えます。

図3-19　物理データモデルの分割

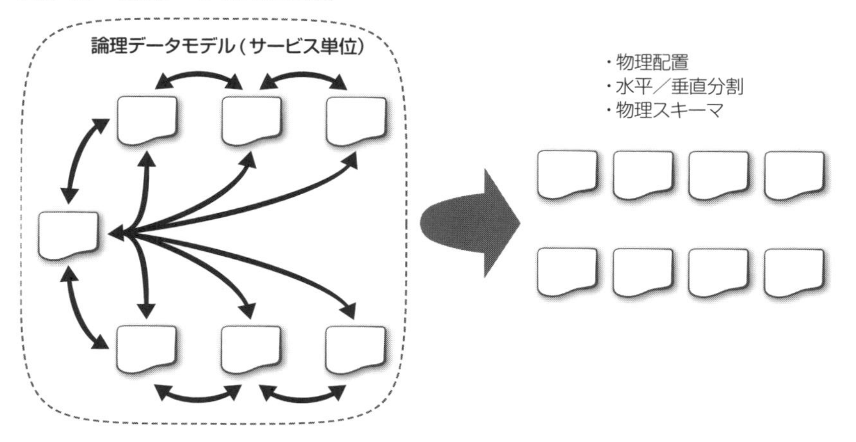

データセキュリティの実装

データセキュリティについて、ユーザー権限を定義し、実装していきます。クラウド環境の場合、外部サービスのセキュリティポリシーを理解し、責任の範囲を明確にした上で遵守することが必須になります。

サービス同士の連携の確立

分割したサービス同士の連携方法を確立し、実装します。Web APIによる連携が基本になります。

実装における留意点

(1) KVS上のデータアクセス層の設計

KVSを使用しつつトランザクション処理が必要な場合には、排他制御やデータの一貫性を保証する仕組みを作り込まなくてはなりません。その際には、業務上最低限必要とされる一貫性を保つために、トランザクションの大きさを調整した後に作っていきます。

(2) マイクロサービス使用時の注意点

データベース(および他のデータストア)の共有によるサービスの連携は容易であり、つい使用してしまうことがあります。ところが、マイクロサービスを使用していてそれを行うと、疎結合性と高凝集性の両方を失うことになり、マイクロサービスを使用する意味自体が失われてしまいます。マイクロサービスを使用する場合には、サービス単位にデータベースを分散して管理することが基本になります。

(3) モノリシックなシステムの分割

当初はモノリシックなシステム構想だったものをマイクロサービスに分割する場合には、当然のことながらデータベースも分割する必要があります。その際の注意点は以下のとおりです。

- 分割されたサブシステムやサービスをまたぐテーブル共有は禁止し、API等を介してデータをやり取りすることを基本とする。これにより、外部キーによるデータの関連やトランザクションの整合性を保証できなくなり、「結果整合性」になる。
- データについても、サブシステムやサービスをまたいで共有することは原則禁止する。対応策としては、①各サービスで同じデータを重複して持つ、もしくは、②コード化して各サービスに取り込む、③共有データを扱う独立したサービスにするなど、が考えられる。
- データベースの分割は段階的に進める。まず、サービスはモノリシックのまま、何らかの業務の単位(サブシステム)ごとにデータベースを分割し、次にサービスを分割していく。最初は業務単位に分割し、さらに少しずつ細かく分割していくのが現実的。
- データベースを分割することで、データが結果整合性となる場合は、その整合性がとれていない状態を表現するエンティティ(処理中の注文など)をデータモデル上に描き、整合性がとれていない状態のデータを管理することを検討する。

(4) セキュリティの観点

オンプレミス環境に置かれたデータベースに対し、クラウド環境からSQLを投げて検索結果を取得するような設計を行ってはいけません。セキュリティ上、大きな問題になります。

オンプレミス環境にデータを置く理由は、たいていの場合、セキュリティを強化したいからです。上記のような操作を認めてしまうと、なんのためにオンプレミスにデータを置いているのか、わからなくなります。

システム設計としては、必要最小限のデータにアクセスすれば済むように、APIを準備する必要があります。

分析・設計の手順

実際に「データ設計の実装」を行うときは、以下の手順で実施します。

以下の作業は可能な限りDBaaSを使用して行います。またトランザクションに関する記述は、トランザクションを意識する必要がないデータベースへの実装（例えばNoSQL）の場合、実施する必要はありません。

Step 1　ストレージ定義

物理ストレージに関する定義をクラウド上で行います。

Step 2　ルール定義

その他の各種ルールを定義します。必要に応じて、各社DBMS製品に固有のルール定義やパラメータ設定を行います。

Step 3　その他定義

物理データモデルに記載されているインデックス、参照整合性、トリガー、ビューの定義を追加します。

Step 4　データベースの作成

物理データモデルに基づいてデータベースを作成します。

マイクロサービスを使用し、サブジェクトエリア単位に実装するDBMSが異なる場合には、それぞれに対して実装するデータベースを作成します。SaaSにおける稼働が前提のノーコード／ローコード開発ツールを使用する場合は、アプリケーション開発によりデータベースは自動的に実装されます。

Step 5　実装と確認

この時点で完成しているIT機能とともにDBを実装してみて、テストすることにより、レスポンスやパフォーマンスを確認します。もしIT機能が完成していない場合は、トランザクション単位にデータを挿入・更新・削除してみて、ボトルネックとなる処理がないかを確認します。

Step 6　性能評価と設定変更

この時点で明らかに性能要件を満たせないと判断した場合、クラウド環境の設定変更をまず行います。それでも要件を満たさない場合には、物理データモデルの変更を含め、対策を施します。大量のデータが短時間に集中するようなIT機能は要注意です。

Step 7　確定その1

トランザクション、データセキュリティ、排他制御を確定します。データが分散する場合には、各DBのセキュリティを確認し、要件を満たすように設定します。

Step 8　確定その2

サービス同士の連携を確定します。

Step 9　ドキュメントの作成

検討し定義した内容をドキュメントとしてまとめます。

Column

ベンダーロックインについて

システム開発においては、一般的に「ベンダーロックイン」を避けることが重要だと言われています。ベンダーロックインとは、特定の企業の製品やサービスなどを組み込んだ構成にすることで、他社製品への切り替えが困難になることを指します。しかし、クラウドベース開発の場合、ロックインをゼロにするのは難しいでしょう。とすれば、ロックインをどのようにコントロールすればよいのでしょうか。

例えば、「ユーザーがデータを持ち出せないサービスを許容するか?」といえば、そんなロックインは決して認められません。最低限ロックインされてはいけないものを明確にした上で、サービスを選択する必要があります。まずは、持ち出せないと困るもの、他のサービスでも利用できるための条件を明確にすることが、選択の条件になります。

これにはどんなものが該当するでしょうか。データは必須としても、それ以外にも、データを利用するアプリケーション等が考えられます。但し、ロックインされることでコストが半分となるのなら、その方が望ましい場合もあります。何を許容して、何を守るべきなのかを明確にしておけば、迷うこともなくなります。

クラウドサービスのロックインは、先進的なサービスになるほど発生しやすいといえます。ベンダー企業の力によって差が生まれるからです。今日の先進技術も数年後にはコモディティ化して、ロックインの理由がなくなるかもしれません。ちょっと先の未来を見つつ、守るものと守らなくてよいものをきちんと見極め、利用するサービスを選んでいくことが重要です。

割り切って、「ある程度のロックインを許容して、サービスの進化を享受する」と考えた方がよい場合もあります。特定のベンダーが提供しているノーコード/ローコード開発ツールの使用はその一例です。ローコード開発を行うということは、ロックインを無条件に許容することになります。

技術力に自信がないユーザーにとっては、ロックイン回避と引き換えに得た自由が大きなリスクになることがあります。要注意です。

第４章

プロセス設計のセオリー

第４章では、クラウドベース開発における「プロセス設計」についてのセオリーを説明していきます。プロセスとは、ビジネスを実際に動かすアクティビティ（行動）、即ちシステムの働きや動作を表す概念です。その重要性は、ITシステムがビジネスを支援するという目的を持つ以上、クラウドベース開発であっても変わることはありません。
本書では業務フロー図を書くことによりプロセス設計を行っていきます。

4.1

Theory of System Design

業務フロー図を作成しよう！

本工程のinput	要求仕様書、RFP、規定、業務ルール等、現行業務フロー（あれば）、新システム全体図
本工程のoutput	ToBe概要業務フロー図
本工程の目的	ToBe概要業務フロー図を作成することにより、新システム稼働時のプロセスモデルの全容を把握できるようにする

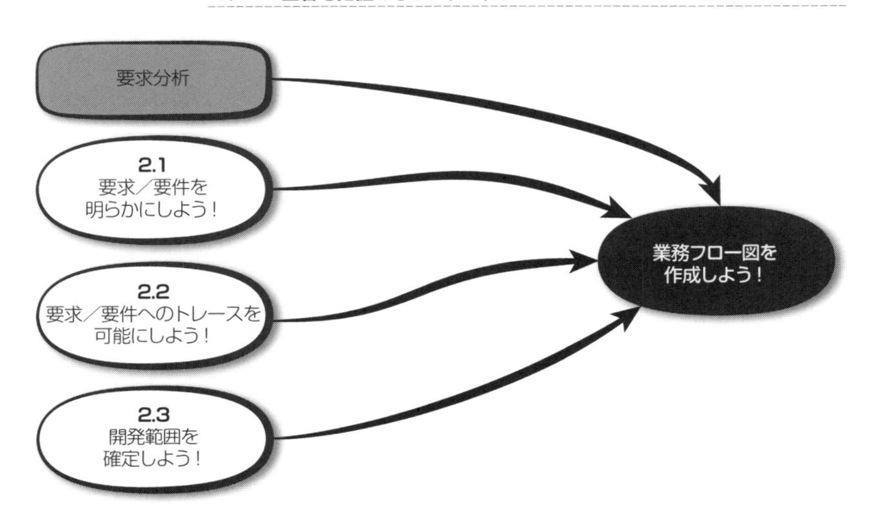

本節（4.1）ではプロセス設計を行うために、ToBeのプロセスモデルを表す「概要業務フロー図」を作成します。「ToBe」はあるべき姿を示すと同時に、新システムの稼働時のイメージとなります。

但し、あるべき姿は設計対象のシステム開発の目的等によって形を変えます。あくまで本来あるべき理想な姿を指向しつつも、実際には可能な範囲内で実現する姿に落とし込むことが最適な場合もあれば、最初から実現可能な姿を指向した方がよい場合もあります。前者は新ビジネス創出・変革・改革を伴う場合であり、後者は改善・修正・仕様変更・マイグレーション等を行う場合です。

UXを意識して業務フローを書く

本節では、プロセスモデルを業務フロー図の形で表現することをとおして、プロセス設計を行います。

業務フロー図を書く際、ビジネスが求め、かつ、システム実装につながるプロセスを分析・設計し定義していくためには、UXという概念を無視するわけにはいきません。

UXは「ユーザーエクスペリエンス」の略で、一般的にはユーザー体験全般を表します。「ユーザー」とは、エンタープライズ系システムであれば従業員もしくは関係者を指し、コンシューマー向けシステムであれば、一般消費者のお客様を指します。UXはそのユーザーが、ITシステムを含む「あらゆる接点」を通じて、プロセスの連鎖から受け取る体験の全体を指します。その満足度を高め、利用者に最高の体験を提供すること、即ち体験価値を高めることがUXの目指すところです。

実際のITシステムの側から見た「操作」という狭い視点ではなく、ユーザーにとっての「体験」という広い視点へ移すことにより、求めるプロセスの姿が明らかになります。つまりUXとプロセスの間には、以下の関係が成り立ちます。

- UX⊃プロセス（プロセスはUXの中の体験の一部である）
- UX＞プロセス（ＵＸは複数のプロセスの連鎖から成り立つ）

ＩＴシステム、特に昨今のWebシステムにおいては、UI（ユーザーインターフェース）が重要視されます。UIはプロセスの目的を実現するための手段であり、ITシステムとその利用者との接点です。当然、UXの構成要素になります。但し、システム設計を行う際には、最初からいきなりUIレベルで考えるのではなく、最高のUXを提供するために必要なプロセスを設計し、そのプロセスの実現に必要なUIを考え抜く必要があります。この考え方はクラウドベース開発であろうとオンプレミス開発であろうと、開発対象のITシステムの価値を高める上で必須になります。

本書ではUXを意識して業務フロー図を作成していきます。このことを通じて、真に求められるプロセスの姿を明らかにしていきます。

業務フローを書く際に意識すべきこと

UXからプロセスを考えるに際して、いきなり業務フローを書くことはお勧めしません。主にWebシステムでは、お客様の体験を見える化するために「カスタマージャーニーマップ」という図式を作成します。あるいは、必要なプロセスの連鎖を表現するために、「プロセスフロー図（プロセス連鎖図）」を作ることもあります。そうした作業から概要を掴んだ上で、業務フロー図へと落とし込むことも有用です。

ビジネス鳥観図のようなものがあれば、参考にします。ビジネス全体を表現したビジネス鳥観図を基に作成すると、業務フローへの落とし込みは容易になります。このビジネス鳥観図は、ビジネスをポンチ絵で描いたもので十分です。

特にコンシューマー向けシステムの場合、いきなり業務フローの形でプロセスを捉えようとはせずに、ビジネス視点でお客様にどのような体験をしてほしいか、それを実現可能とする仕組みをラフデザインしてみることを心掛けます。これはカスタマージャーニーマップでなくてもポンチ絵でも構いません。

エンタープライズ系システムの場合、システム全体図から必要となりそうな機能から業務プロセスを想定し、業務の流れに落とし込む方法がいちばん簡単にイメージしやすいといえます。

図4-1　UXと業務フロー

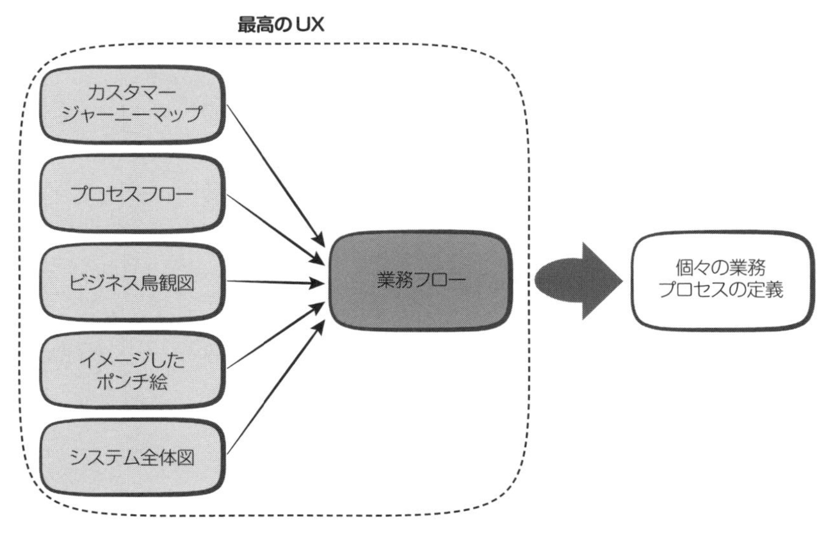

上の図はカスタマージャーニーマップ、プロセスフロー、ポンチ絵、システム全体図等から業務フローを作成し、そこから個々の業務プロセスを一つひとつ定義していくという関係を表しています。もしあれば、ビジネス鳥観図を基にして、最高のUXを提供可能とするための概観をカスタマージャーニーマップやプロセスフロー等で表現し、プロセスモデルを詳細に表現するために業務フローを作成します。明らかになった業務フローから、必要となる個々の業務プロセスの定義を行い、最高のUXを可能とするプロセスの設計へとつないでいきます。

本章ではプロセスモデルを作成する際には、論理設計の前半において、前章（第3章）で説明したデータモデルと同様、概要を固めます。つまり、業務設計として一旦確定させるという意味です。その後、論理設計と物理設計を繰り返し行い、微修正を重ねていくことにより、詳細まで固めてプロセスモデルを確定します。

図4-2　プロセスモデルと工程との関係

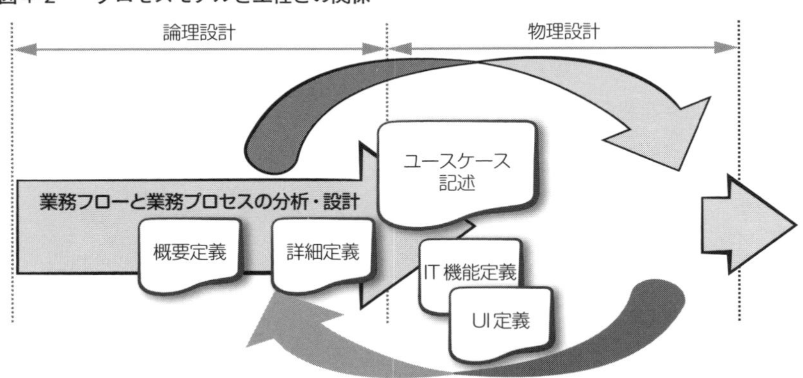

この手順を表したのが上の図です。論理設計の前半で、業務フローと個々の業務プロセスの概要定義を一旦確定させます（左中央の太い矢印）。次に、論理設計後半から物理設計までを行き来する中で（左右循環する上下の矢印）、業務プロセスの詳細定義を確定します。さらに、ユースケース記述を作成します。これら一連の分析・設計作業を通じて、プロセスを構成する2つの要素、即ちUIとIT機能の定義（右下2つのアイコン）を行っていくわけです。

業務フローでプロセスモデルを表現する理由

下の画像は一般的な業務フロー図の例です。業務フローには様々な記法があり、そのひとつを用いて描いたものです。本書では所謂「業務フロー図」、文字どおりの「業務の流れ図」を用いて、プロセスモデルを書くことにします[1]。

図4-3　一般的な業務フロー図の作成例

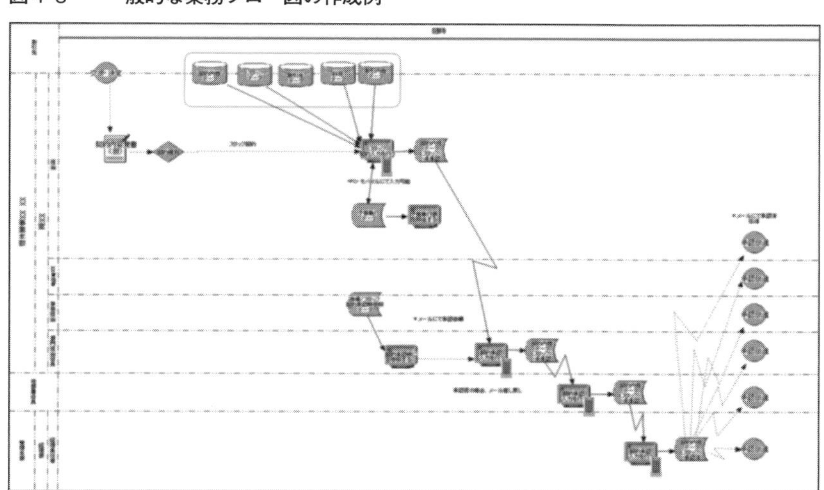

ビジネスおよび業務はデータとプロセスから成り立っています。本書で作成する業務フロー図では、個々の業務プロセスを表すアイコンを時系列で並べ、線で結んでいくことにより、全体の業務の流れを表します。さらに、業務の大切な要素であるデータをそこへ書き込みます。個々のプロセスが生成・参照・更新・削除の対象とするデータを、きちんとフロー図に表現します。これは該当するプロセスがどのようにデータに関わるかを「見える化」するためです。このことにより、業務の流れの中でプロセスがどのようにデータと関わりを持つかが把握できるようになります。

このような業務フロー図の利点は「わかりやすい」ことです。業務設計、特にプロセス設計を行う際に使用するツールは、わかりやすさを最優先にすべきです。プロセスモデルを業務フロー図の形で設計し表すわけですから、立場の違いを超えてすべての開

1　拙著「システム設計のセオリー」もそうでした。

発工程に携わる人全員が、業務の流れと、それを構成する個々の業務プロセスの在り方とを、その図から理解できるようにしなければいけません。

わかりやすい業務フロー図は、システム設計において、特に業務設計においては有用な、数少ない設計ツールです。システムの開発工程で作られるすべての成果物は、何らかのコミュニケーションツールとして機能しなければなりません。あるべき姿を表現する業務の流れからプロセスモデルを導出するには、システムの分析者・開発者と業務担当者との相互理解が不可欠です。お互いが理解できる表記法を前にして積極的な議論を交わせる環境を構築できなければ、現場の力を最大限に引き出すことはできません。特にプロセスに関しては、それがひとつの業務として成立するのかを業務担当者が確認できなければ話になりません。彼らはシステムの専門家ではありませんし、本業で多忙な日々を過ごしています。特別な教育を受けることなく、あるべき業務とITシステムの姿を確認できなければいけません。

一方、作成者や分析者が独自に「わかりやすさ」を追求してしまうと、各々が作成した業務フローの表現にばらつきが生じる危険性が生じます。「標準」の作成を含めて、各業務フローの粒度、抽象度、そして書く上での視点のレベルを合わせていく努力を要します。中でも、粒度があまりに異なる業務フロー図は見にくく、相互理解に役立たないこともあります。それでは何のために作るのか、作成する意味を失う危険があるので要注意です。

作成に際して注意すべき点は多々ありますが、それ以上に、コミュニケーションツールとして有用なプロセスモデルを表現できる魅力は計り知れません。以上の理由により、「プロセスモデルの表記法として、本書で作成する業務フロー図の表記は最適である」と筆者は確信しています[2]。もちろん当たり前ではありますが、プロセスモデルを表現できればどのような表記法を使っても問題はありません。

2　昨今、行政政府系のシステムにおいてはBPMNがプロセス表記の標準と見做されつつあります。BPMNはBusiness Process Model Notationの略であり、OMG（Object Management Group）で標準化が進められています。BPMNを用いる場合、データをフロー上に表現しないことになりますが、各プロセスのCRUDを定義していれば、本書の手法にてBPMNを用いる際にも問題にはなりません。

業務フロー記述に関する標準

第2章で説明したとおり、業務フローに関しても「業務フロー記述に関する標準」に則した形で記述します。以下の事項について決めておきます。

- 命名ルール（業務フロー、業務フローの見出し、業務プロセス、その他アイコンごとの命名）
- 使用するフローアイコンの種類
- フローを表す線のルール（実線・点線・両方向・FROM-TO・許さない等）
- 用紙サイズ（A3・A4等）と縦横の向き
- 文字フォントの種類とサイズ
- タイムスケール（時間軸）の使用方法

標準を作成し遵守する目的は、誰がどの業務フローを見ても内容が理解できることです。ここでも「わかりやすさ」を最優先に考えます。

本書で使用する表記法

業務フロー図の作成にあたっては、個々の業務プロセスを以下の5種に分け、それぞれのアイコンを使用します。この5種で業務の違いを表現していきます。

① **UI登録・更新系プロセス**　：システムに対し何らかの入力を行うことで、データを生成（C）・参照（R）・更新（U）・削除（D）するための1つまたは複数のUIおよび機能を持つ業務プロセス

② **UI参照系プロセス**　：データを参照（R）するための1つまたは複数のUIおよび機能を持つ業務プロセス

③ **バッチ系プロセス**　：UIを持たずに、データを生成（C）・参照（R）・更新（U）・削除（D）する機能を持つ業務プロセス

④ **レポート出力系プロセス**　：出力条件指定を行うUIにより、データを参照（R）して、1つまたは複数のレポートを出力する機能を持つ業務プロセス

⑤ **人間作業（手作業）プロセス**　：上記の①から④に該当せず、ITが介在せずに人間が行う何らかの業務プロセス

実際のアイコン表現は、どんな形でも、意味や違いが明確であれば問題ありません。色分けだけでも構いません。業務フローを構成する要素のうち、個々の業務プロセスと、データ・人・モノといった他の構成要素とが一目で見分けがつくようにします。

図4-4のようなアイコンやパーツを用いると、誰でも簡単にフローを理解できます。また、図4-5は、印刷ではわかりにくいかもしれませんが、プロセスを色分けにして区別している例です。

図4-4　個々のプロセスを表すアイコンの例

■プロセスを表すアイコン

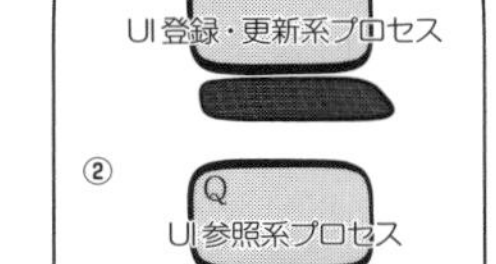

■データを表すアイコン

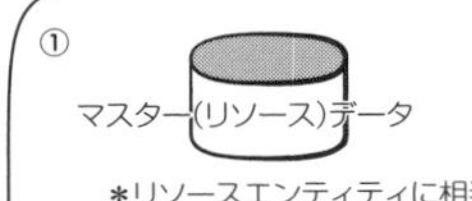

＊リソースエンティティに相当（3章参照のこと）

②

トランザクション(イベント)データ

＊イベントエンティティに相当（3章参照のこと）

■コネクタ(次ページ引き継ぎ)を表すアイコン

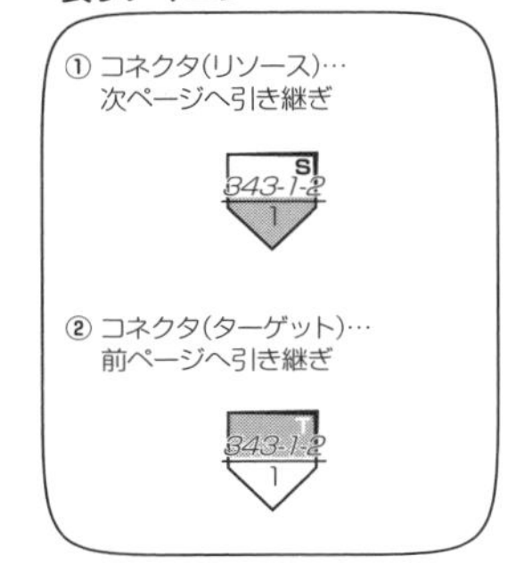

■その他のアイコン

図4-5　プロセスを色分けした例

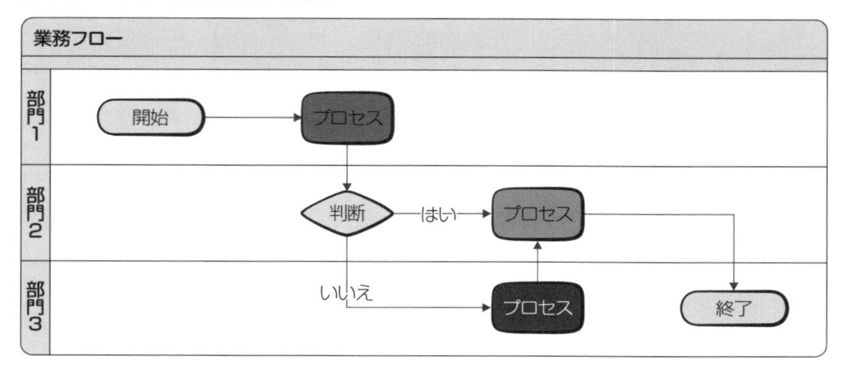

本書では、業務フロー図を書く際に、個々の業務処理内容の違いを様々なアイコンで表し、前後関係を意識しつつ時系列に沿って並べ、それらを線で結んでいくことにより、業務の流れとプロセスを表します。このことを徹底することにより、誰が見てもわかりやすいプロセスモデルになります。

業務プロセスとは?

本節の冒頭部ではUXとプロセスの関係に触れました。ここでは、今後プロセス設計を進めていく上で重要な個々の業務プロセス、機能（IT機能）、UIについて、改めて説明します。

（1） 個々の業務プロセス

1つの「業務プロセス」は「経営の目的を達成するための一連の活動」を指します。一般に「ビジネスプロセス」や「プロセス」などと呼ばれることもあります。ひとつのプロセスは、先行プロセスからインプットされるモノや情報を受け取り、定められた手順によって処理し、結果を後続プロセスにアウトプットします。「経営を遂行するための要素」という捉え方もあります。

業務フロー図の形で業務プロセスを書いていくときは、フロー自体を階層化していくことになります。そういった意味では、上位の業務フロー図は大きな業務プロセスの塊りと考えることができます。

図4-6　業務プロセスの階層構造

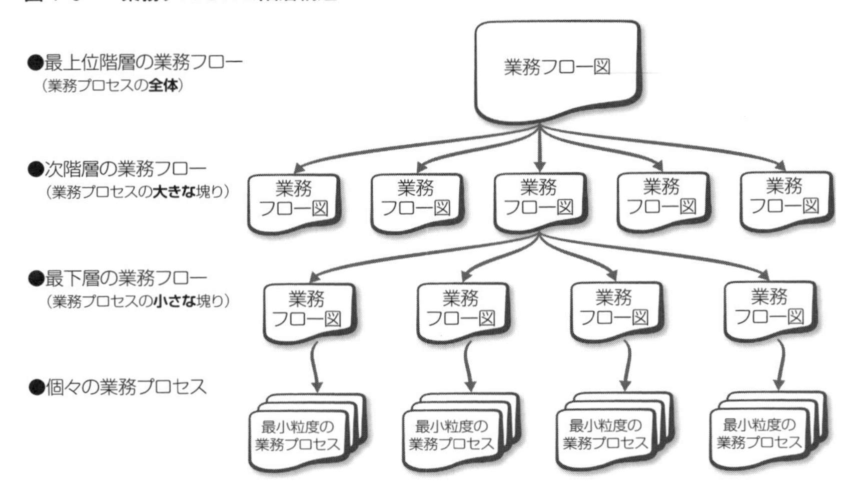

図の最下層にある「最小粒度の業務プロセス」には、先ほど示した分類のように、IT使用を前提としたものと、ITが介在せずあくまで人間が行うものがあります。本書ではその両者について「個々の業務プロセス」と呼ぶ場合があります。そのうちIT使用を前提とした業務プロセスは、複数のIT機能から構成されます。さらにIT機能は、UIと、UIを持たないバッチ処理から構成されます。

最下層の業務フローを構成する最小粒度の業務プロセスは、「～する」と言う動詞句で表現できるような、業務上意味のある最小単位の行為でなければなりません。例えば「登録する」「承認する」等はOKです。これらの行為により何らかの状態変移が起こるからです。しかし「ダウンロードする」とか「クリックする」では、単なるコンピュータの操作であって業務行為とは言えません。別の言い方をすれば、「何等かのインプットに基づいて何等かのアウトプットがあるもの」が業務プロセスです。上記の「登録する」「承認する」は、何らかのアウトプットを行う行為と見做すことができます。単なるUI操作は、ほとんどの場合何らかの手段であり、業務プロセスとして扱ってはいけません。

(2) 業務プロセスの粒度

一つひとつの業務プロセスの最小粒度は、システムの種類によって異なる場合があります。エンタープライズ系システムにおいては、1メニューを1つの業務プロセスと見做し、それより細かい粒度については、ユースケース図の中で「機能」として表現し定義していきます。

コンシューマー向けシステムでマイクロサービスを指向するような場合には、サービス単位の機能を1つの業務プロセスと見做します。このため、業務フローの作成時点からプロセスの粒度が細かくなる傾向があります。エンタープライズ系システムとコンシューマー向けシステムが混在する場合、業務プロセスの粒度が異なってしまうことになりますが、システム形態の違いによって発生したものと見なし、許容します。

後者の場合について、例を挙げて説明しましょう。本来は「購入する」という単位でプロセスを認識すべきだとします。そこを敢えて、もっと細かく分けます。つまり、「商品を選択する」や「決済する」等といったように、本来は機能レベルとも考えられるものをプロセスと見做して、定義します。そうすることにより、サービスの切り出しが容易になるとともに、個々の業務プロセスが明確になる場合があります。但し、これは最初からマイクロサービスを使用することが決まっている場合の話です。業務設計の一貫として行うプロセス設計では、最初からサービスの粒度を無理して意識する必要はありません。あくまで、現時点で可能な範囲でという話になります。

マイクロサービス以外でも、昨今使用事例が増えているローコード開発における「アプリ」の考え方にやや近いものがあります。ローコード開発の場合、機能とプロセスをほぼ同じものと見做してプロセスの粒度を細かくすることにより、開発が容易になる傾向があります。

但しその際は、開発プロジェクト単位にあまりにプロセスの粒度が異なると、全社単位つまりEAレベルでプロセスモデルを鳥瞰するときに見にくくなるので、注意は必要です。

(3) IT機能とUI

「機能」とは、企業組織の活動を支援する具体的な「ものの働き」のことです。ITシステムにおいて個々の業務プロセスを支援する機能は、実際のシステムに実装される具体的な動作を指します。そのような機能のことを本書では「IT機能」と呼ぶことにします。

「UI」(User Interface) とは、ユーザーとシステムの間で情報をやり取りするときの接点です。

ITシステムの使用を前提としたこれら三者の関係を、まずはそれぞれの役割の違いから見てみます。「業務プロセス」を実現するための手段として「IT機能」は存在し、IT機能を実現するための手段として「UI」が存在します。もちろん、バッチ処理のようにUIがないIT機能もありますし、複数のIT機能を内包するUIも存在しますが、一般的にはこの関係が成り立つといってよいでしょう。この「IT機能」と「UI」は、外部のクラウドサービスである場合もあります。

別の観点から見てみましょう。1つの業務プロセスを実現するためには、1つ以上の機能を必要とします。また、1つの機能を実現するには、1つ以上のUIを必要とします。IT機能とUIの位置は逆の場合もありますが、複数のUIにより、1つのIT機能が役割を満たすケースの方がほとんどです。このIT機能とUIの関係性については全社、もしくは開発プロジェクトの開発に対する考え方で違っていきます。

本節では、まず必要となるプロセスの洗い出しを行い、以降の節において、プロセスが必要とするIT機能とUIの洗い出し方を説明していきます。

業務フロー図の作り方

ここから実際の業務フロー図の作成について説明していきます。

まず、業務プロセスの大きな動きを把握するために、全体概要を表す業務フロー図を作成します。前述したカスタマージャーニーマップやプロセスフロー図をすでに描いている場合は、参考にして業務フローの形に落とし込んでいきます。

おおまかな業務の括りを1つのアイコンで表し、開発対象範囲を意識して業務の流れを描いていきます。この「おおまかな業務の括り」というのは、いくつかの業務プロセスが集まった塊りであり、後々サブシステムもしくはサービスになるかもしれない大きさ（粒度）を持ちます。データモデルにおけるサブジェクトエリアと、しばしば一致します。逆に、それらの粒度を一致させれば、サービスを分割する際の目安になります。

この全体概要業務フロー図を描く段階では、細かい事柄は無視して、全体のおおまかな流れを把握するという目的に集中します。アイコン間の矢印を引いてみて、多少の不整合があっても気にする必要はありません。

出来上がった図は、最上位の業務フロー図として、システム化対象範囲にある業務全体の鳥瞰図になります。作成に際しては以下の点に留意します。

① ビジネス鳥瞰図（あれば）とシステム全体図を基に、開発の対象範囲を明確にし、対象外の業務プロセスとのインターフェース、特にデータ連携を明示する。第3章で述べたデータ設計において、データ連携に関する確立作業が進んでいれば参考にし、そうでない場合は逆に参考になるように洗い出しを行う。

② 開発対象範囲内の業務全体を大まかな流れに分け、概観を把握可能とする。

上記①については、外部や別システム等との接続や連携が、業務フローのどこで発生しているのか、アイコンを使ってわかりやすく具体的に記述していきます。人・モノ・金も、業務フローをわかりやすくするために記述した方がよいのですが、最も留意すべきはやはりデータです。

クラウドベース開発を行う場合、クラウド環境のみで完結するのか、オンプレミスとクラウド環境の混在（ハイブリット型）なのかをきちんと把握したうえで、フローを書いていきます。前者の場合は、複数のクラウドサービス連携の有無、後者はオンプレミスとクラウド環境の連携を考慮すること、になります。データ連携についても、この段階からきちんと業務プロセスとして認識しておきます。

次に、システム形態に応じて業務の流れを把握します。コンシューマー向けシステムとエンタープライズ系システム、もしくはエンタープライズ系システム同士で連携が必要とされる場合であっても、選択した構成により業務プロセスは影響を受けます。この段階で把握している業務の流れは、業務フロー図に書き込んでいきます。

第3章3.1節で説明した「データのつながり」（図3.1-6）を確保可能とする業務フローを、最上位層から最下層まで、きちんと整合性を保って書いていきます。

図4-7　「データのつながり」を確保する

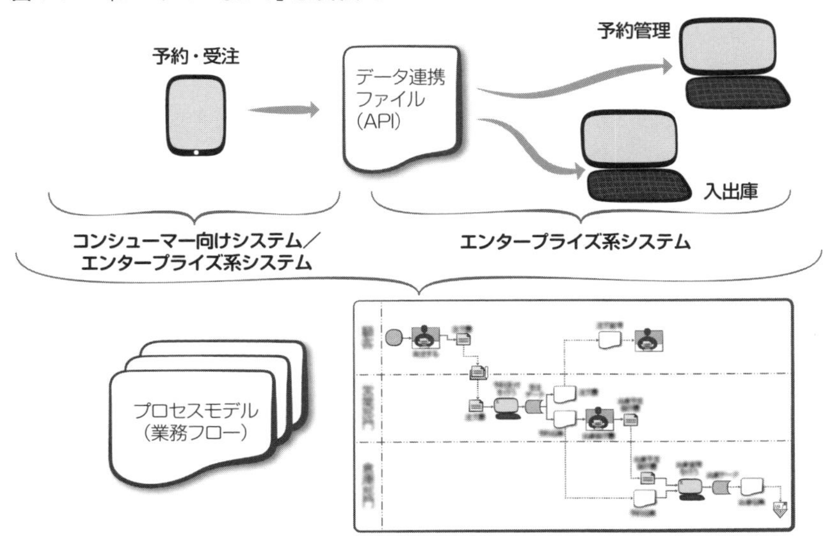

②については、システム全体図との整合性を意識して、開発対象範囲の全体を鳥瞰できるように、漏れに注意して記述します。システム開発の対象業務範囲にブレがないように注意します。概観を明らかにするとともに、サブシステムへの分割の必要性について目星をつけていきます。

図4-8　対象データのやりとりを加えた全体概要業務フロー図の例

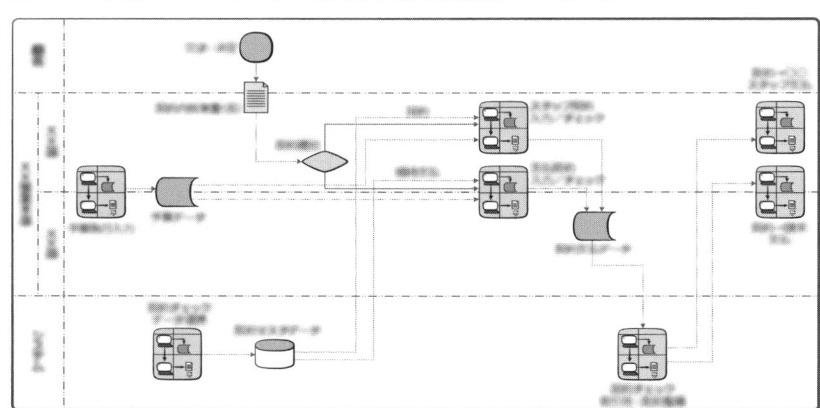

そのほか、データとは異なりプロセスの場合は、データ連携以外の「外部インターフェース」を伴う開発対象システム内外のやりとりを、きちんと業務フローに記述していきます。

業務フロー図を作るときの要点を以下に列挙します。

(1) データの流れでもなくプロセスの羅列でもなく"業務"の流れを表す

データの流れだけを表したデータフロー図は、業務担当者にとって理解し難いといえます。彼らは日々の業務を行う上で業務の流れは意識しますが、データの流れを特に意識しているわけではありません。そのためデータフロー図は、分析者や開発者同士のコミュニケーションに有用であっても、業務担当者との間で用いるのは難しいでしょう。

また、単なるプロセスの連鎖を表すプロセスフロー図でも役不足です。業務の実態に則した形で、各業務担当の作業やお客様の振る舞いを表さなくてはなりません。文字どおり「業務の流れ」を表し、業務フローの上に表現される業務プロセス、そしてその業務プロセスに関わるデータが書かれた図であることが望ましいといえます。

（2） 階層の深さは最大で5階層が目安

業務フロー図の細分化の目安としては、全体概要図から数えて3階層から5階層降りた所で、最下層のプロセスを表すフロー図に辿り着くように意識して作成していきます。このくらいの階層で作られたフロー図は、わかりやすいものになります。小規模・中規模のシステムの場合、5階層も必要ないかもしれません。詳細に書こうとするあまりに階層が深くなると、かえってわかりにくくなり、保守性が著しく低下します。開発するシステムによっては、階層がもっと深くなることがありますが、まずは目安として、多くても5階層に収めるようにします。

（3） すべてのフロー図に定義文を書き加える

最小粒度の業務プロセスに、ひとつひとつ名前を付けていきます。最小粒度の業務プロセスは、ほとんどの場合、最下層の業務フロー図に記載されているはずです。また、すべての階層の業務フロー図において、アイコンや色分けされた形で配置されています。通常は「UI登録／更新系」「UI参照系」「バッチ系」「レポート出力系」「人間作業（手作業）」の5種があります。

それぞれ、具体的に何を行う業務プロセスなのかが明確になるように、「～する」と動詞句で終わるように定義します。

例えば、「UI登録／更新系」であれば「顧客情報の登録を行う」、「UI参照系」であれば「受注状況を照会する」、「バッチ系」であれば「日時仕訳を作成する」、「レポート出力系」であれば「月次集計表を出力する」、「人間作業（手作業）」であれば「予約伝票に記入する」といった定義をしていきます。

分析・設計の手順

実際の「ToBe概要業務フロー図」の作成手順は以下のとおりです。

step 1　システムレベルの業務フロー図を作成する

ビジネス鳥観図、要求仕様書、RFP、規定、業務ルール、新システム全体図、現行業務フロー図（あれば）を基に、業務全体のおおまかな流れを描いていきます。カスタマージャーニーマップやプロセスフローを描いていれば参考にして、全体を表す業務フローの形に落とし込みます。

最初に、システムレベルの業務フロー図（全体図）を作成します。この業務フロー図はプロセス全体の鳥瞰図として役立つ必要があります。一目で全体を把握できるように、印刷した際に指定した用紙サイズ1枚の紙に収まるように書くのが理想です。用紙はA3横が適当でしょう。もし難しいようなら、A3数枚に収めます。その場合には全体を把握するためにつないで壁に張り出すなどして一覧性を確保します。

前述したように、今回の開発対象範囲を明らかにするために、データ連携の有無、そしてその概要は把握できるようにしておきます。

さらに、何らかの業務の塊り、サブシステムとなりうる業務領域（データモデルのサブジェクトエリアに相当）を1つのアイコンとみなし、業務の流れがわかるように、相互に線でつないでいきます。このアイコンと矢印の方向が、サービスの単位と連携方法を設計する際の指針となります。

この段階では、ラフデザインをするつもりで書いていきます。細部まで正確である必要はありません。全体を鳥瞰可能とする「わかりやすい」全体フロー図の作成を心掛けます。

なお、開発の対象範囲が狭く、全体把握を必要としない場合には、このstepは必要ありません。その場合はいきなり、後述する最下層の業務フロー図を作成します。

step 2　全体図の各アイコンを1枚の業務フロー図に分解

前記step 1の全体図には、独立した1つのサブシステム（候補）となるように、業務領域のまとまりがそれぞれ1つのアイコンで表されています。次に、そのアイコン1つ1つを、1枚の業務フロー図へと細分化していきます。このフロー図も全体図と同様に、複数のアイコンのつながりで表現していきます。

前記step 1のシステムレベルの全体図における個々のアイコン、もしくは、もう少し大きな括りの業務領域のひとつひとつが、それぞれ1枚の紙に収まるように、業務の流れを細分化しながら概要フローを描いていきます。

完成したフロー図は、「2階層目の業務フロー図」となります。1枚の全体図から、何枚もの「2階層目」が作られます。図同士の関係が一目でわかるよう、ツリー構造の「業務フロー図階層」を作図して管理します。

この細分化作業は、これ以上細分化できない最下層の業務フロー図に落とし込むまで、繰り返し行うことになります。

図4-9　業務フロー図階層の例

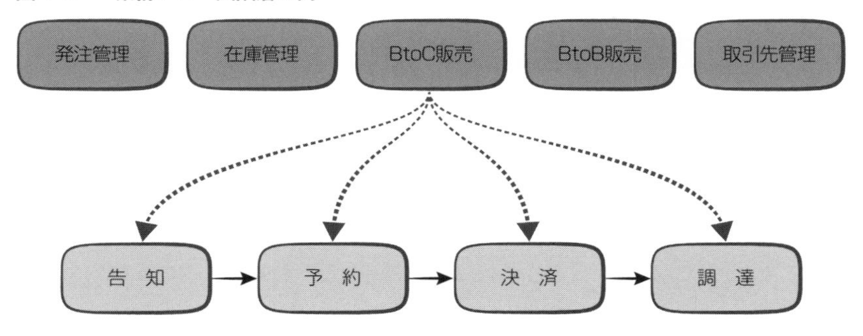

step 3　業務フロー図をさらに細分化

さらに細分化して、もう1階層下のフロー図を書きます。このとき、同じ階層に位置する図同士の間で、アイコンの粒度（意味する範囲・大きさ・抽象度）が、まちまちにならないよう注意します。

フローを書く際には、整合性よりも、1つのフロー内で意味を完結させるような「わかりやすさ」を優先します。「予約」と「決済」のフロー図に同じ業務プロセス

Column

本書におけるToBeの意味について

本来、「ToBe」という言葉は、制約や前提を考慮せずにあるべき姿を現す際に使用します。実現可能な姿を表す場合には「CanBe」という言葉を使います。

本書では、厳密な意味合いとは少々異なるかもしれませんが、システム設計を行うにあたり、実現可能であることを前提としつつも、あるべき姿を指向するという意味で「ToBe」という言葉のみを用いることとします。改善を伴うシステムの場合には、制約や前提を意識しつつ、実現可能な姿を意識してToBeを表現し、DXや改革を伴うシステムの場合には、あるべき姿をより強く意識してToBeを表現することになります。

が重複して記述されていたとしても、それぞれの業務の範囲と流れがわかりやすく表現できていれば問題ありません。厳密さを重視して、わかりにくくなってしまうのでは本末転倒です。

step 4　データ連携

社内外にある他のシステムとの間、それに前記step 2およびstep 3のフロー図に記された業務プロセス同士の間で、特にデータ連携を強く意識してやり取りされている、主要な情報や物を記述していきます。

データ連携も忘れずにひとつの業務プロセスとして定義します。また、データ移行のプロセスについても、外部とのやり取りはありませんが、同様に業務プロセスとして忘れずに定義します。これは前述した「すべてをCRUDで管理する」という本書の方針を実現するために必要です。

step 5　最終確認

最後に、何らかの行為が業務プロセスとして定義されずに漏れていないか、確認を行います。

4.2

Theory of System Design

ToBe を意識して業務フローを書こう！

本工程のinput	要求仕様書、RFP、規定、業務ルール等、現行業務フロー図（あれば）、概念データモデル、ToBe概要業務フロー図
本工程のoutput	ToBe詳細業務フロー図
本工程と併行作成するoutput	論理データモデル
本工程の目的	ToBe詳細業務フロー図を作成することにより、新システムのプロセスモデルを確定する本工程のinput

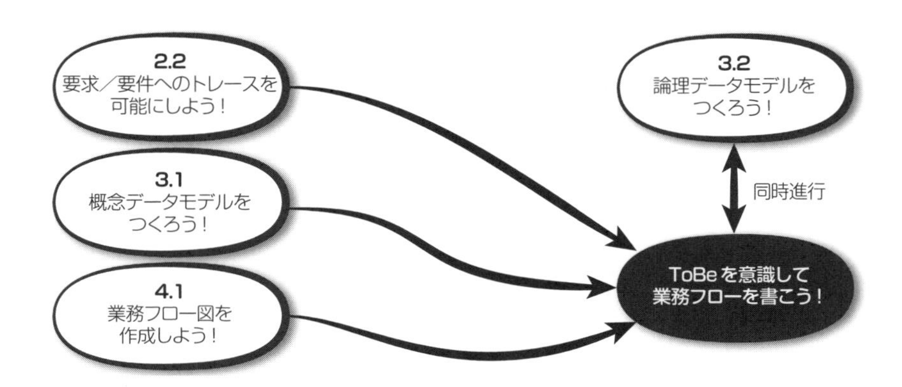

本節（4.2）では、新システム稼働時の業務の流れを具体的に把握できるレベルの、詳細な業務フロー図を作成します。これが完成すると、開発対象のシステムにおける業務プロセス全体の姿が明らかになってきます。

業務の流れの中でデータを捉える

本書では、業務の流れの中で発生するデータや参照するデータをきちんと把握し、業務フロー図の上に記述することにします。どの業務プロセスで、どのデータを生成

(C)・参照 (R)・更新 (U)・削除 (D) しているか、各データをアイコンで表現し、記入していきます。

本書で使用する表記法以外を使って業務フローを作成する場合、もちろん記法によっては記述できない場合もありますが、そのときには、プロセス自体の定義や仕様、もしくはメモ書きでもよいので、該当のデータ操作があることだけは記述しておきます。重要と思われるデータについて、フローの上にコメントを残しておくことで、漏れの防止につながります。業務の流れをフロー図で表現する過程において、操作対象となるデータを明らかにしていくのです。

データを表すアイコンには、論理データモデルにおけるエンティティ名のような正確なデータ名を付ける必要はありません。「こんなデータが生成されるはず」「参照するはず」とわかるように、「XXXデータ」という名前を付けます。概念データモデルがすでに作成されている場合は、データモデルに表現されているエンティティ名を参考にして名前を付けます。まだ作成中もしくは不十分な状態である場合には、この暫定的に命名したデータが、概念データモデルにおけるエンティティの候補になります。

業務フロー図の作成時に、データとの関係性を把握しておけば、CRUDマトリクス(第5章で詳しく説明します)を作成する際に役に立ちます。暫定的に名付けたエンティティの名称が正式に決まったら、業務フロー図上のデータアイコンの名前も、正式なものに変更しておくとよいでしょう。

図4-10　業務の流れの中で発生するデータを捉える

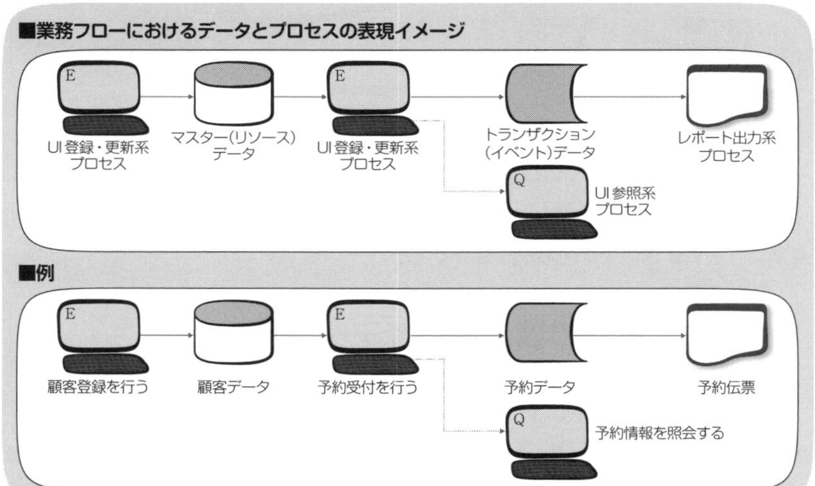

業務フローの定義

階層化されたToBe業務フロー図を書いたら、階層ごとに、業務の流れとフローの概要を定義しておきます。概要定義に記述すべき内容は、大きく①「業務の流れの説明」と②「業務フローの存在意義」の2点です。

下に、業務フローの概要定義の記述例を2つ挙げます。これを読むと、各業務プロセスの目的、処理手順、意思決定の基準となるビジネスルール等が記載されていることがわかります。

● 業務フロー定義の例

例（1）BtoC座席購入処理（映画館や劇場の指定席を顧客が自分で購入するためのWebシステムを想定）

① BtoC座席購入処理は、自ら顧客登録を行ったお客様のみ処理を可能とする。顧客情報には支払に関する情報も含むものとする。

② 購入開始期間以外は処理を行うことはできない。また、該当公演のお客様が希望する席種（S席、A席等）が売り切れの場合、購入することはできない。

● 座席購入処理の手順は以下のとおり。

1. 公演販売担当者はBtoC座席販売システムに、販売対象ステージ、座席位置、料金等、販売に必要な情報の登録を行う。
2. 販売サイト構築や告知メール送付の準備を行う。
3. 告知メールより遷移し、BtoC座席購入システムにて購入処理を開始する。
4. お客様は、購入予定の公演、ステージ（日時、昼夜）を検討する。希望するステージの予約が不可の場合、別のステージを検討する。
5. ログインしていない場合は、ログインする。
6. 会員未登録のお客様は登録を行い、登録情報を元にログインする。
7. お客様は該当公演、ステージ（日時、昼夜）、座席を指定し、購入処理を行う。
8. お客様は購入したチケットの引取方法を指定する。
9. お客様は購入内容を確定し、表示された支払金額を、登録された支払い方法で支払う。
10. 支払い方法が未登録の場合、お客様はこれを設定し支払いを行う。

11. 何らかの問題が生じた場合、お客様はシステム管理者にメールにて問い合わせる。
12. システム管理者は該当のお客様情報と購入情報を確認し、回答をお客様に返信する。
13. お客様は購入時に指定した引取方法でチケットの引取を行う。
14. 公演販売担当は販売残座席が存在する場合、BtoC座席購入システムより座席情報を当日販売扱いに変更する。
15. お客様は観劇日当日、購入したチケットを持参し、入場する。
16. 公演終了後、公演販売担当者は販売状況より売上を確認の上、確定処理を行う。

● **購入単価の決定方法は以下の5通りとする。**

1. 原則は公演、等級（座席位置）、平日休日の違い、マチネ／ソワレの違いにより座席料金を決定する。
2. 座席料金の割引率は、お客様ごとのインセンティブに応じて決定するものとする。
3. 販売時期により座席料金の変更を行う場合がある。
4. 購入金額や購入回数に応じてお客様ごとのプライオリティを決め、それぞれの購入可能期間を分ける。
5. ボリュームディスカウントは行わない。

例（2）契約管理処理（契約時のチェックおよび承認ワークフロー、承認時支払処理を行うWebシステムと基幹系システムの連携を必要とするシステムを想定）

① 契約管理対象は部署、勘定科目、金額により制御可能とする。
② 承認された契約のみ支払い処理を可能とする。

● **契約管理処理の手順は以下のとおり。**

1. イベント担当は実施予定のイベント情報の登録を行う。
2. 購買担当者は外部事務所等と交渉により、契約金額等が確定した段階で契約登録処理を行う。その際、取引先名、出演者、該当イベント、契約金額、条件等備考を入力する。新規取引先に関しては、名称（取引先名）を登録することにより、基幹系システムにて自動登録され、取引先コードが採番される。

3. 登録された契約情報は、承認申請ワークフロー機能を通じて上位の申請者へ渡る。上位の申請者は、契約情報を承認もしくは却下する。承認した場合はさらなる上位申請者へ承認を申請し、却下の場合は下位の申請者へ差し戻す。
4. 契約情報が最終承認まで完了したら、契約に基づいた契約金額が記載された請求書に基づいて、基幹系システムにて支払い処理を行う。

上記の例 (1) はコンシューマー向けシステムの例であり、例 (2) はエンタープライズ系システムの例になっています。(1) は業務フローよりもユースケースで表した方がよい粒度で業務プロセスを捉えています。「販売の準備を行う」「会員情報を登録する」「座席購入を行う」「売上計上を行う」という業務プロセスのみ業務フローに記述し、それより細かい処理は子ユースケースとして記述しても構いません。ユースケースの記述方法については後述します。

ある階層の業務フロー図に書かれた（そのフローの構成要素である）ひとつの業務プロセスは、下位の階層に視点を移したとき、より小さな複数の業務プロセスに分解されます。最下層の業務フローは、最小粒度の業務プロセスが構成する業務の流れを表現します。

業務プロセスについては、まず業務フローの形で全体の概要を掴み、次に一つひとつの業務フローの概要を定義していくことにより、フローの定義からプロセスの定義へと詳細化していきます。具体的な記述方法は4.4節で説明します。

業務フロー図は常に最新の「あるべき業務の流れ」がわかりやすく表現されている状態を保つようにします。誰が見ても、とにかくわかりやすいこと、最新状態を容易に保てることが重要です。

ビジネスルールの明確化

業務フロー図の作成時に抽出された業務上の取り決めは、「ビジネスルール」（業務ルール）としてきちんと管理しておきます。ルールを整理して「ビジネス（業務）ルール集」を作成し、そこへ記述しておきます。そして業務フロー図の上にも、その業務の流れが、該当するビジネスルールによって固まった旨がわかるように記述しておきます。下記の業務フローは、AsIs（詳細は4.3節）のフローではありますが、ビジネスルールを表すアイコンをフローに貼り付けることにより、現時点におけるビジネスルールとプロセスの関係性が理解できるようになっています。

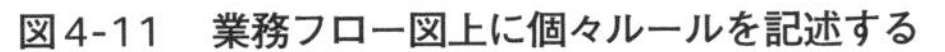
図4-11　業務フロー図上に個々ルールを記述する

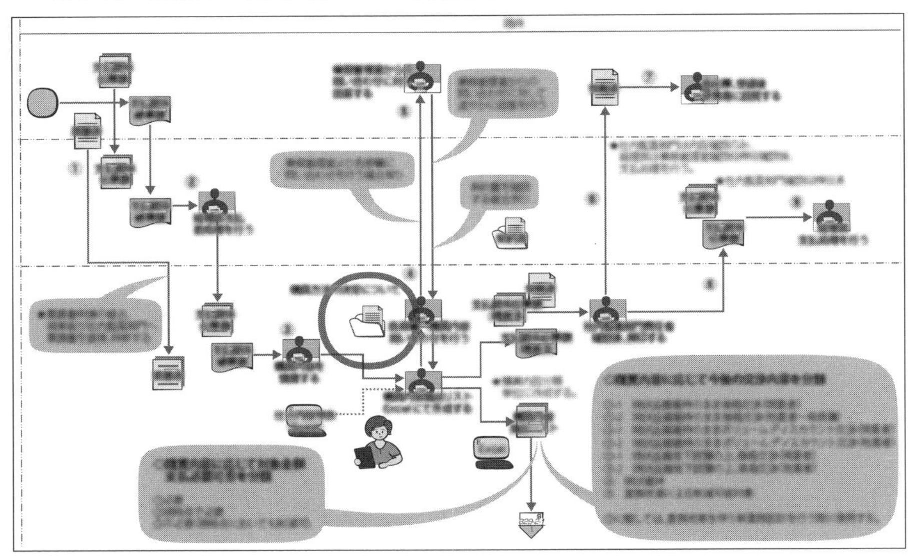

明確になったビジネスルールを業務フロー図の上に記述をしておくと、ビジネスルールと個々の業務との関係が明らかになり、業務の流れがさらにわかりやすくなります。可能であれば、ビジネスルールのアイコンを作って、フロー上に貼り付けておくとフローが見やすくなります。

業務プロセスとユースケース記述

業務フロー図を作成する中で明らかになった最下層の個々の業務プロセスは、1つ、もしくは複数のユースケースと見做すことができます。これは前述したとおり、「〜する」と動詞句で表現可能です。これ以上分割できない単位である最小粒度の業務プロセスを対象とし、「1業務プロセス＝＜ユースケース」になります。特にコンシューマー向けシステムの場合、この関係性に基づき、業務プロセス単位にユースケース記述を作成すれば、IT機能とUIの明確化や確定に役立てることが可能です。

ユースケースには以下の項目について記述します。

表4-1　ユースケース記述の例

項　目	記述内容の例
作成者	XXXX
作成日（最終更新日）	XXXX年XX月XX日
ユースケースID	157
ユースケース名	お客様情報へ登録されたEメールアドレスを認証する。
概要	お客様情報へ登録されたEメールアドレスが正しいことを認証する。
アクター	お客様
事前条件	お客様情報が登録済である。Eメールアドレスが未認証状態である。
事後条件	Eメールアドレスが認証済状態である。
備考	Eメールアドレス認証済のお客様が、システム利用中に強制的にログインを要求され、ログイン後に行う。これを基本フローとする。
B-1　基本フロー	1. システムはEメールアドレスの認証を指示し、認証画面を表示する。 2. お客様は「お客様情報登録完了メール」に記載されている承認番号を入力し、認証を依頼する。 3. システムは、登録されているEメールアドレスを認証済み状態とし、遷移予定先画面を表示する。（E-1）
A-1　代替フロー（ログインを指示して行う場合）	1. システムがEメールアドレスの認証を指示し、認証画面を表示する。 2. お客様は「お客様情報登録完了メール」に記載されている承認番号を入力し、認証を依頼する。 3. システムは、登録されているEメールアドレスを認証済み状態とし、初期画面を表示する。
E-1　例外フロー（入力された認証情報にエラーがある場合）	システムは、対応するエラーメッセージを承認画面に表示する。

上述のとおり、「1業務プロセス＝<ユースケース」が基本ですが、両者を多対多の関係、つまり複数の業務プロセスの塊りを、複数のユースケースの集まりと見做しても問題ありません。結果的にわかりやすい記述になるかどうかで、ユースケースの単位を決めていきます。業務フロー図と同様に、わかりやすさと管理しやすさを優先します。但し、多少の重複はよいとしても、漏れがあってはいけません。各業務プロセスがどのようなユースケースを包含しているか、きちんとチェックしましょう。さらにユースケース上に現れたIT機能とUIが、どの業務プロセスを支援し、目的達成の手段となって

いるかを、わかるようにしておく必要があります。

なお、本書では説明をユースケース記述までに留め、ユースケース図の詳細は割愛します。

大切なのは、「UXの最大化（4.5節で詳述）を指向する業務フロー⇒ 個々の業務プロセス⇒ ユースケース」という連鎖がきちんと成立するように、相互の関連性を意識して書いていくことです。

コンシューマー向けシステムにおいて、特にビジネスに直結するサービスを開発する場合は、業務フローはあくまでユースケースの洗い出し用と見做して、ユースケースをもれなく洗い出すことに注力します。

分析・設計の手順

実際のToBe詳細業務フロー図の作成手順は以下のとおりです。

Step 1　階層構成の見直し

ToBe概要業務フロー図の階層構成を見直し、現時点で適切と思われる階層に分割します。

Step 2　業務フロー図の作成

対象となる業務処理のフロー図を作成します。対象業務範囲の全体を、サブシステム、およびサービスの候補になると思われるいくつかの業務領域へと分割し、それぞれの業務フロー図を書いていきます。

Step 3　アイコンの配置

最下層の業務フロー図では、該当業務に必要と思われる最小粒度の業務プロセスをアイコンの形で表し、時系列に配置します。

Step 4　スイムレーンの設定

スイムレーン（役割を予め区分するエリア）を適切に分け、個々の業務プロセス同士を矢印線で結んでいきます。用紙サイズがA3横なら、レーンの見出しを左に配置して左から右へ、A4縦ならレーンの見出しを上に配置して、上から下へ業務の流れを記述していきます。

Step 5　データ連携の追加

データ連携について記述していきます。併せて、連携方法、連携の方向、受け渡す情報や物、それらと業務処理の関係を記述します。データ連携については、必ずプロセスとして表現しておきます。

Step 6　業務内容の確認

新システムの業務処理内容と、データの入出力が、業務フロー図の上に漏れなく表現されていることを確認します。この時点では把握可能な程度に表記されていれば十分です。因みにデータの入出力は、個々の業務プロセスごとにUIで実現されます。

Step 7　ビジネスルールの記述

業務フロー図の作成時に判明した業務上の取り決めを「ビジネスルール集」にまとめます。可能であれば、業務フロー図上にルールを記述、もしくはアイコン化して貼り付ける等して、個々の業務とルールとの関連を明らかにしておきます。

Step 8　ユースケース記述の作成

業務プロセス単位に、必要と思われるユースケース記述を作成します。

Column

最小粒度の業務プロセスをきちんと捉えよう!

「トップダウンで骨組、ボトムアップで肉付け」――これは、システム開発の上流工程における大原則であり、何らかのモデル図を書く際には必ず意識すべき言葉です。

トップダウンとは、ビジネスや経営マネジメントの視点から業務現場へ、あるいは全体概要から部分詳細へ、普遍的な抽象論理から個別具体策への演繹的アプローチを指します。企業組織においては経営層が意思決定を行い、それを業務現場が実行に移すことになります。ボトムアップはその逆で、現場体験から経営方針へ等の帰納的アプローチを意味します。現場の声を積極的に拾い上げ、意思決定に反映することになります。

まずは、トップダウンを強く意識するようにします。部分最適が強いシステムでは、価値を生み出すのが難しくなります。

とはいえ、日本のシステム現場ではトップダウンが弱く、ボトムアップに寄りがちです。なかなか理想どおりにはいきません。こういった場合には、やや手はかかりますが、ボトムアップの意見をまとめ上げ、あたかもトップダウンのように上から落とし直す等の工夫が必要です。つまり「ミドルアップ」です。中間に位置する人の負荷が高くなりますが、システム開発を成功に導くために一肌脱ぐ覚悟をしてもらいます。但し、基本はあくまでトップダウンであることを忘れてはいけません。

4.3

Theory of System Design

現状分析をしてみよう！

本工程のinput	要求仕様書、RFP、規定、業務ルール等、現行業務フロー図（あれば）、ToBe詳細業務フロー図
本工程のoutput	AsIs業務フロー図、AsIsのCRUDマトリクス
本工程の目的	AsIs業務フロー図を作成し、現状分析を行う

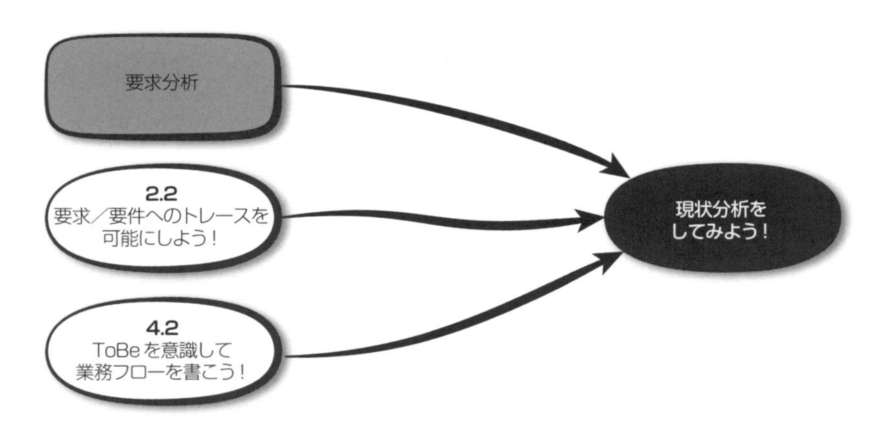

本節（4.3）では、新システム稼働時の参考情報として、現状分析を行います。この作業は、新規ビジネスを創出もしくは支援するためのシステム開発では不要です。変革や改革を伴うシステム開発においては参考情報になります。改善を伴うシステム開発においては必須の作業です。

AsIs（現状）プロセス分析の意味

「今ある姿」をAsIsと呼びます。新ビジネス創出、変革、改革を伴うシステム設計におけるAsIs分析の目的は、参考情報として、業務とシステムの「現状」を把握することにあります。他方、改善や仕様変更を目的とするシステム設計において、AsIs分析は大きな意味を持ちます。

前者の場合、現状分析は、ToBe（新システム稼働時のあるべき姿の）プロセスを策定するための、あくまで補助的な情報を得るために実施します。「漏れ防止のため」と言ってもよいでしょう。この工程は時間をかけずに行います。いくら精緻に分析しても、現状分析だけではシステムは動きません。

この場合、AsIs分析の成果のうち比較的役に立つ情報は、現状の業務の流れよりも、現行システムに関する以下の情報です。

① 非機能要件（処理速度や応答速度、データ量など）
② データ構造（論理データモデル、物理データモデル、CRUDマトリクス等）
③ コード体系（マスター系、トランザクション系）

上記の①は、新システム設計時に参考情報として把握し、「要件として満たすべき事項」としておく必要があります。②はデータの移行設計や新システムのデータ構造の参考となります。③はコード設計や、コードに起因するロジックの洗い出しを行う際に役立ちます。なお、詳細に行うとかなりの時間を要しますので、どこかの工程で必要になったときに、改めて詳細に調査・分析することを基本とします。

後者の場合、AsIsの業務フロー図をきちんと作成して、現状の課題をしっかり把握する必要があります。この場合、まず業務の流れから現状把握に努めます。さらに上記①から③の確認を行い、改善や仕様変更の方向性が正しいかどうかを確認した上で、さらに分析・設計を進めていきます。

図4-12　現状分析のイメージ

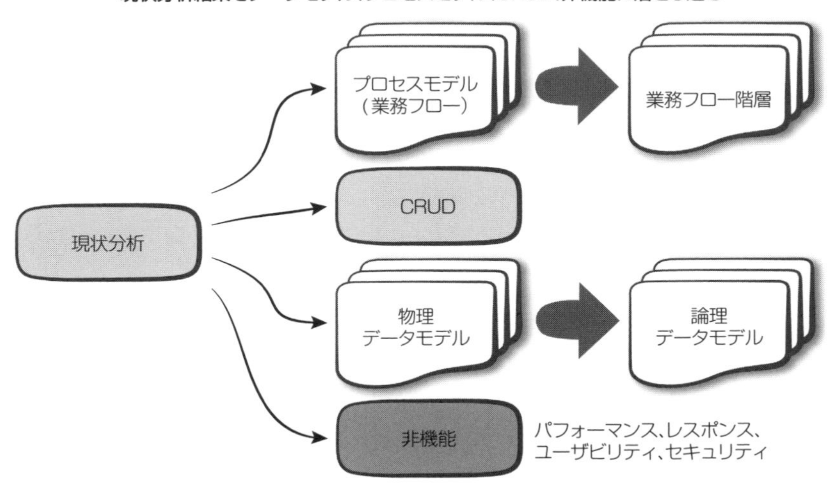

「現状の課題である」と認識されていた事項が、きちんとAsIs分析を行った結果、「課題に値しない」、もしくは「別の課題の解決が必要である」ということが判明するかもしれません。そのときは、恐れずに後退する覚悟が必要です。意味のない改善もどきはシステム開発を泥沼に引きずり込みます。

既存のAsIsフロー図がある場合とない場合

4.2節（ToBeプロセスを表現する詳細業務フロー）における業務フローの記述と同様に、一般的なビジネスの階層構造に沿って、現状の業務の流れを上位から下位へと階層化して、業務フローの形で書いていきます。改善や仕様変更の場合には、該当業務に関連しそうな箇所を詳しく書き込むよう努めます。変革や改革の場合には、詳細を意識せず、業務の現状をラフに捉える感覚で構いません。

出来上がったAsIs業務フローを現場の業務担当者に確認してもらい、認識の相違があるようなら修正を数回繰り返して、フロー図として完成させます。この業務フロー図で確認すべき事項は、暗黙下に存在している現行ビジネスルールと、コード体系からは認識できなかった例外パターンの洗い出しです。時間をかけすぎてはいけませんが、把握は必要です。現場のユーザーはToBe業務フローを作成する際に、現行のビジネスルールが踏襲されるのか、現在する例外パターンの処理がどのようになるのかを気にします。

現行ビジネスルールの洗い出しについては、フローを表す線に不自然なつながりがあれば深堀していきます。洗い出されたビジネスルールを、新システムでも踏襲するのか、破棄するのか、何らかの変更を加えるのか、新たに作り直すのか、いずれかの方向性を定めていきます。

例外パターンの洗い出しについては、作成した業務フローの中で、分岐がないプロセス同士の線について、例外の有無を確認します。これにより、業務フローには表れていない例外パターンが浮上することがよくあります。この例外にどう対応するかは、システム開発の方針次第になります。

AsIs業務フローは成果物になりませんので、ToBe業務フローとの差異の把握を目的とし、実現性判断にのみ使用することとします。成果物になるのはToBe業務フローだけです。これは改善や仕様変更の場合でも同じです。AsIsから改善を行い4.1節と4.2節で作成したToBe業務フローに取り込んでいきます。

本書では、改善や仕様変更であろうとも、システム稼働後のプロセスの姿をToBe業務フロー図として作成し、まとめ上げていきます。

分析・設計の手順

実際のAsIs業務フロー図の作成手順は、以下のとおりです。

Step 1 階層の見直し

現行業務を表すフロー図が存在する場合は、できるだけToBe詳細業務フロー図とレベルが揃うように階層を見直し、適正な階層へ調整します。

Step 2 作成および階層調整

存在しない場合は、ToBe詳細業務フローと同様に作成しながら階層化します。その際は、ToBe業務フローとできる限り階層を揃えることで、比較を容易にします。

Step 3 業務フロー図の作成

各階層単位に業務フロー図を作成します。アイコン同士をつなぐ線に対して、例外パターンが存在しないかを確認しながら書いていきます。

Step 4　アイコンの配置

ToBe詳細業務フロー図と同じく、各業務プロセスで行っている業務処理の内容をアイコン化して、時系列に配置します。

Step 5　業務内容の確認

現行の業務プロセスおよびその入出力データが、業務フロー図の上に漏れなく表現されていることを確認します。その際、各業務プロセスで扱うデータの量（後述する5W2HのHow many）を調査し、把握します。

それ以外のAsIs分析

上記以外では、現状の非機能、コード体系、CRUDがどうなっているかを中心に確認します。

ユーザーは開発されるシステムの非機能に関して、「最低限現状どおりに実現されるはず」もしくは「少しは良くなるはず」と期待しています。現行より劣る非機能では、なかなか受け入れてくれません。ユーザーが非機能に神経質になるような業務プロセスやIT機能では特に要注意です。お客様と会話しながら操作する機能（実際のレスポンスより長く感じる）、大量の処理を連続して行わなければならない機能（ちょっとしたUI、レスポンスの低下に過敏になる）は要注意です。

コード体系に関しては、コード設計以前の、「コード値に内在しているロジック」を洗い出します。コード体系の変更を検討している場合は要注意です。

いちばんの本丸であるデータ構造とCRUDは、UIから推測可能な機能に基づいてプロセスを想定し、現行DBのリバースによる物理データモデルの作成、および、これもUI等から推測して論理データモデルを作成し、論理CRUDマトリクス（5.2にて後述）の形までまとめ上げるのが理想です。しかし、開発プロジェクトは時間との戦いです。そこまではやらずに、リバースしたデータベース構造を物理データモデルと見做し、最低限、現行機能とのCRUDマトリクスを作成しておけば、システムの現状を把握するという目的は果たせます。

もし、テーブル定義書や更新書があるようならば、そこまでやらずにドキュメント内容を元にしてCRUDを把握することに努めます。

4.4 Theory of System Design

業務プロセスの定義をしよう！

本工程のinput	概念データモデル、ToBe詳細業務フロー
本工程のoutput	プロセス概要定義書
本工程と併行作成するoutput	論理データモデル
本工程の目的	プロセス概要を定義することにより、新システム稼働時における個々の業務プロセスの存在意義を明確する

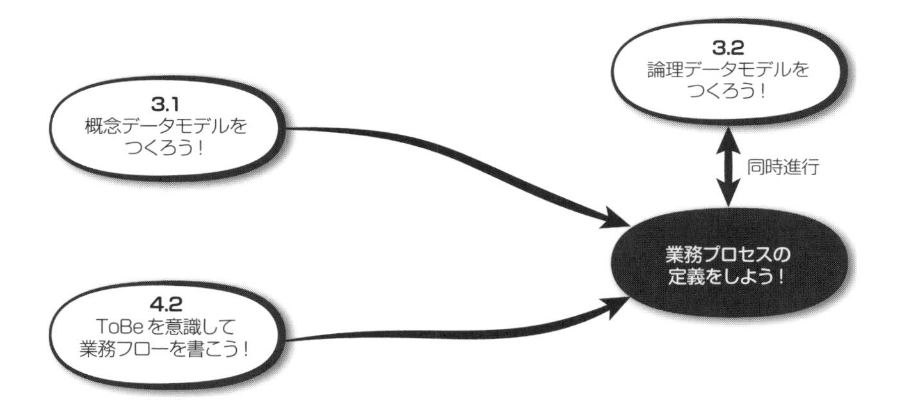

本節（4.4）では、4.2節で作成したToBe詳細業務フロー図（以下、業務フロー図）において、アイコンで表した個々の業務プロセスの定義を行います。

業務プロセスの概要定義の実際

ひとつの業務プロセスを新規登録した際に命名したプロセス名や、そのときにメモ書きした内容に基づき、個々の業務プロセスの定義をしていきます。以下の「5W2H」について定義していきます。

- **When**　　　：いつ⇒実施タイミング（事前条件を含む）
- **Where**　　：どこで⇒場所、組織
- **Who**　　　：誰が⇒担当者
- **What**　　　：何を⇒対象とするもの、データ
- **Why**　　　：何のために⇒目的、狙い
- **How**　　　：どのようにして⇒実施要領
- **How many**：どれくらい⇒データ量、時間

上記5 W2Hを定義できない業務プロセスは、この時点でプロセスとして取り扱うことに疑問を持つべきです。

図4-13　業務プロセスの定義

業務フローの階層をブレイクダウンしていき、最下層の業務フローまで作成した後に、その最下層の業務フローの上にアイコンで表現された最小粒度の業務プロセス一つひとつに対し、5W2Hの定義を記述していきます。

表4-2　5W2H定義の例「プロセス名：メニューの原材料（仕込み）登録を行う」

5W2H	意味	例
When	実施タイミング	① 新メニュー開発時（試作段階で登録する） ② メニュー改定時（四半期ごとに季節感のある食材に変更）
Where	場所	① 東京営業所商品企画室 ② 東京向上2F事務所
Who	実施部署・担当者	商品企画室・食品管理室・メニュー担当者
What	対象データ	商品データ・メニューデータ・仕込品データ・発注資材データ（商品・メニュー・仕込品・発注資材に関する情報という表記でも構いません）

5W2H	意味	例
Why	目的	メニュー食材の部材展開を行うために部材単位に登録を行う。食材の自動発注、在庫管理にも使用するため、メニュー改変のタイミングと発注のタイミングに注意する
How	実施要項	「メニュー登録」機能より遷移する「仕込原材料登録」機能にて必要項目を入力後、「登録」ボタン押下により実施（記述時点で決まっている手段があれば記述します。決まっていなければ想定でも構いません）
How many	量・頻度	メニュー新規登録・変更回数に準じる

ある程度の業務形態の傾向と塊りを意識した上で、同じ項目に対する複数定義を許可します（上記の例ではWhoとWhereがそれぞれ2つずつ定義されています）。これはエンタープライズ系システムによくある現象です。但し、複数の定義を認めるのは、前記の例であれば、明らかに同一の業務を複数の場所や組織で行っている場合に限ります。

記述してみて、5W2Hをうまく定義できなかったり、明確でないような場合は、その業務プロセスの存在意義を疑った方がよいでしょう。

コンシューマー向けシステムの場合、Whoは「不特定多数のお客様」、Whereは「場所を問わず」といった定義をします。この場合Howは、昨今ではスマートフォンを中心に複数のデバイスから入力を行う場合がほとんどです。Whoに関しては、もう少し絞ったお客様像があるならば、きちんと記述しておきます。想定しているお客様の性別、年齢層等が明確であれば、UI設計の際に大きなヒントになります。

SaaSやERP等の外部サービスを使用する場合、提供されている機能の概要からプロセスをまとめ上げて定義していきます。難しいようであれば、提供されている機能をプロセスと見做して、機能定義をそのままプロセス定義としても構いません。

ローコード開発を行う場合も同様です。開発される機能は、開発に使用するツールによって何らかの制約を受けます。そのためプロセスの定義も、そうした制約を受けた機能の定義に準じることになります。

業務プロセスの統合と分割

各業務プロセスの5W2Hの定義が一旦終了したら、一覧表形式で書き出してみます。

一覧にしてみると、同じような5W2Hを持つ業務プロセスが複数あったり、5W2H

を強引にまとめたけれども、実際には別々にした方がよいと思える業務プロセスが見つかることがありますので、必要に応じて業務プロセスの統合または分割を行います。わかりやすい言葉で5W2Hを定義できない業務プロセスは、かなり高い確率で不要、もしくは見直しが必要です。

特に【実施時期（When)】と【対象（What)】と【目的（Why)】の3つが同じもの同士は、残る2W2Hが若干違っていても、複数定義したり（明らかに同一の業務を複数の場所や組織で行っている場合）、あるいは【実施要項（How)】の見直しを行うことにより、同一プロセスと見做すことができます。当然のことですが、どの範囲までを1つの業務プロセスとして同一視するのかについては、きちんとルールを決めておく必要があります。この1つの業務プロセスのあり方が今後、必要となる機能の定義に大きく影響を与えます。

本来、この業務プロセスの統合と分割は、システム開発プロジェクト単位ではなく全社、つまりEAにおける業務体系（BA）単位で行うことが理想です。もし、開発対象外の業務プロセスの中に類似の業務プロセスが見つかった場合には、対応を検討します。対応とは、そのまま別の業務プロセスと見做すことを許容するか、あるいは手戻りを覚悟して業務プロセスの統合を目指すかです。但し、全社レベルの見直しが可能なのは、全社の業務プロセスの5W2Hがきちんと定義されている場合に限ります。開発プロジェクトには時間的制約があり、業務体系が整理されていなければ極めて難しいので、可能な範囲内で実施するよう努めます。

図4-14　3W（When・what・Why）が同じプロセスを同一と見做す例

	Who	What	When	Where	Why	How	How many
プロセス1							
プロセス2							
プロセス3							
プロセス4							
プロセス5							
プロセス6							
プロセス7							
プロセス8							
プロセス9							
プロセス10							

業務プロセスを業務フロー図に反映

業務プロセスの統合や分割を行った場合は、業務プロセスの新規登録や、正しい5W2Hの定義を行った後、業務フロー図に反映します。業務フローは業務プロセスの塊りです。必然的に業務プロセスの定義と、アイコンで表示されている業務フロー図とは、常に対応関係が正しく最新の状態を維持しなければなりません。

ユースケースへの適用

個々の業務プロセスの定義に基づいて、ユースケース記述を作成します。両者の関係は、基本的に「1業務プロセス＝＜ユースケース記述」とします。

ユースケース記述は、ユーザーシナリオの塊り、または一部です。シナリオとは、ユーザーとシステムの間のやりとりを、ユーザー目線で時系列に記述した台本のことです。この時点におけるユースケース記述は、プロセスの実現に必要な機能（その業務プロセスが必要とする機能）およびUIを洗い出すために作成します。

個々の業務プロセスの定義からユースケース記述を導出する例を以下に挙げます。

業務プロセス定義　：顧客登録を行う
ユースケース記述　：顧客情報新規登録
顧客情報変更
顧客情報削除

Column

業務フロー図は価値あるシステム設計の強力な武器!

本書では、プロセスモデルを表す業務フロー図について、かなりのページを割いています[1]。それには理由があります。

ITシステムの価値は、「経営・業務⇒IT」という連鎖を支援することにあります。したがって、経営・業務とITシステムがどうつながっており、どのように貢献するのかを分析することなく開発作業に入るのは危険です。そうならないためには、多くの関係者同士のコミュニケーションツールとして役に立つ業務フロー図が有用です。業務の流れをわかりやすく表現し、業務プロセスのあり方を明らかにすることにより、経営・業務・ITを橋渡しする役目を果たさなければなりません。

「経営に貢献する業務を回していく」という目的を果たさなければ、また、その目的を関係者で共有できなければ、いくら苦労してシステム開発を行っても誰からも評価されません。「業務と一体となったITシステム」を開発するために、業務フロー図は非常に強力な武器となるのです。

さらに、業務フローで確定した業務プロセスに基づいてユースケースを明らかにすれば、UXを最大化する業務の形が見えてきます。

1 拙著『システム設計のセオリー』もそうでした。

4.5 Theory of System Design

ユースケースから機能概要とUIのラフデザインを考えよう！

本工程のinput	概念データモデル、ToBe詳細業務フロー図、プロセス概要定義書
本工程のoutput	UIラフデザイン
本工程と併行作成するoutput	論理データモデル
本工程の目的	おおまかなUIイメージを共有することにより、該当業務プロセス、機能のデザインイメージ、必要項目の早期把握を可能にする

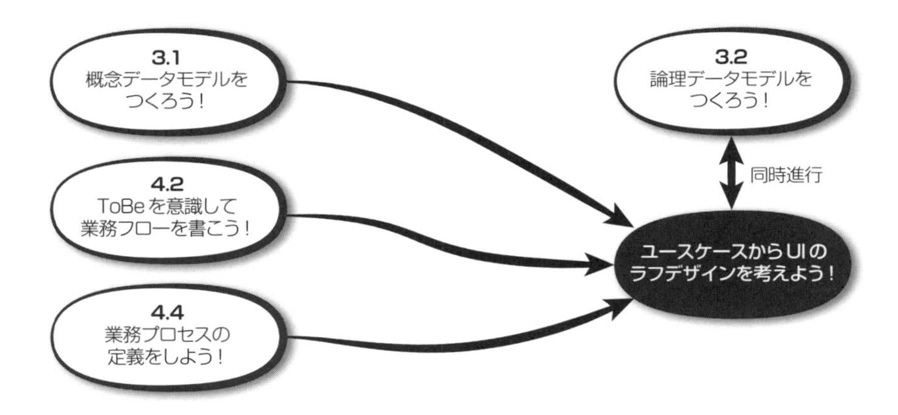

本節（4.5）では、個々の業務プロセスの5W2Hを実現するために必要となる、ユーザーインターフェース（以下UI）の概要を検討した上で、UIのラフデザインを作成し、以降で実施するUI設計の準備を始めます。併せて、必要となるIT機能の概要について明らかにしていき、IT機能設計の準備を始めます。

作成したUIラフデザインとIT機能概要を基にして、各業務プロセスの詳細を決定します。これらは「プロセス詳細定義」としてまとめておきます。

業務プロセスとUI設計

UI設計では通常、機能を実現するために「どのようなUIが必要とされるか」を検討します。最小粒度の業務プロセス一つひとつの5W2Hを実現するために、必要なUIとはどのようなものか、その概要を固めることで、IT機能の概要を明確にしていきます。

図4-15　業務プロセス・機能・UIの関係

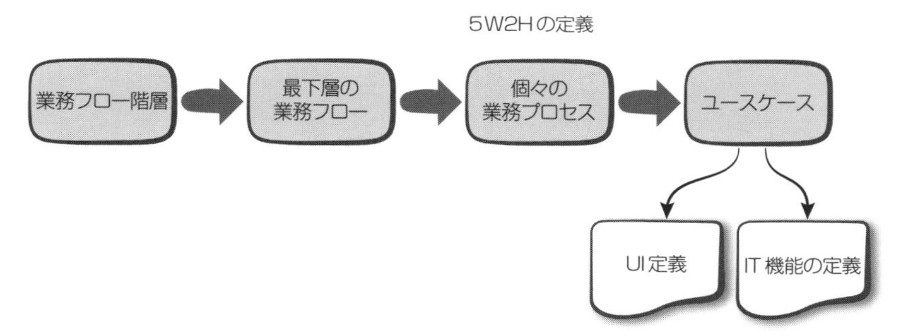

UIの概要検討

業務フローおよび、個々の業務プロセスの5W2H定義に基づいて、当該UIが使用される状況を想定します。例えば、「事務係（Who）が日中随時（When）、事務所（Where）で受注情報（What）の確定のために（Why）、1日に100件（How many）PCから操作する（How）」のか、「営業担当（Who）が外出先（Where）で随時（When）タブレットから操作するのか（How）」、「不特定多数のお客様（Who）がスマートフォン、タブレット、PC等デバイスを問わずに操作するのか（How）」を想定します。

まずは5W2Hの中で特にWho、Where、Howの定義を参考にします。5W2Hに則した使用状況を想定することにより、UIで必要とされるユーザビリティ、そしてアクセシビリティが明らかになってきます。UIの出来不出来は、システムの価値評価に大きく影響します。ここは頭を振り絞って、使用状況を考え抜いてUIを検討していきましょう。

次に、各業務プロセスの5W2Hのうち、When、What、Why、How manyの定義を参考にして、使用が想定されるデバイスごとに最適なUIのラフデザインを検討していきます。例えば、スマートフォン向けの場合、PCの単一画面とは異なる画面遷移や、縦方向の画面スクロールを考える必要があります。PCで伝票入力を連続して行うには、従来の登録系のUIを下敷きにして考えます。5W2Hに則したUIこそがUXの向上につながります。

UI検討にあたり、ラフデザインを作成する際に気になったことや留意点などは、メモ書きしておきます。本書ではあらゆる局面においてメモ書きすることを推奨しています。このメモ書きを侮ってはいけません。後々IT機能やUIの仕様確定の際に役立ちます。

UIで確認すべきこと

UIについて以下の事項を確認します。

・UI標準遵守
・使用するデータ項目
・イベント
・操作性
・レイアウト
・画面遷移
・効果（特にコンシューマー向けシステムの場合）

確認すべき上記の事項について、現時点で確定している事柄を書き出しておきます。ローコード開発ツールを使用する場合、手軽にUIを作成できてしまうので、開発標準をきちんと遵守しているかのチェックが必要です。データ項目に関しては、わかる範囲で洗い出しておきます。洗い出された入出力項目は、論理データモデルの属性になる可能性が極めて高いと言えます。

またこの時点で、複数の業務プロセスにおいて、同一の振る舞いを求められるUIが洗い出されることがあります。それをチェックしておくと、後工程で機能の統合または分割を検討する際に役立ちます。特に検索系のUIについて、このことに留意して検討します。

UIからIT機能へ

作成したUIラフデザイン、現時点で把握済みのデータ項目、必要とされる各種イベントなどに基づいて、個々のUIを動作手段とする「IT機能」を想定します。

IT機能は、以下の2つの要件を同時に満たすものでなければなりません。

① 各業務プロセスの5W2Hを実現するために有効であること
② そのために必要となるUIを実現可能とすること

上記の要件を意識して描いていくうちに、ITシステムで必要となる機能の概要が明らかになってきます。

プロセスの詳細設計

プロセスの詳細設計として以下の作業を行います。

- 個々の業務プロセスの5W2Hを実現するUIのラフデザイン作成
- 個々の業務プロセスの5W2Hを実現するために必要なIT機能の確定
- ラフデザインしたUIとIT機能との結びつけ
- UI内で扱うデータ項目の定義
- IT機能の詳細定義

上記は個々の業務プロセス、IT機能、UIの関係を結び付けていく作業になります。

図4-16　業務プロセス・IT機能・UIを結び付ける

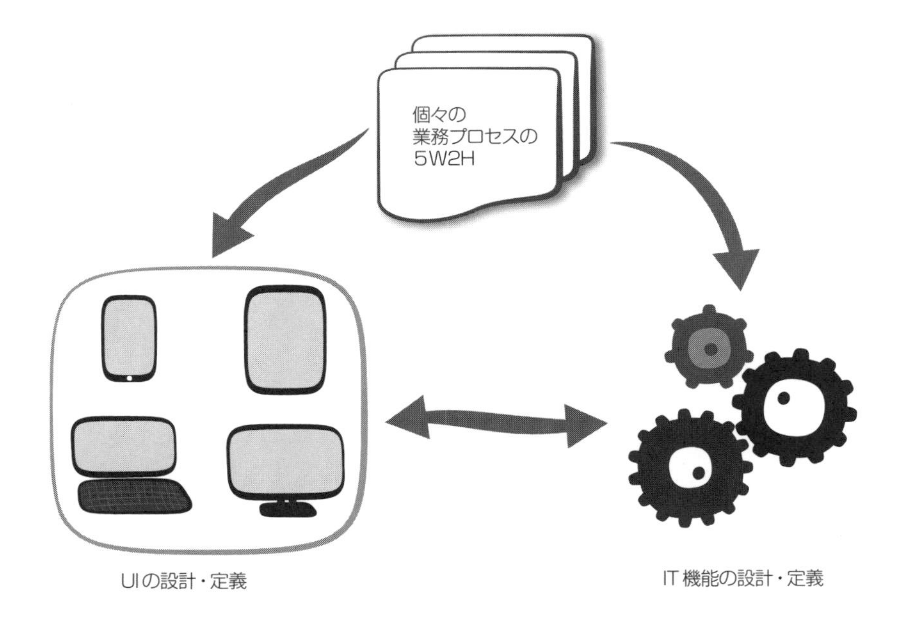

業務プロセスの5W2Hの実現に必要なIT機能

最小粒度の業務プロセス一つひとつの5W2Hと、それを実現するUIのラフデザインに基づき、各業務プロセスで必要になるIT機能を検討します。

(1) エンタープライズ系システムの場合

「顧客情報を登録する」という1つの業務プロセスを例に、5W2H、それを実現するUI、そのUIに必要なデータ項目を考えてみましょう。

表4-3　1つの業務プロセスの5W2Hの例（エンタープライズ系システムの場合）

5W2H	意味	例
When	実施タイミング	営業時間内に、お客様から電話にて口頭で伝えられた際に随時
Where	場所／組織	コールセンター
Who	担当者	コールセンター受付係員
What	対象データ	お客様情報
Why	目的、狙い	・オペレーション上：受注情報登録の前処理のため ・管理上：顧客情報の正確な取得のため
How	実施要領	お客様から電話で伝えられた情報を元に「顧客登録」を行う
How many	データ量、時間	月に30,000件

■ 5W2Hを実現するために必要なUI

・顧客登録
・顧客検索
・住所検索
・サービス検索

■ UIを実現するデータ項目

上記のUIを実現するために必要となるデータ項目の洗い出しを実施

■ 5W2Hを実現するために必要なIT機能（上記UIと同様）

・顧客登録
・顧客検索
・住所検索
・サービス検索

（2）コンシューマー向けシステムの場合

コンシューマー向けシステムでは、若干異なる部分が出てきます。上と同じ「顧客を登録する」プロセスの例で説明します。

表4-4　1つの業務プロセスの5W2Hの例（コンシューマー向けシステムの場合）

5W2H	意味	例
When	実施タイミング	随時（夜間メンテナンス時間30分を除き23時間30分受付可能とする）
Where	場所/組織	お客様の自宅・外出先・勤務先、インターネット環境があればどこでも
Who	担当者（操作者）	お客様
What	対象データ	お客様情報
Why	目的、狙い	・オペレーション上：受注情報登録の前処理のため ・管理上：顧客情報の正確な取得のため
How	実施要領	①自宅にてスマートフォン、タブレット、PC端末より登録を行う ②外出先にてスマートフォンより登録を行う ③事務所にてPCより登録を行う
How many	データ量、時間	月に1,000,000件

■ **5W2Hを実現するUI**

- 顧客登録（PC対応）・顧客登録（スマートフォン対応）・顧客登録（タブレット対応）
- 顧客検索（PC対応）・顧客検索（スマートフォン対応）・顧客検索（タブレット対応）
- 住所検索（PC対応）・住所検索（スマートフォン対応）・住所検索（タブレット対応）
- サービス検索（PC対応）・サービス検索（スマートフォン対応）・サービス検索（タブレット対応）[3]

■ **UIを実現するデータ項目、ユーザビリティ**

上記のUIを実現するために必要となる項目の洗い出し、とともにユーザビリティ検討を実施

■ **5W2Hを実現する機能**

- 顧客登録
- 顧客検索
- 住所検索
- サービス検索

上記の業務プロセスとUIの実現に必要なIT機能を確定し、それぞれの機能概要を記述していきます。ユースケース記述や、UIラフデザイン作成時のメモ書きが参考になるでしょう。

機能概要を記述するにあたり、以下の事柄も併せてチェックします。

- 機能の統合（複数のUI画面の中で、全く同じ動作をすべき機能の有無）

3　最近はタブレットをスマートフォンもしくはPCと同一のUIとして開発することが増えています。

- UIの統合（機能を複数用意すれば1つにマージしてよいUIの有無）
- 機能の分割（同一と思われたが実は異なる機能の有無、または1つの機能としては複雑すぎると判断され、分割が望ましい機能の有無）
- UIの分割（機能は同一でも複数用意すべきUIの有無）

IT機能もUIも、できるだけシンプルになるように心がけます。

第5章

Dマトリクス分析のセオリー

第5章では、クラウドベース開発におけるCRUDマトリクス分析をいかに行うべきかのセオリーを説明します。
CRUDマトリクスは、システム設計においてデータモデル、プロセスモデル同様に重要な存在です。

5.1
Theory of System Design

CRUDマトリクスを作成しよう！

本工程のinput	概念データモデル、ToBe概要・詳細業務フロー図、プロセス定義、など
本工程のoutput	概念CRUDマトリクス、更新要領・ロジック（概要）
本工程の目的	システム設計におけるCRUDマトリクス分析の意義を理解し、実践につなぐ

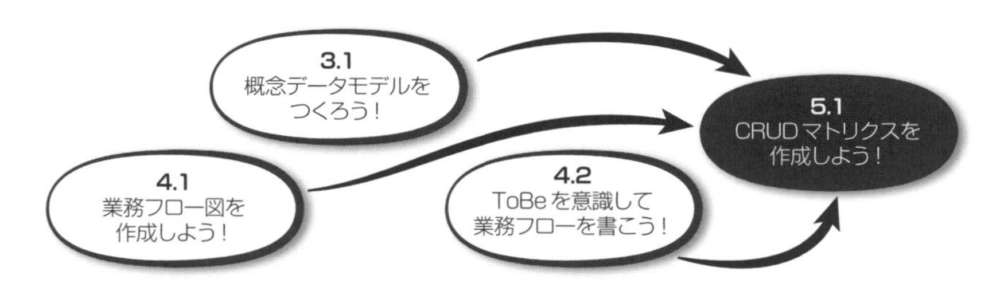

本節（5.1）ではCRUDマトリクスを作成することの意味、およびその実践方法について説明します。本節で作成するCRUDマトリクスは、概念データモデルを対象とした「概念CRUDマトリクス」とも呼ぶべきものです。

CRUDマトリクスとは？

CRUDマトリクスとは何か、システム設計においてどのように活用するか、改めて説明します。

CRUD（クラッド）とは、データに対する操作の種別、即ち「生成（Create）・参照（ReadまたはRefer）・更新（Update）・削除（Delete）」の4つの頭文字をとったものです。

CRUDマトリクスは枡目に上記4文字を記述する表形式で表現します。このマトリクス表を作成することにより、該当データの生成から削除（消滅）までの所謂「データライフライクル」が把握可能となります。

また、データとプロセス、さらにデータとIT機能との関係性が明確になり、必要とされるIT機能の定義が容易に可能になります。さらに、新規開発のみならず、仕様変更、変更開発時の影響度分析が容易になります。どの機能に対するロジックを変更すると、どのエンティティに影響が及ぶかが一目でわかります。逆に、エンティティ、属性、データモデルの変更が、どの機能に影響を及ぼすかについても迅速に把握できます。

CRUDマトリクス自体は、一般的には論理設計におけるデータモデリングの付随としてデータライフサイクルの確認、もしくは物理設計においてデータベースとIT機能、モジュール、ビジネスロジックとの関連を明確にするために作成されることが多いようです。しかし本書では、システム設計においてデータとプロセスおよび機能との関わり、接点を明確にすることが可能となることから、データモデルおよびプロセスモデル（本書では業務フロー図にて表現）とともに中心的な存在に位置付けています。これは業務とITにより構成されるシステム全体の品質、つまりビジネスに貢献する仕組みの品質を確保するためです。そのためには、概念データモデル、概要業務フローの分析、設計を行う要求分析段階から作成を始めることが重要です。

データモデルとプロセスモデルの姿が明確になり始めたら、CRUDマトリクスの作成を始めて、早期にデータとプロセスの整合性確認を可能としていきます。

CRUDマトリクスは本来「モデル」に分類されるべきものではないかもしれませんが、本書では、データモデル、プロセスモデル（業務フロー図）とともに、データとプロセス、IT機能の関わりを表すモデルであるという認識の元に、管理対象となる重要な3つのモデルの1つとして位置づけます。

図5-1　CRUDマトリクスのイメージ

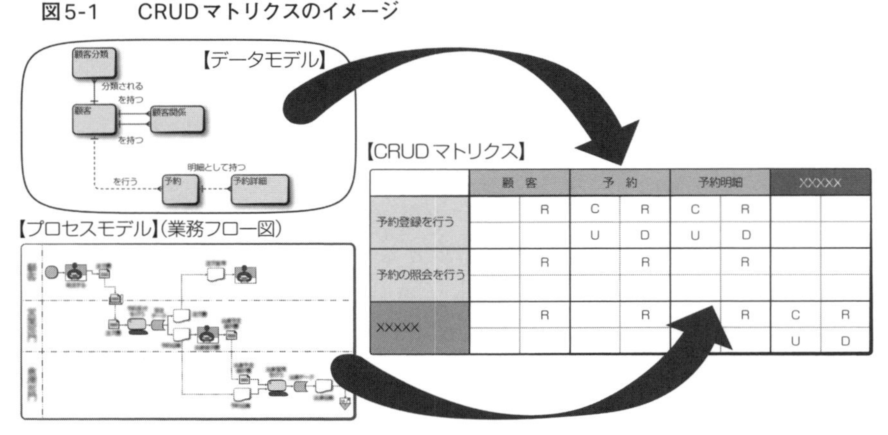

	顧客		予約		予約明細		XXXXX	
予約登録を行う		R	C	R	C	R		
			U	D	U	D		
予約の照会を行う		R		R		R		
XXXXX		R		R		R	C	R
							U	D

CRUDマトリクスはシステム設計の工程や用途に応じて、以下の3種類を作成していきます。

① 概念CRUDマトリクス：概念データモデルのエンティティとToBe概要フロー図の最下層の業務フローに現れる個々の業務プロセスとの関係性を明らかにする表です。ある程度設計対象のシステムの概要が明確になってきたら即作成を始め、開発対象システムの全体像把握に努めます。本節にて説明します。

② 論理CRUDマトリクス：論理データモデルのエンティティおよび属性と、ToBe詳細フロー図の最下層の業務フローに現れる個々の業務プロセス、およびプロセスを構成するIT機能との関係性を明らかにする表です。論理設計の成果物となります。

③ 物理CRUDマトリクス：物理データモデルのエンティティおよび属性と、実装対象のIT機能、サービス、モジュール等との関係性を明らかにする表です。物理設計の成果物となります。

CRUDマトリクスは、データ設計において概念データモデル、論理データモデル、物理データモデルが、それぞれモデルとしてある程度の完成度に達した時点、つまり人が見てデータのあり方や関係性が明らかになった時点で作成していきます。プロセスは、その時点の業務フローに記述済みの、個々の業務プロセスを対象とします。早期にCRUDマトリクスを作成して完成度を高めていくためには、データモデルの深化と、概要から詳細へと業務フロー図が深化する進捗とが、ある程度同じであることが望ましいといえます。

CRUDマトリクスの作成と分析は、データ設計、プロセス設計、IT機能設計と併行して実施することにより、有効性が増していきます。

その際、データモデルが概念／論理／物理データモデルへと深化していく課程とともに、プロセスモデルを基に個々の業務プロセスから必要となるIT機能を明らかにする課程がきちんとトレースできていると、必然的にCRUDマトリクスの深化課程がトレース可能になります。このことにより、変更時の早期対応が可能となり、システム設計の精度が上がります。

図5-2　概念／論理／物理CRUDマトリクスの関係

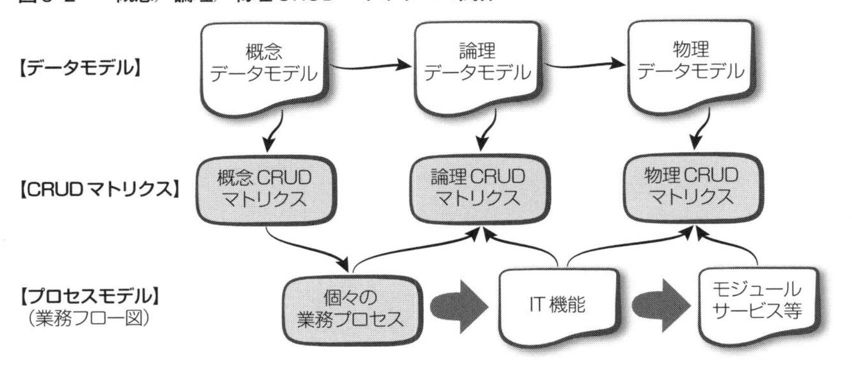

CRUDマトリクスにおいては、CRUD自体を表記するとともに、この4文字それぞれに対する「更新要領」と「更新ロジック」を定義していきます。本来更新はUとDに対して行われるものであり、Cは登録、Rは参照を意味するので少し意味が異なりますが、包含して一緒に定義していきます。

本書において「更新要領」「更新ロジック」とは以下を意味します。

- **更新要領**　：業務プロセスまたは機能がデータに対して行うCRUD操作の方法を定義する
- **更新ロジック**：CRUD定義の際に、複雑なロジックを切り出して別に定義する

概念CRUDマトリクス分析とは?

論理CRUDマトリクスと物理CRUDマトリクスを作成する前に、概念CRUDマトリクスを作成し、システム設計の対象範囲における業務データと業務プロセスの関係性の概観を把握します。これは業務設計の一環として実施します。

概念CRUDマトリクスは、概念データモデルに表されているエンティティと、ToBe概要フロー図の最下層の業務フローに現れる個々の業務プロセスとのマトリクスです。横に概念データモデルのエンティティを列挙し、縦に個々の業務プロセスを並べます。概念データモデルにおいてデータ構造の全体が把握可能であり、業務フロー図において個々の業務プロセスがとりあえず確定した段階でこれを作成します。

縦と横の交差する欄にC・R・U・Dのいずれかを記述し、併せて、記述した

CRUDに対して更新ロジック、更新要領の概要を記述していきます。

概念CRUDマトリクスはあくまで概観の把握と、論理CRUDマトリクス作成の準備という位置づけで作成します。細かい整合性にこだわる必要はありません。この時点では、もし矛盾点があったとしても、「課題」として整理できれば問題ありません。但し、対象となるエンティティに対して、生成（C）・参照（R）・更新（U）・削除（R）が、単一もしくは複数の業務プロセスにより行われている状態を、きちんと作り上げる必要があります。これはCRUD本来の目的であるデータライフサイクルを確保するためです。

図5-3　概念CRUDマトリクス

概念エンティティ／プロセス	顧客		住所		サービス		サービス明細	
顧客情報を登録する	C	R		R				
	U	D						

「モデル」としてのCRUD記述方法

CRUDマトリクスには様々な記述方法があります。例えば本書では、マトリクス表の各「桝」内の左上がC、右上がR、左下がU、右下がDといった形式で記述しています。スラッシュで区切る方法、ラベルでCRUDを記述し、該当箇所に○を記述する方法もあります。記述方法はどれを採用しても構いませんが、開発プロジェクト、可能であれば全社（EAレベル）で統一しましょう。CRUDマトリクスを「モデル」として取り扱う以上、記述方法の統一は不可欠です。

図5-4　その他CRUDマトリクス記述例

記述例1

論理エンティティ／プロセス	顧客				住所				サービス				サービス明細			
	C	R	U	D	C	R	U	D	C	R	U	D	C	R	U	D
顧客情報を登録する	○	○	○	○		○				○				○		

論理エンティティ／機能	顧客				住所				サービス				サービス明細			
	C	R	U	D	C	R	U	D	C	R	U	D	C	R	U	D
顧客登録	○		○	○												
顧客検索		○		R												
住所検索						○										
サービス検索										○				○		

記述例2

論理エンティティ／プロセス	顧客	住所	サービス	サービス明細
顧客情報を登録する	C/R/U/D	U	U	U

論理エンティティ／機能	顧客	住所	サービス	サービス明細
顧客登録	C/R/D			
顧客検索	U			
住所検索		U		
サービス検索			U	U

マトリクスの並び順について

CRUDマトリクスは、誰が見ても見やすく、わかりやすい必要があります。作成にあたっては、並び順に一定のルールを設けます。

本書では横軸にデータ、縦軸にプロセスと機能を展開して記述しています。並び順は表記ルールとして決めておきます。もちろん縦横は逆でも構いません。但し、CRUDの記述方法同様に、全社または開発プロジェクトで統一されている必要があります。

並べ方としては、データと業務プロセスのマトリクス作成時には、エンティティはリソース系、イベント系の順に左から右へ並べます。さらにイベント系は、データ発生の時系列（想定で可）に沿って、左から右へ順にエンティティを並べます。業務プロセスは、発生の時系列順に上から下へ並べていきます。コンシューマー向けシステムとエンタープライズ系システムが混在する場合においても、データ、プロセス、IT機能ともに発生順に並べます。コンシューマー向けシステムからエンタープライズ系システムへのデータ連携があるようなら、コンシューマー向けシステムで発生するデータを左、プロセスとIT機能を上にします。

上記はあくまで一例であり、名前順や他のルールに即した並べ方でも構いません。本書ではデータモデルやプロセスモデル（業務フロー図）との関連性を把握しやすいように、リソースとイベントの発生順に並べます。

図5-5　CRUDマトリクスの並び順

データ（エンティティ）発生時系列順 →

↓ プロセス発生時系列順

データ／プロセス	コンシューマー向けシステム				エンタープライズ系システム			
	リソース		イベント		リソース		イベント	
コンシューマー向けシステム								
エンタープライズ系システム								

全体マトリクスと部分マトリクス

システム開発の規模が大きくなれば、当然、CRUDマトリクスも大きくなります。全体のCRUDマトリクスは鳥瞰するのに有用です。しかし、設計を進めるうえで、一覧性とともに各更新要領と更新ロジックを明確化するためには、詳細まできちんと把握可能でなければなりません。そのため、全体から何らかのルールに基づいて一部分を切り出した形で管理します。この一部分を切り出したマトリクスを本書では「部分マトリクス」と言い表すことにします。

部分マトリクスとして切り出す大きさの目安は、指定された用紙サイズ1枚、例えばA3横1枚に、1つのマトリクスが収まるようにします。

切り出す単位は、データに関してはデータモデルのサブジェクトエリア、または管理すべきサービスの単位とするのがよいでしょう。

プロセスに関しては、業務フロー階層を参考にします。第4章において「おおまかな業務の括りを1つのアイコンで表し、開発対象範囲を意識して」業務フロー階層と業務フローを作成しました。その際の「1つのアイコン」に相当する業務フロー階層に記述されている個々の業務プロセスを対象とします。当然のことながらアイコンの業務領域がサブジェクトエリア、サービスと同一と思われるアイコンが選択対象となります。

もし、サブジェクトエリアおよび業務フロー階層を基にCRUDを切り出してみて、データとプロセスが交差する欄にCRUDの表記が少ないようであれば、関係性が希薄であるということになります。その場合には、まず、選択するサブジェクトエリアもしくは業務フロー階層もしくは業務フローを変更して、CRUDの表記が多くなる、つまりデータとプロセスの関係性が高くなるように部分CRUDマトリクスを作成します。

それでもうまく切り出せない場合には、サブジェクトエリアもしくは業務フロー階層のあり方自体を疑った方がよいでしょう。その場合、即、データモデルにおいてはサブジェクトエリアの再定義、プロセスモデルにおいては業務フロー階層の見直しを行います。部分CRUDマトリクスに切り出されたデータ、プロセスの業務領域が常に関係性が高い状態を維持することは、システム設計を成功に導くための肝になります。

IT機能については、該当プロセスの構成要素となるものを管理単位とします。

全体から適切な範囲でCRUDマトリクスが切り出されていれば、全体との整合性を確保しつつ、細部まで部分を管理できます。全体概要と詳細の行き来が可能となり、鳥瞰しつつ細部まで目が届きます。筆者はこの「鳥の目を持って地べたを這う」という考え方をあらゆる開発局面において実践することを常に目指しています。

分析・設計の手順

実際の概念CRUDマトリクス分析は以下の手順で行います。

step 1　概念CRUDマトリクスの作成

概念データモデルのエンティティと個々の業務プロセスとのCRUDマトリクスを作成します。横にデータ（エンティティ）、縦にプロセスを並べて、交差する欄に該当するC・R・U・Dを書いていきます。

step2　データライフサイクルの確認

該当エンティティが単一もしくは複数のプロセスによりC・R・U・Dすべてがもれなく定義されている状態になっているか確認します。もし、なっていない場合は、不足している業務プロセスを業務フロー上に登録・定義し、CRUDマトリクスの対象とし、上記4文字の定義がすべて終了している状態にします。

step3　CRUDマトリクスの分割

CRUDマトリクスが大きくて詳細の把握が難しい場合は、部分的に切り出すことを検討し実践します。この全体と部分CRUDマトリクスにより、概要を鳥瞰しつつ、より詳細に定義していくことが可能になります。

5.2

Theory of System Design

論理CRUDマトリクス分析をしよう！

本工程のinput	論理データモデル、ToBe詳細業務フロー図
本工程のoutput	論理CRUDマトリクス
本工程と併行作成するoutput	論理データモデル ToBe詳細業務フロー図 プロセス定義
本工程の目的	論理CRUDマトリクスを作成し、分析することにより論理データモデルと個々の業務プロセス、IT機能との関わりを明らかにし、さらにCRUD定義を行うことにより機能が有する更新要領、更新ロジックを確定する

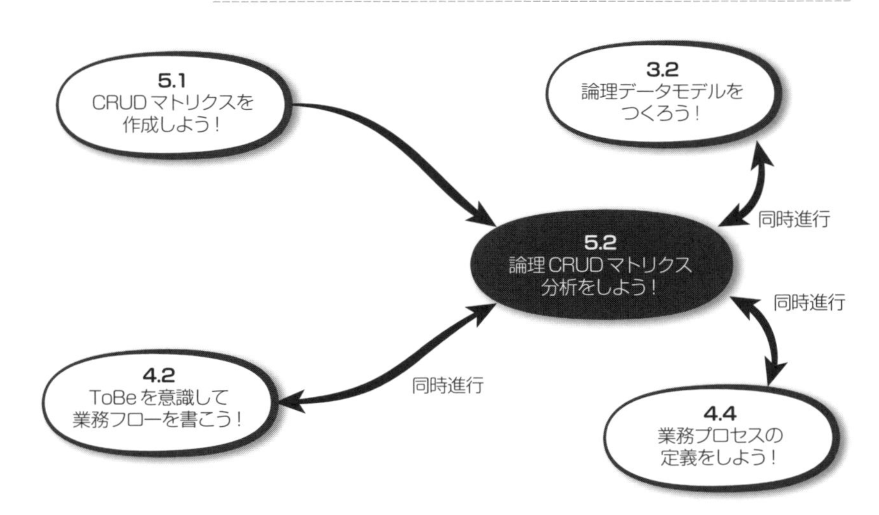

本節（5.2）では論理CRUDマトリクスを作成することにより、データと業務プロセス、データとIT機能の関係性と更新要領および更新ロジックを明確にします。この工程で使用するデータは、論理データモデルから抽出したエンティティおよび属性とします。

論理CRUDマトリクス分析とは?

概念CRUDマトリクスを基に論理CRUDマトリクスを作成、分析します。

論理CRUDマトリクスを作成する際には、概念CRUDマトリクス同様に、プロセスに関しては、ToBe業務フロー図の最下層の業務フローに現れる個々の業務プロセスを対象とします。

データに関しては、概念CRUDマトリクスと異なり、論理データモデルに表現されている各エンティティが対象になります。

また、論理CRUDマトリクスにおいては、個々の業務プロセスを実現するために必要なIT機能およびUIと、データとのマトリクスも併せて作成します。このことにより、概念CRUDマトリクスよりも詳細に、エンティティとプロセス、エンティティと機能の更新要領を「見える化」します。

図5-6　図5.2-1 論理CRUDマトリクスの一例

論理エンティティ／プロセス	顧客		住所		サービス		サービス明細	
顧客情報を登録する	C	R		R				
	U	D						

論理エンティティ／機能	顧客		住所		サービス		サービス明細	
顧客登録	C							
	U	D						
顧客検索		R						
住所検索				R				
サービス検索						R		R

業務プロセス、UI、IT機能への継承

一般的に、IT機能は「業務プロセスを実現するための手段」であり、UIは「IT機能を実現するための手段」となります。3者の関係は第4章でも説明したとおり以下のようになります。

図5-7　業務プロセス、UI、IT機能の関係

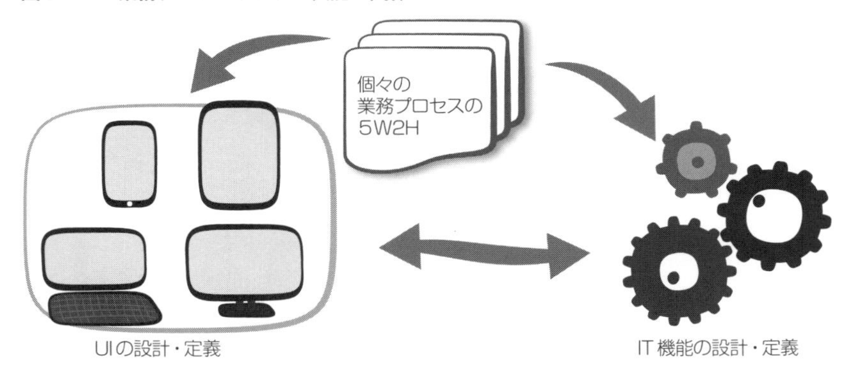

CRUDマトリクスを作成するにあたっては、上記の関係性を踏襲します。つまり以下の①から③のようになります。

① 業務プロセスで定義されたCRUD情報は、構成要素であるUIとIT機能に継承される。
② IT機能で定義されたCRUD情報は、構成要素であるUIと、上位概念である業務プロセスに継承される。
③ UIで定義されたCRUD情報は、上位概念であるIT機能と、業務プロセスに継承される。

図5-8　①業務プロセスに定義されたCRUD情報の継承

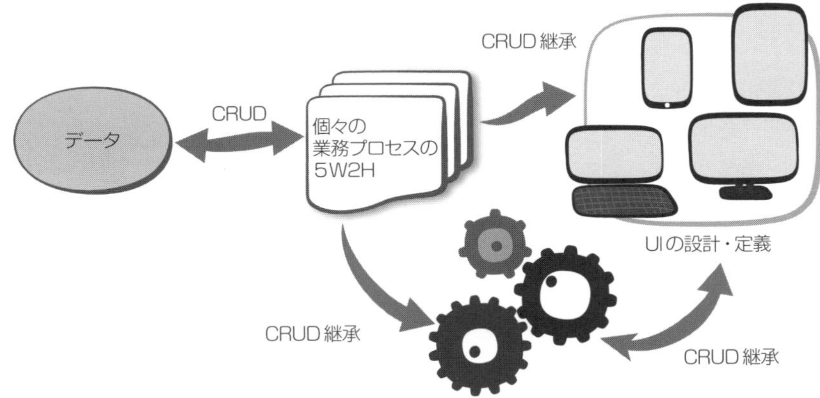

図5-9　②IT機能に定義されたCRUD情報の継承

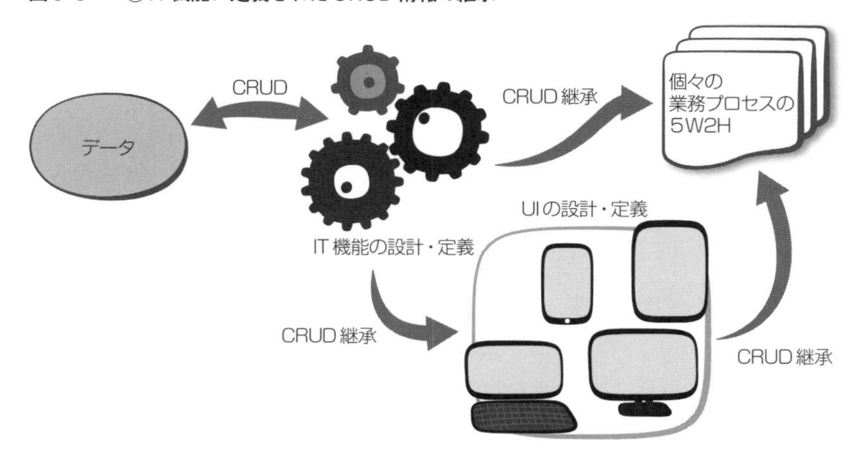

図5-10　③UIに定義されたCRUD情報の継承

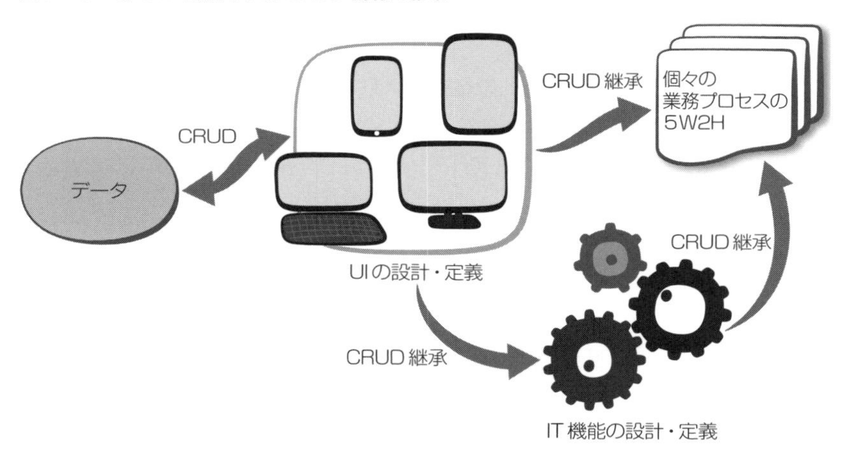

以下に業務プロセス：「顧客情報を登録する」が、構成要素としてUI：「顧客情報登録」と、IT機能：「顧客情報登録」を持つ場合を例示します。

(1) 業務プロセスからの継承

業務プロセスからUIおよびIT機能へのCRUD情報の継承は、具体的には以下の図のようになります。

図5-11　業務プロセスに定義されたCRUD情報の継承例

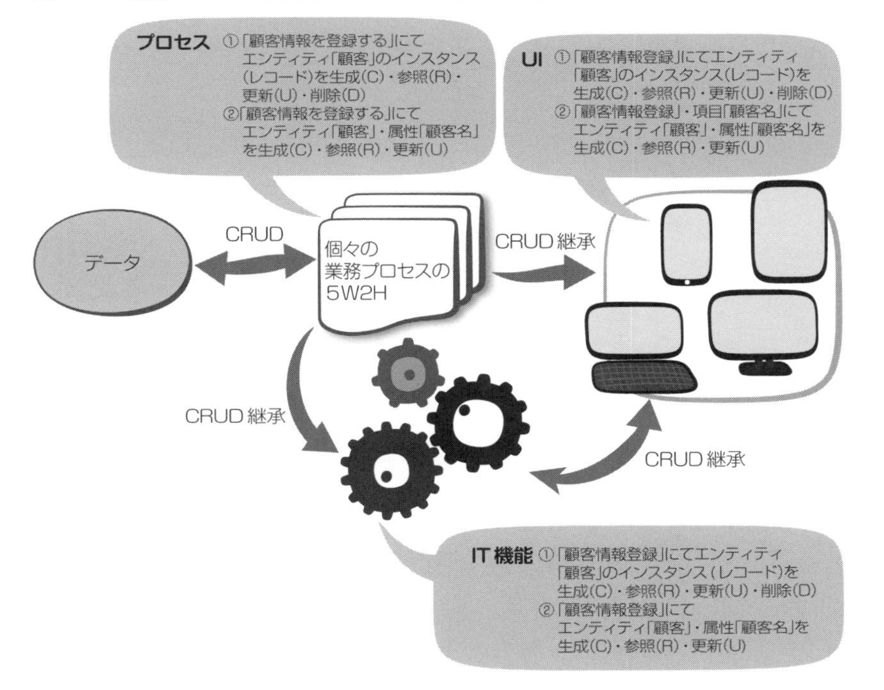

(2) IT機能からの継承

IT機能から業務プロセスおよびUIへのCRUD情報の継承は、具体的に以下の図のようになります。

図5-12　IT機能に定義されたCRUD情報の継承例

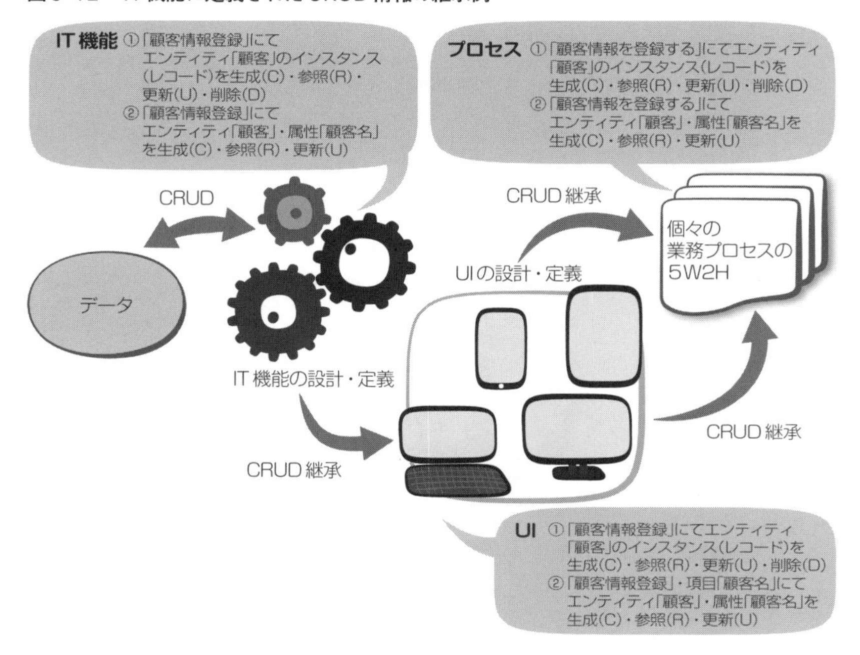

(3) UIからの継承

UIから業務プロセスおよびIT機能へのCRUD情報の継承は、具体的に以下の図のようになります。

図5-13　図5.2-8　UIに定義されたCRUD情報の継承例

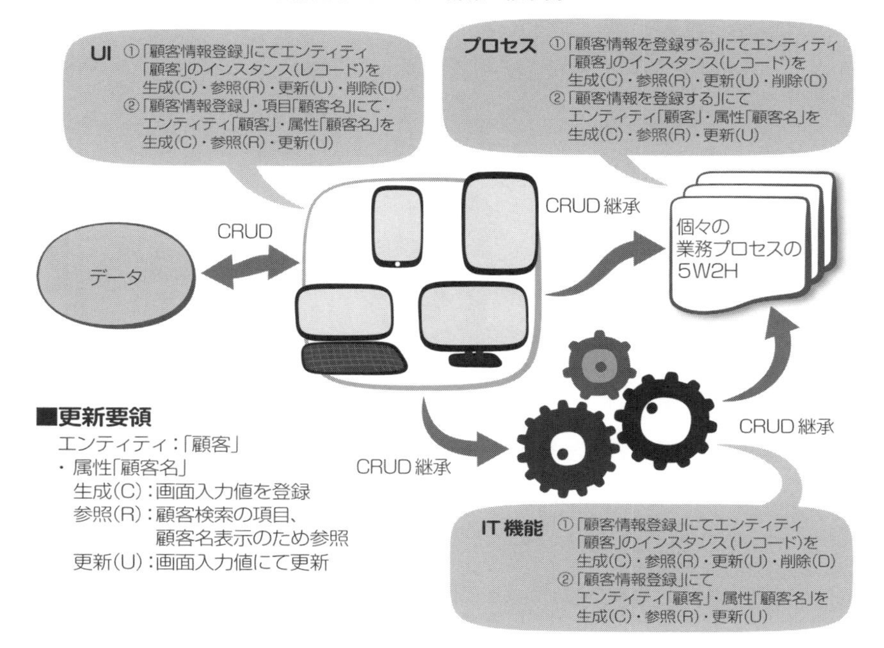

(4) バッチ処理におけるCRUDへの対応

バッチ処理は基本的にUIを持たないIT機能です。そのためCRUD情報の継承は、上記のUIがある場合とは違ってきます。まず、IT機能に定義されたCRUD情報は、常に下の図のように継承されます。

図5-14　図5.2-9　IT機能に定義されたCRUD情報の継承

これを踏襲して、バッチ処理におけるIT機能から業務プロセスへのCRUD情報の継承は、具体的には以下の図のようになります。

図5-15　IT機能に定義されたCRUD情報の継承例

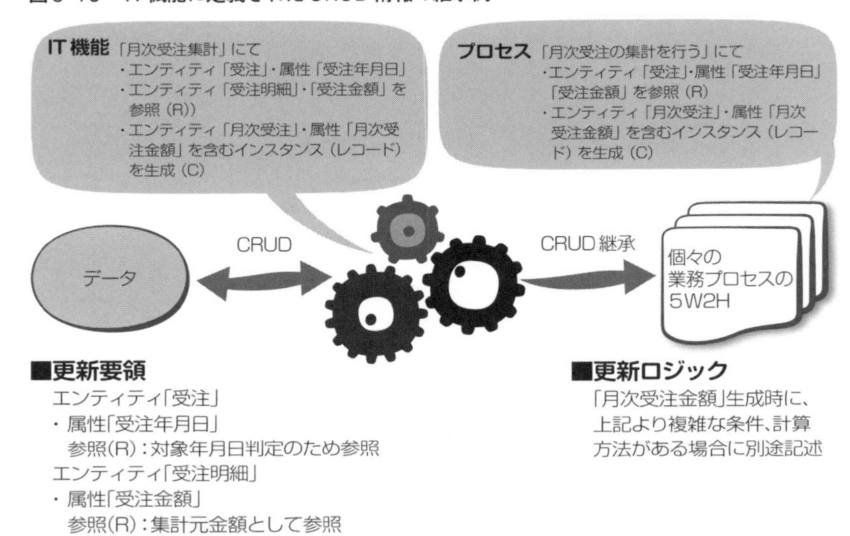

分析・設計の手順

実際の論理CRUDマトリクス分析は、以下の手順で行います。

step 1　UI定義を論理CRUDマトリクスに登録

UI作成の際に定義したUIそのものと、UIで対象となる項目に対する更新要領と更新ロジックを、論理CRUDマトリクスに定義します。UI作成時に記述した更新要領／ロジックから、対象となりうるエンティティと属性に対してCRUDを定義し、対象の操作（C、R、U、D）に対応する更新要領と更新ロジックを定義していきます。

step 2　CRUD定義の継承

上記UIの論理CRUDマトリクスの更新要領と更新ロジックを、上位概念であるIT機能のCRUDマトリクスに継承して定義します。同様にIT機能を決める際に登録した論理CRUDマトリクスと、UIからIT機能へ継承したCRUDマトリクスの更新要領および更新ロジックを、業務プロセスの論理CRUDマトリクスに定義します。この継承はエンティティ単位だけでなく属性まで、もれなく行うこととします。

step 3　論理CRUDマトリクスの作成

業務プロセスとエンティティとのCRUDマトリクスを作成します。サブジェクトエリア単位（エンティティ関連図の作成単位）に、論理CRUDマトリクスを作成し、分析を行います。基本的には、横にエンティティと属性、縦に業務プロセスを並べ、交差する欄にC・R・U・Dのいずれかを記述します。併せて記述された各CRUDに対する更新要領と更新ロジックを確認し、未記入であれば定義します。この時点で論理CRUDマトリクスにおいて、データと業務プロセスのCRUDおよび更新要領と更新ロジックが定義済の状態にすることを目指します。どうしても定義が難しい場合は「課題」として整理しておきます。この「課題」がビジネスルールに関するものである場合は、きちんとビジネスルール集に未解決の課題として整理しておきます。

step 4　業務プロセス側からエンティティを確認する

業務プロセスの側からエンティティを確認します。まず、当該の業務プロセスが更新･参照するべきエンティティに、もれなく「生成（C）･参照（R）･更新（U）･削除（D）」が定義されているかを確認します。続いて、当該の業務プロセスが不整合を起こすことなく更新・参照できるように、エンティティ間のリレーションシップが定義されているかを確認します。不備が見つかった場合には、改めて リレーションシップの定義を行うとともに、業務プロセス側から該当エンティティに対して、抜けているデータ操作（生成・参照・更新・削除）の更新要領および更新ロジックを定義します。

例 業務プロセス：「受注登録をする（行う）」の側からエンティティを確認する

・CRUD対象エンティティ　：

【受注】生成（C）参照（R）更新（U）削除（D）

【受注明細】生成（C）参照（R）更新（U）削除（D）

【顧客】参照（R）

【商品】参照（R）

step 5　エンティティ側から業務プロセスを確認する

エンティティの側から業務プロセスを確認します。各エンティティに対して、最低でもCRUDのどれか1つ以上が定義されているかを確認します。不備が見つかった場合には、エンティティの側から想定される業務プロセスに対して、CRUD登録を行います。想定される業務プロセスがToBe業務フロー図に記述済みかを確認し、なければ記述します。

例　エンティティ【受注】の側から業務プロセスを確認

・CRUD対象業務プロセス　：

「受注登録をする（行う）」生成（C）参照（R）更新（U）削除（D）

「受注照会をする（行う）」参照（R）

「受注伝票を出力する」参照（R）

step 6　エンティティとIT機能とのCRUD分析

以上は業務プロセスについてのCRUD分析でしたが、IT機能についても同様に行っていきます。論理データモデルのエンティティと、先ほど作成した業務プロセスの実現手段となっているIT機能とのCRUDマトリクスを作成して、以下の分析作業を行います。

① サブジェクトエリア単位にCRUDマトリクス分析を行う。

② IT機能からエンティティを確認する。

③ エンティティからIT機能を確認する。

例えば、業務プロセス「受注情報の登録を行う」の実現手段として、IT機能「受注情報登録」「顧客検索」が存在する場合には以下のようになります。

例　IT機能：「受注情報登録」の側からエンティティを確認

・CRUD対象エンティティ　：

【受注】生成（C）更新（U）削除（D）

【受注明細】生成（C）更新（U）削除（D）

【顧客】参照（R）

【商品】参照（R）

例 IT機能：「顧客検索」の側からエンティティを確認

・CRUD対象エンティティ　：

【顧客】参照（R）

step 7　論理CRUDマトリクスの確定

「論理データモデルのエンティティおよび属性と業務プロセス」、同じく「論理データモデルのエンティティおよび属性とIT機能」、この2つについて論理CRUDマトリクスを一旦確定させます。すべてのエンティティに対して、C・R・U・Dがすべて定義されている状態であることが基本になります。業務プロセスとIT機能の関係性に変更があった場合には、マトリクス自体を変更する必要が生じます。

step 8　データ連携やデータ移行に関するCRUD定義

データ連携元先やデータの移行元をエンティティとして定義した場合は、データ連携やデータ移行の対象となる業務プロセスおよびIT機能とのCRUDマトリクスを作成します。このCRUDに記載された更新要領と更新ロジックが、データ連携や データ移行の仕様および設計情報となります。

step 9　汎用的なCRUDの外部サービス利用検討

前述したどおり、クラウド環境には様々なサービスが提供されています。CRUD処理に関する更新要領とロジックも例外ではありません。汎用的に実行できるような処理については、論理CRUDマトリクスを基に外部サービスやパッケージ利用を検討します。クラウドベース開発においては、外部サービスをうまく利用することが重要であり、積極的に行うべきです。

外部サービスを利用する場合にはその処理自体をCRUDから除外し、新たにデータモデルにAPIをエンティティとして定義し、さらにAPIに書き込む機能を定義した上で、データとIT機能とのCRUD定義を新たに行います。外部サービスを利用した場合、「他者の責任範囲」は管理対象とせずに、APIに対する更新処理のみCRUDマトリクスに定義するのが現実的です。

5.3 Theory of System Design

物理CRUDマトリクス分析をしよう！

本工程のinput	論理CRUDマトリクス、物理データモデル、ToBe詳細業務フロー図、プロセス定義、機能一覧、ユースケースなど
本工程のoutput	物理CRUDマトリクス
本工程と併行作成するoutput	UI定義、機能定義
本工程の目的	物理CRUDマトリクスを作成し、分析することにより実装可能となるデータライフサイクル、データとプロセス、IT機能の適正性を確認可能とし、さらにIT機能が有する更新要領、更新ロジックを確定する

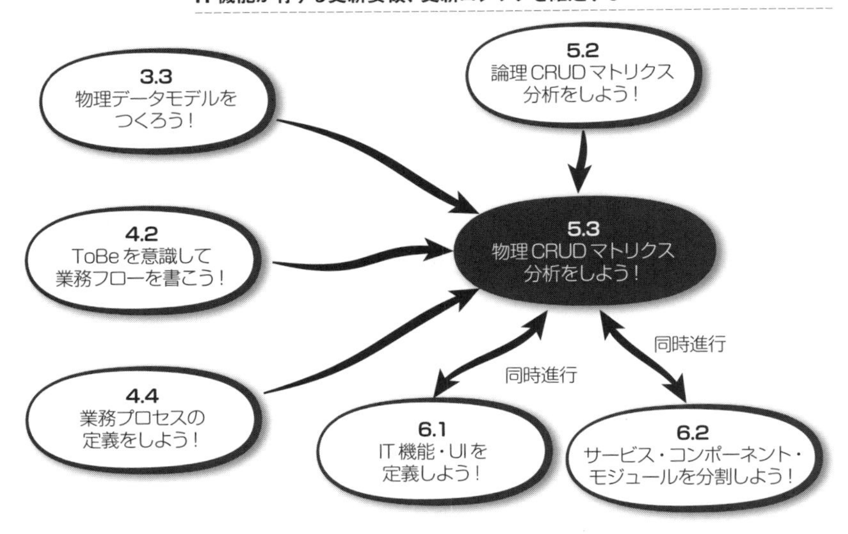

本節（5.3）では、物理データモデルを対象として物理CRUDマトリクスを作成します。ここから実装を意識した機能とロジックの設計を本格的に始めることになります。

物理CRUDマトリクス分析とは?

物理データモデルの各エンティティが、ToBe業務フロー図に表現された業務プロセスの実現手段であるIT機能から、生成(C)・参照(R)・更新(U)・削除(D)されているかを明確にして、エンティティと実装対象のIT機能との関係性を確認します。この物理CRUDマトリクスに現れる作成・参照・更新・削除の更新要領および更新ロジックが、データベースおよびアプリケーションのビジネスロジックとして実装されることになります。この段階では、課題として整理した論理CRUDマトリクス作成時に定義できなかった更新要領と更新ロジックは、すべて定義済みになっている必要があります。

実装を意識したデータと業務プロセスのCRUDも作成すべきですが、クラウドベース開発を前提とする本書では、IT機能やサービスといった実装環境とのマトリクスを優先します。もちろん時間が許すのならデータと業務プロセスとのCRUDマトリクスを作成すべきであるのはいうまでもありません。

IT機能定義にも適用していくために、論理CRUD(データとプロセス/IT機能との関係性把握)マトリクスを基に、モジュールとサービスの分割を検討し実施します。機能、モジュール、サービスの関連図(関連性がわかる図)を作成し管理します。作成した関連図を基に物理CRUD(データとIT機能/モジュール/サービスの関係性把握)マトリクスを作成します。さらに作成された物理CRUDマトリクスの情報を基にして、機能設計においてコントロール定義、イベント定義、ロジック定義を行うことになります。

図5-16　図5.3-1　物理CRUDマトリクス

物理エンティティ/機能	customer		address		service_header		service_detail	
customer_register	C							
	U	D						
customer_search		R						
address_search				R				
service_search						R		R

物理CRUDマトリクスを作成したら、IT機能やUIの漏れがないか、最終確認を行います。こうして物理CRUDマトリクスの整合性が保証されると、実装への準備が

整います。

分析・設計の手順

実際の物理CRUDマトリクス分析は、以下の手順で行います。この手順は、基本的に論理CRUDマトリクスのときと同じです。

step 1　物理CRUDマトリクスの作成

物理データモデルのサブジェクトエリア（エンティティ関連図の作成単位）もしくはもう少し細かい粒度、例えばサービスが対象とする業務領域ごとに、エンティティとIT機能のCRUDマトリクスを作成します。IT機能とサービスの単位、もしくはコンポーネントの単位が異なる場合は、関係性を明らかにした上で分割を行い、それぞれのマトリクスを作成します。

step 2　IT機能の側からエンティティを確認する

当該のIT機能が更新・参照するべきエンティティに、もれなくCRUDが定義されているかを確認します。

続いて、論理CRUDマトリクスの作成時に業務プロセスに対してすでに行いましたが、IT機能に関しても不整合を起こすことなく更新・参照できるように、エンティティ間のリレーションシップが定義されているかを確認します。不備が見つかった場合には、改めてリレーションシップの定義を行うとともに、業務プロセスおよびIT機能の側から該当エンティティに対して、CRUDの登録と定義を行います。

物理データモデルにて新たなエンティティの追加・分割・統合があった場合には、論理データモデルの該当エンティティ属性に対するCRUD（元）の更新要領と更新ロジックから、新たな物理データモデルのエンティティとエンティティ属性のCRUD（新）の更新要領と更新ロジックに対して、継承もしくは追加・削除を行います。同様に、物理データモデルのエンティティに物理目的の属性（フラグ類や更新日など）が新たに追加された場合も、CRUDの対象となる業務プロセスおよびIT機能に対する更新要領と更新ロジックを追加します。

step 3　エンティティの側からIT機能を確認する

物理データモデルの各エンティティに対して、CRUDのうち最低でも1つ以上が定義されているかを確認します。不備が見つかった場合には、エンティティの側から、想定されるIT機能に対してCRUDの登録を行います。step 2の処理がきちんと行われていれば、ここでは不備はないはずです。なお、論理データモデルの各エンティティから物理モデルの各エンティティへのCRUD情報の継承に関しては、ここでの確認を最終とします。

step 4　IT機能とエンティティのCRUD分析

物理データモデルのエンティティとIT機能のCRUDマトリクスを確認します。

物理データモデルにおいて新たなエンティティの追加・分割・統合および物理目的の属性追加があった場合は、CRUDマトリクスを修正します。CRUDの定義と現実の物理システムの間に、くい違いが生じないように気を付けます。論理データモデルの該当エンティティ属性に対するCRUD（新）の更新要領と更新ロジックを、新たな物理データモデルのエンティティ、エンティティ属性のCRUDの更新要領と更新ロジックに継承もしくは、追加・削除を行います。

step 5　CRUDマトリクスの確定

「物理データモデルのエンティティと業務プロセス」、同じく「物理データモデルのエンティティとIT機能」、この2つについて、物理CRUDマトリクスを一旦確定させます。これにより、IT機能設計の準備が整います。

step 6　モジュールとサービスへの対応

IT機能設計においてモジュールやサービスに分割等が発生した場合には、物理データモデルのエンティティと、モジュールあるいはサービスとの関係を示すためのCRUDマトリクスを作成します。モジュールやサービスに関しても、プロセスやIT機能のときと同様に、CRUDマトリクスの情報をIT機能から継承して作成します。論理、物理を問わずシステムで行われるすべての処理を一元管理する環境を構築することになります。

第6章

機能設計とUI設計のセオリー

第6章では、クラウドベース開発における「機能設計」と「UI設計」のセオリーを説明していきます。
第4章で説明したとおり、「機能」とは企業組織の活動を支援する具体的な「ものの働き」のことであり、本書では「IT機能」と称します。IT機能は業務プロセスを支援する構成要素でもあります。4章で定義した「業務プロセスを実現するために必要である」と、一旦確定したIT機能を基に設計を行います。
一方、UI設計は、クラウドベース開発においてますますその重要性を増しています。UIの良し悪しがシステムの価値を左右する時代になりました。本章では、ユーザビリティやUXを考慮した上で、クラウドベース開発において、いかにUI設計をしていくかの方法を示します。

6.1 Theory of System Design

IT機能とUIを定義しよう!

本工程のinput	ToBe詳細業務フロー図、プロセス定義、UIラフデザイン
本工程のoutput	IT機能定義、UI定義
本工程と併行作成するoutput	論理データモデル、ユーザビリティ概要
本工程の目的	IT機能、UIを定義することにより両者の内容を詳細まで確定する。

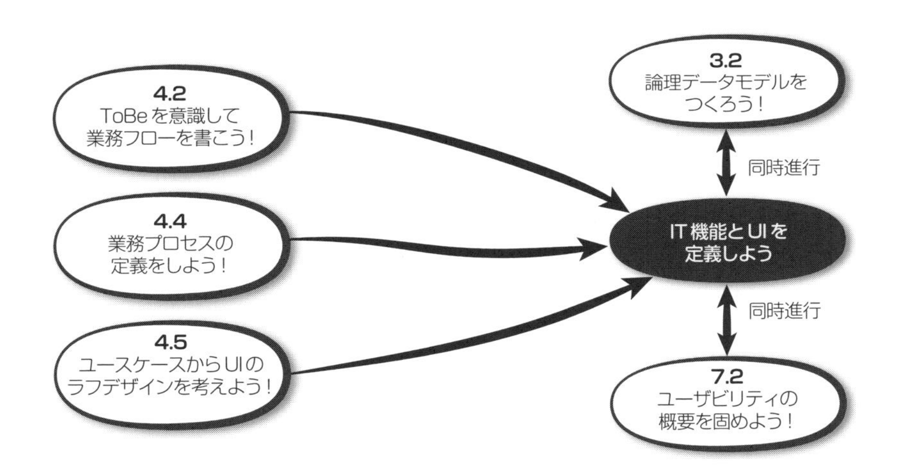

第4章ではユースケースとシナリオから、業務プロセスを抽出しました。本章ではその実現に必要となる、IT機能とUIの定義を行います。

第4章においても、業務プロセスの実現に必要なIT機能とUIについて検討してきました。概要設計から詳細設計を導出するにあたっては、各業務プロセスに対して行った5W2Hの定義を参考にして、機能とともに非機能についても考慮する必要があります。これは技術進化を享受したシステム設計を行う上で、避けて通れない考え方になります。機能と非機能の一体化はますます加速するでしょう。

必要な機能≠十分な機能

第4章ではUIのラフデザインと、それに紐付いたIT機能を導出する流れについて説明しました。そこで出来上るのはラフであり、機能の概要です。例えばECモールで、発送先の住所を入力する画面のラフデザインとIT機能についてのアウトプットを以下のものとします。

- 郵便番号、住所、氏名、電話番号の入力フォームがある
- 各々の入力内容に不適切なデータが入らないよう、バリデーションを行う（例：電話番号には数字以外の文字は入らない）
- バリデーションで問題がなければ、次の画面に遷移する

これだけを基にして設計・実装を進めると、以下のような入力フォームが出来上がる可能性があります。

- 各入力項目がある
- 登録ボタンを押下するとサーバーにデータが送られ、バリデーションを実施する
- バリデーションで問題があった場合、エラー画面を表示する
- バリデーションで問題がなければ、次の画面に遷移する

ECモールに必要な機能を実現できてはいます。しかし、多くのWebサイトが提供している住所入力ページと比べると、使い勝手がよくありません。必要な機能は持っていますが、ユーザビリティを高めるための機能が十分ではないからです。

使いやすいシステムを作るには、UIラフデザインとIT機能を基に、より詳細に検討を加える必要があります。例えば以下のように検討を深めることによって、使い勝手がよいものを設計・実装するよう強制できます。

- 郵便番号、住所（都道府県、市区町村、番地、建物名）、電話番号を入力項目とする
  - ◇ 郵便番号には数字のみ入力可能とする
    - ・モバイル向けに郵便番号入力フォームのinputmodeに数値（numeric）を指定する
    - ・inputmode指定では、端末によっては数字以外が入力可能なキーボードが表示される場合があるので、桁数や使用可能な文字種をチェックするバ

リデーションを、正規表現などを用いてJavaScriptで行う
      - 郵便番号の入力後、住所の項目が空欄の場合、郵便番号から自動的に住所の項目を埋める（JavaScriptで非同期に、郵便番号から住所への変換を行うサーバーAPIを呼び出して、住所を取得する）
   - ◇ 電話番号には、電話番号に利用可能な文字のみ入力可能とする
      - モバイル向けに、電話番号入力フォームのinputmodeには電話番号（tel）を指定する
      - 前述の郵便番号と同様に、使用可能な文字種や桁数のバリデーションをJavaScriptで行う
- すべての必須入力項目が埋まり、バリデーションで問題がなければ、登録ボタンを有効にする
- 登録ボタンを押下すると、サーバーへ入力データ一式を送信する

入力フォームでinputmodeを指定すると、スマートフォンやタブレットには、入力項目に適したソフトキーボードが表示されます。例えばnumericであれば、数字キーボードが表示されます。

非機能要件の定義と検討

ソフトウェアの品質を考える上で、機能そのもののほかにも重要な性質があります。それらは一般に「非機能」と呼ばれます。非機能の一例としては、使いやすさ（操作性）があります。例えば、いくら使いにくいUIであっても、入力と出力が条件を満たしていれば、機能は実現できていると見做されます。そのため操作性は、機能ではなく非機能に分類されるわけです。

しかし、その操作性の悪いUIがコンシューマー向けだったら、「システムの機能が満たされている」と言えるでしょうか。一般消費者にとって、使いやすいことは当たり前の「機能」です。また、エンタープライズ系であっても、業務の生産性向上の見地から、操作性の重要度は高まっています。

以降では、非機能についての定義などを紹介していきますが、決して軽視してはならず、機能と不可分に扱うべきである理由も説明します。

●非機能要件とは何か?

ソフトウェアの品質属性を表すモデルに「FURPS+」があります。以下の頭文字をとって命名されました。

- F (Function) : 機能性。利用者が操作するUI (画面表示、音声入力など)、UIを通じたシステムへの処理要求、バックエンド処理 (即時実行処理、バッチ処理) など
- U (Usability) : 操作性。使いやすさや画面の見栄えなど
- R (Reliability) : 信頼性。システムの停止要件 (稼働率や停止許容時間)、障害対策など
- P (Performance) : 性能。即時実行処理の応答時間、バッチ処理にかかる時間など
- S (Supportability) : 保守の容易性。ハードウェア/ソフトウェアの拡張性、互換性、障害発生時の原因調査を容易にする仕組みなど

+ (Other) : 上記の分類に含まれないもの

機能要件はこの中のFunction (機能性) に該当します。非機能要件は、FURPS+の「F」を除いた「URPS+」が該当します。

システムは、機能さえ実現していればよいのではなく、非機能要件に対応する以下のことが求められます。

① 安定して動作する
② 高速に動作する
③ 快適に操作できる

したがって、クラウドベース開発でシステム設計を行うにあたっては、今まで以上に「機能だけ」「非機能だけ」ではなく、両者を併行して検討する必要があるのです。

●非機能要件の重要性

上記のうち、①の安定動作の重要性は言うまでもないでしょう。業務用システムであれば、業務を止めないことが非常に重要です。例えば、社内システム (メールやVPNなど) の動作が不安定だと、多数の従業員の仕事がままならなくなり、経営に大きなダメージを与えます。また、金融システムなどの社会インフラでは、(事前にアナウ

ンスしたメンテナンスを除いて）365日24時間止まらないことが求められます。

②の高速動作も非常に重要です。社内のメールを1通開くだけで30秒かかり、送信するだけで同じく30秒かかると仮定します。従業員1名が1日に100通のメールを受信するとしたら、メールを開くだけで50分、その半数に返信するだけでさらに25分の時間がかかります。これだけで、1人あたり1時間超の浪費ですが、待ち時間のフラストレーションまで考えると、従業員のパフォーマンスに与える影響は甚大なものとなります。

また、コンシューマー向けECモールのような場合、処理速度が遅くて待ち時間が長くなると、お客様は簡単にサービスから離脱してしまい、最悪の場合二度とサービスを利用してくれません。その機会損失のダメージは非常に大きいでしょう。

③の快適動作も同様です。例えばECモールで、同じ商品が同じ価格で提供されているとします。Aのモールでは、購入までに2～3クリック程度で完了でき、Bのモールではその倍の手数が必要だったら、誰でもAのモールを選ぶでしょう。

社内向け業務用システムの場合、操作が快適でなくても、文句を言いながらも「仕事だから」と我慢して使い続けはするでしょう。しかし、結果的に従業員の生産性が下がったり、ストレスが講じたりして離職率が上昇するかもしれません。

既存のものを活用しよう

クラウドベース開発においては、技術の進化を享受するため、UIやIT機能としてよく利用されているオープンソースやSaaSなどの積極的な活用を最優先に考えます。これは特にコンシューマー向けシステムにおいて「俊敏性」を確保する場合に顕著です。しかし昨今では、「信頼性」が問われるエンタープライズ系システムにおいても、同様の考え方になりつつあります。

クラウドベース開発の場合、IT機能とUIのいずれの設計においても、「他者の責任範囲」を明確にして、積極的に切り出すことを最優先に考えます。クラウド環境には、そのままでも使用可能だったり、一部改修することで使用可能になるオープンソースのフレームワークが数多く提供され、SaaSのサービスも増えています。これらをうまく活用してAPI連携を行っていくことが、クラウドベース開発には必須です。

IT機能とUIの設計においても、システム開発全体の方向性決定時と同様に「①作らない開発」「②極力作らない開発」「③作る開発」のいずれか、もしくはその組み合わせにより、必要となるIT機能とUIを設計し、開発していきます。クラウド環境は日々進化を続けています。ちょうどいいものがあれば、もちろん作る必要はありませんので「作らない開発」を行います。少し違うものがある、もしくは追加して使用可能なら「極力作らない開発」を行い、まったくなければ「作る開発」を行います。ここでも「コンシェルジュ」としての能力が問われます。この進化を味方に付けるには、積極的に「他者の責任範囲」を活用して、「①作らない開発」を指向することです。これより、クラウドベース開発ならではの俊敏性を確保できます。

図6-1　「①作らない開発」「②極力作らない開発」、「③作る開発」

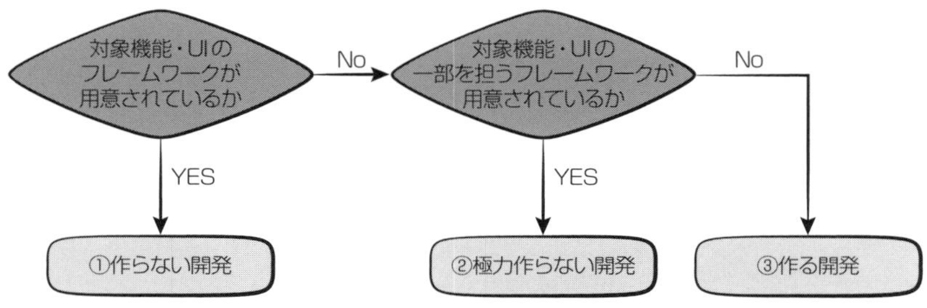

実際にはこの①②③のどれかを選択するだけでなく、その組み合わせにより機能設計を行います。上記の組み合わせより最適な選択を行うことが機能設計の肝になります。

例えば、「作らない開発」では、以下のようなアプローチがあります。

- 深層機械学習などを用いたAIサービスのうち、学習モデル込みで提供されているSaaSを、自社のアプリやサービスから呼び出す
- SNSアカウントを利用したソーシャルログイン機能を、UI込みで提供するSaaSを利用する

ソーシャルログインの例では、開発側のコスト削減だけでなく、新規ユーザーアカウント作成時の労力削減（利用者獲得に有利）、ユーザーのパスワードを直接管理せずに済む（セキュリティ対策として守るべき範囲を小さくできる）というメリットがあります。

SaaSだけでなく、オープンソースソフトウェア（OSS）の中にも、目的の機能を実現

し、かつライセンス条件がプロジェクトに適しているものが存在する可能性がありま す。いずれにしてもまずは探すことが大事です。

「極力作らない開発」の例として以下が考えられます。

- サーバー／クライアント間のWeb APIの通信仕様をOpen API[1]規格で記述し、通信処理を自動生成する
- チャット機能を開発する際、サーバーとクライアントアプリ内のデータ同期を行うサービスおよびライブラリを使用して実装する
- ブラウザ上で操作して作成したデザインと、カスタマイズのためのローコード記述から、HTML/CSS/JavaScriptのコードを生成するSaaSを利用する
- AI機能を提供するSaaSに対して、プロジェクトで用意したデータを学習データとして入力し（ファインチューニング）、アプリやサービスに特化したAI機能を作成する（チャットボット開発や、ドメイン限定の画像認識機能開発など）
- ECアプリの商品口コミ情報を拡散する機能として、プラットフォームの共有機能を利用する（アプリ内にSNSに対する投稿機能を持たない）

複数プラットフォーム（Windows、Andorid、iOSなど）に対して、まとめてアプリを作成できる共通開発環境を利用することも、作る開発寄りの「極力作らない開発」になります。

1 https://github.com/OAI/OpenAPI-Specification/blob/main/versions/3.1.0.md

UIの定義

UI（ユーザーインターフェース）はユーザーとシステムが対話するための基本となるものです。エンタープライズ系であれコンシューマー向けであれ、ほとんどのシステムはユーザーからの入力を受け、結果を返す「対話的UI」を備えます。

10年前の業務システムなら、特定OSのPCや特定のWebブラウザからしかアクセスしない前提で開発することも許されました。しかし現在では、ユーザーのシステム利用方法を1つに決めるのは望ましくありません。多様なスクリーンサイズ、多様な入力デバイスの想定が必要な状況でのUI定義について、以下に説明します。

モバイルファーストについて

今では当たり前に「モバイルファースト」という言葉が聞かれます。文字どおり、スマートフォンやタブレット向けを最優先にしたシステム開発を求めるものです。

Column

「作る開発」の作らない化

AI技術の発達と自動生成の支援のおかげで、作る開発を選択した場合でも開発効率を向上できるようになってきました。

2023年現在、統合開発環境（IDE）のプラグインとして、仕様を自然言語のコメント文として入力すると、それを参照してコードを自動生成する実用レベルのサービスが出てきました[1][2]。

従来のコード自動生成技術は、規定されたフォーマットに従って仕様記述を行い、その仕様をコードに翻訳して出力するというものでした。それが自然言語で自由に記述された文章からそのまま、または少しの修正だけで、実用可能なコードが生成されるようになったことは革命的です。

コード自動生成技術について、何でも自動で生成できる魔法のように考えるのは時期尚早ですが、今後はコード生成技術をどれだけ上手に使えるかも含め、ソフトウェア開発者の能力と見做されるようになるでしょう。

1　https://github.com/features/copilot（Github Copilot）
2　2023年5月のGoogleの開発者向けイベントで発表された新サービス「Codey」もあります。

● エンタープライズ系システムでのモバイルの重要性

では、なぜモバイルファーストは重要なのでしょうか。

例えばエンタープライズ系として、経費精算システムを考えてみましょう。昨今のテレワークの急速な普及もあり、従業員の支払った経費を精算するシステムの電子化の必要性は非常に高まっています。

従来は、領収書やレシート類などは紙での保存が義務づけられていたため、経費精算を完全に電子化することはできませんでした。しかし、平成２７年・２８年に改定された電子帳簿保存法により、一定の要件を満たしていれば、紙のレシートなどをスキャンすることで、原本の破棄が許されるようになりました。ここで言うスキャンは、条件を満たしていればスマートフォンでの写真撮影も含みます。

スマートフォンで撮影した写真を使って経費精算をするのであれば、その写真データをスマートフォンからPCにコピーし、PCから特定のブラウザでシステムにアクセスするよう設計するのは非常にナンセンスです。スマートフォンから写真データを直接アップロードし、経費精算情報を登録できるようにすれば、従業員の負荷軽減や生産性向上につながるでしょう。

● コンシューマー向けシステムでのモバイルの重要性

コンシューマー向けのサービスでは、モバイルファーストはもはや必須です。前述したように、PCを持っていない一般消費者が増えていることもひとつの理由です。また、Google等の検索エンジンが検索順位を計算する際に、そのサービス（システム）がモバイルユーザー向けに最適化されているかを根拠のひとつにしていることも非常に大きな理由です。検索して上位に出てこないコンシューマー向けサービスは、存在していないのと同じだといっても過言ではありません。

また、モバイルユーザーを中心としたコンシューマー向けサービスにおいては、アプリ化することの重要性が高まっています。例えば、サービスをアプリ化することで、プッシュ通知によってユーザーに適切なタイミングで案内を送信でき、サービス利用を促すことができます。

そのほかにも、ビーコン、音声認識、深層機械学習など、ブラウザだけでは実現が難しい様々な機能をアプリなら使用でき、サービスの魅力の向上につながります。

● DXにおけるモバイルの重要性

DX（デジタルトランスフォーメーション）という概念は、2004年にスウェーデン・

ウメオ大学のエリック・ストルターマン教授が提唱しました。その内容は「ITの浸透が、人々の生活をあらゆる面でより良い方向に変化させる」というものです。現在ではDXはビジネス視点で語られることがほとんどですが、元々の意味は「人々の生活」を「ITの浸透」により「良い方向に変化させる」ことです。

人々の生活に浸透しているITと言えば、何といってもモバイルです。そしてその進化が確実に生活への変化をもたらしています。これは少々極端な考え方かもしれませんが、DXについて考える際にはまず「モバイルで何ができるか」、「モバイルで処理を完結できるか」を最優先事項として検討する必要があります。「DX実現の可否はモバイルが握っている」といってもよいのです。

例えば、銀行のモバイルアプリやWebの動向を見てみましょう。昔の銀行のアプリやWebは、PC向けサイトの中から一部機能を抽出し、画面サイズにあわせて提供するものでした。現在では、インターネットを通じた銀行と顧客との最大の接点がスマートフォンとなり、ほとんどすべての機能を簡単に利用できるUIを備えたアプリやWebサイトが提供されています。モバイルアプリでは、指紋認証や顔画像認証によってセキュリティを保ちつつ、パスワード入力が非常に簡単になっています。

Column

プロトタイピング

UIを検討する際、昔よく行われていたのは、デザイナーが画像編集ソフトを用いて画面イメージを作画し、それらを画面遷移図にまとめて検討するという方法でした。しかし現在では、プロトタイピングのためのツール[1]が非常に充実してきていますので、それらを活用しない手はありません。

プロトタイピングツールでは、すべての画面のプロトタイプ（ワイヤーフレームやイメージ図）を作成し、画面間の遷移を設定できます。手書きの画面イメージを写真撮影などで取り込む機能を備えていれば、ホワイトボード上に作画したラフイメージを取り込み、その場ですぐに、画面間の遷移を動かして確認できます。

Android、iOS、各社ブラウザなどプラッ

1　Prott、Figmaなど多様なツールやWebサービスがあります。

必要なデータ入力≠十分なデータ入力

極論すると、UIはユーザーからのデータ入力（マウスのクリック、画面のタップ、音声入力や画像入力などを含む）を行い、その結果を出力するものです。よって、必要なだけのデータ入力が行え、必要なデータが出力されるようになっていれば、機能を実現することはできます。

前述したように、UI設計においては、機能を実現するための「機能要件」だけでなく、機能を快適に、あるいはミスを減らすようにするための「非機能要件」も非常に重要です。

性能と操作性の定量化

UIで重要になるのは、FURPS+の中のUsability（操作性）とPerformance（性能）です。要件定義または機能設計を行うとき、操作性と性能について、可能なかぎり明確な目標を設定する（定量化する）ことが大事です。

システムの性能要件は、例えば以下のように記述して明確にします（但し、この例は簡略化しています）。

トフォームの標準や、流行のデザイン要素を取り入れたテンプレートも用意されているため、専門のデザイナーでなくても、使い勝手のよいプロトタイプを作成できます。モバイル向けのテンプレートが充実していることから、モバイルファーストで検討を進めるのにも適しています。

また、プロトタイピングツールの中には、画面に関連したコードを出力するものもあります。そうしたツールを用いることで、デザイナーとエンジニアの間に生じる齟齬を抑える効果も期待できます。

さらに、前述の「極力作らない開発」を実現するノーコード／ローコード開発サービスの中には、充実したテンプレートを用いつつ、プロトタイピングとデザインを行い、実運用レベルのWebサイトやスマートフォンアプリのコード生成まで行えるものが出てきました[2]。

これらのツールは今後も間違いなく進化を続けますし、積極的に利用してその恩恵を享受していくべきものです。

2　TeleportHQ（https://teleporthq.io/）

性能目標（データベースのレイテンシー）
更新系：２秒以内
参照系：１秒以内（詳細データ１件）
　　　　１秒以内（一覧データ100件あたり）

性能目標として、仮にこれらの要件だけが規定されているとしたら、ユーザーがUIを通じてアクセスした場合の使い勝手はどうなるでしょうか。

例えば、データの一覧を画面表示する場合を考えます。一覧データの取得を要求し表示するまでにかかる時間は、データベースの「参照時間＋通信時間＋表示データを作る時間」となり、件数によっては1秒以上かかることになります。また、データを更新する場合も同様に、要求してから完了するまでに、最悪2秒以上ユーザーを待たせるかもしれません。

たとえすべての「機能要件」を実現していても、設計・実装次第では、ユーザー体験（UX）は劣悪になってしまいます。優れたUXのシステムとするためには、UIの観点から、性能要件と操作性要件を定量的に示す必要があります。

●性能の定量化

PCやスマートフォンなど多様な機器、多様なネットワーク環境からアクセスされるシステムの場合、性能要件はサーバーサイドのみを対象とします。なぜなら、利用者端末の性能や通信環境などの最低ラインを規定するのは難しいからです。例えば、前述したデータベースの更新・参照の性能目標も、サーバーサイドについて記述しています。

とはいえ、ユーザーが操作を行ってから、目的の処理を完了するまでの時間も大事です。Webサービスなどの場合、端末の機種やネットワーク速度などの前提を置いた上で、目安となる時間を規定してもよいでしょう。

一方、ユーザーの操作から処理完了までの上限時間を規定しなければならないシステムも、例外的ですが存在します。例えば、Suica等の非接触ICカードの改札通過時間は好例でしょう。大量の通勤客を捌くために、0.2秒以内に読み取ってゲートを開閉できる性能が定められています。

●操作性の定量化

操作性という非機能要件に、「快適に操作できる」というような曖昧な目標を設定することはお勧めできません。可能なかぎり定量化することが望まれます。

米国のUI/UXのコンサルティング会社ニールセン・ノーマン・グループのレポートに「Powers of 10: The scales in User Experience」[2]があります。これは10の累乗ごとの時間経過におけるUXの特性を説明したものです。このレポート全体では0.1秒から100年までについて説明していますが、その中でシステム開発に影響が大きな0.1秒から1分までについて、それぞれ一文でまとめると以下のようになります。

表6-1　時間経過に伴うUXの特性変化

時間	ユーザー体験上の特性
0.1秒	ユーザーの行動（ボタンを押すなど）に対する画面の変化などの応答速度の限界
1秒	ユーザーが自分で操作した結果に集中できる時間の限界
10秒	ユーザーが自分で操作した結果を待てる時間の限界
1分	簡単なタスクを完了させるために許容できる時間の限界

これをあてはめた場合、例えば以下のような非機能要件を定義することができます。

- ユーザーがボタンを押して処理を要求したとき、0.1秒以内に処理要求を受け付けたことがわかるもの（例：回転インジケーターなど）を表示し、処理が完了した時点で非表示とする
- ユーザーの要求から1秒未満で完了できる見込みの処理の場合、そのまま処理を実行する
- 1秒以上かかる可能性がある処理の場合、プログレスバー等で進捗状況を表示する（何％進行しているか、予想残り時間を表示するなど）
- 処理に10秒以上かかる見込みの場合、要求を受けた時点で、時間がかかる旨をユーザーに示し、処理を続けるかを確認する

すべてのシステムで上記を行うべきというわけではなく、あくまでも例です。例えば、1秒未満で完了できるか、1秒以上かかるかは、端末性能やネットワーク環境によって変動するかもしれないので、すべての処理で進捗状況を表示する（一瞬でもプログレスバーを表示する）という定義もありえます。他の項目についても同様です。

2　https://www.nngroup.com/articles/powers-of-10-time-scales-in-ux/

対象項目の洗い出し

第4章で説明したとおり、「IT機能」と「UI」は、業務プロセスの目的を果たすための構成要素です。各業務プロセスの5W2H、およびユースケース記述を基に抽出したIT機能とUIについて、主題を明確にすることにより対象項目が明確になります。

例えば、「プロセス:顧客登録を行う」を実現するためのIT機能およびUIとして「顧客登録」があるとします。この場合、ビジネスの主題を実現するための必要項目は「顧客名称」「顧客住所」等であることが明らかになります。ECサイトの場合であれば、決済情報が必要となります。これは「決済を可能とする顧客の登録」が必要だからです。この時点で論理データモデルがある程度完成していれば、該当エンティティの属性を参照することになります。

標準の遵守と活用

UIを検討する際、プラットフォームごとに標準的なUIのガイドラインがあることを意識しなければなりません。例えばAndroidの場合、マテリアルデザイン（Material Design）というUIの標準があり、iOSにもUIガイドライン（Human Interface Guidelines）があります。

システム開発において、すべてのプラットフォームでUIデザインを共通化して、デザインと実装にかかるコスト（費用と時間）の削減を図る場合がありますが、極端に行うことはお勧めできません。

特にコンシューマー向けのアプリの場合は、各プラットフォームのUI標準への準拠は必須です。なぜなら、多数の既存アプリ、特にプラットフォーム標準アプリ（メール、カレンダー、地図など）はUI標準に従っているので、ユーザーが迷わず使えて、好印象を与えるからです。

一方、業務用アプリであれば、会社の支給端末がAndroid端末とiOS端末のどちらでも、まったく同じ使い方ができる必要があるかもしれません。その場合、いずれか一方の標準に、すべてのプラットフォームのUIを揃えることも選択肢になります。ただしその場合でも、非標準の独自UIとすることは望ましくありません。独自UIが許容されるのは、ゲームアプリのようなエンターテインメント系のシステムに限られます。

スマートフォン向けのWebサイトは、スマートフォンアプリのUIガイドラインに従って作られることが望まれます。ボタンのサイズなど、ユーザーにとって使いやすい基準が示されているからです。

PC向けも含めたWebデザインのガイドラインに、決定的な標準が決まっているわけではありませんが、Material Designは有力なもののひとつです。また、それに従ったUIを構築するためのライブラリの開発も進んでいます[3]。

第6章 機能設計とUI設計のセオリー

論理データモデルの作成

第3章で説明したとおり、UIの項目が明らかになったら、属性として論理データモデルに反映させます。まず、更新系UIの項目を論理データモデルの属性として登録し、逆にすべての参照系UIの項目が論理データモデルの属性より参照可能かを確認します。

参照不可の場合（項目、属性が存在しない場合）、不足項目をいずれかの更新系UIの項目に追加し、次に論理データモデルに反映します。このサイクルを繰り返すことによりUIと論理データモデル双方の項目および属性を確定していきます。UIについては併行してコントロールやボタン等の設計を進めていきます。

図6-2　UIと論理データモデルとは併行して作成していく

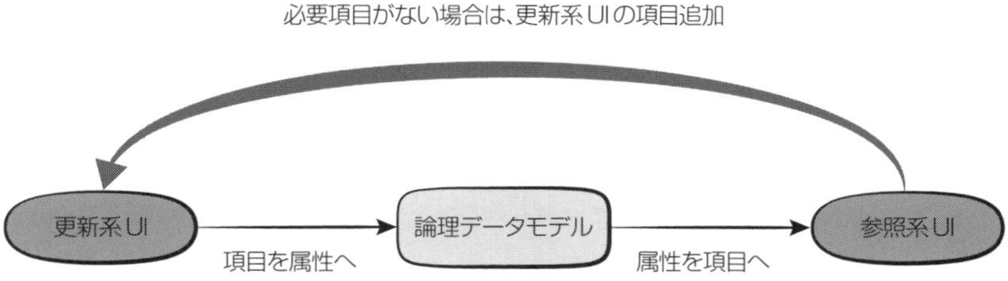

必要項目がない場合は、更新系UIの項目追加

更新系UI → 論理データモデル → 参照系UI

項目を属性へ　属性を項目へ

CRUDの継承

IT機能とUIの設計内容が固まったら、第5章で説明したとおり、業務プロセス、IT

3　https://github.com/material-components/material-web

機能、UIの間でCRUD情報の継承を行います。これにより。UIおよびIT機能の更新要領とロジックを一旦確定させます。IT機能とUIの対象項目が抽出されたら、項目単位のCRUDも忘れずに継承します。

分析・設計の手順

以上を踏まえて、IT機能とUIの設計および定義を行います。手順は以下のとおりです。

step 1　IT機能・UIの確定

第4章にて抽出したIT機能・UIの必要性を改めて確認します。判断の基準は、上位概念である業務プロセスの5W2Hを満たすために必要不可欠であるかどうかです。

step 2　調査と評価

開発対象となる各IT機能とUIに対して、既存のSaaSやOSSで実現可能なものがあるかを調査し、評価する必要があります。機能的に満たすものがあるというだけでなく、ライセンス条件に問題はないか、費用についてや、サービスの継続が見込まれるかの安定性についても可能な限り調べます。コンサルタントなどの専門家に相談してもよいでしょう。

SaaSについては、買い切りモデルではないこともあり、最初に安く提供しておき、将来的に値上げされるケースもあるので、その点にも考慮を要します。例えば、将来数倍の値段になっても、新規開発の費用と比べてメリットがあるか、将来的な機能向上が値上げに見合うものになりそうか等を検討しましょう。

step 3　開発方向性選択

開発対象となる各IT機能とUIに対して「①作らない開発」「②極力作らない開発」「③作る開発」のいずれか、もしくはその組み合わせを選択し、開発方針を決定します。

step 2で十分に調査と評価を行っておくことが大前提となります。評価した機能、費用、継続性などの情報をもとに取捨選択し、全体の開発方針を策定します。

step 4　機能／非機能要件の確定

各IT機能とUIに対して、FURPS+のそれぞれに対する指標を定め、それを実現するための施策を検討して実施します。

実際には、特にユーザーとの相互作用が発生する場所や、複数システム間の調停を行う場所などで、機能と非機能を厳密に区分して検討するのが難しい場合があります。そのため、各要素を分解して検討することにはこだわりすぎないようにします。

step 5　UI項目の確定

UIで対象となる項目を確定します。

step 6　論理データモデルへの反映

UIで対象となった項目を、論理データモデルの属性として反映させます。step5とstep6を繰り返し行うことにより、項目の漏れを防ぎ、論理データモデルの精度を高めることができます。

step 7　CRUDの継承

第5章で説明したとおり、業務プロセスから確定したIT機能とUIに、CRUDの情報を継承します。

6.2
Theory of System Design

サービス、コンポーネント、モジュールを分割しよう！

本工程のinput	IT機能定義、UI定義
本工程のoutput	分割されたサービス、コンポーネント、モジュールの定義
本工程と併行作成するoutput	物理データモデル、物理CRUDマトリクス
本工程の目的	IT機能をモジュール、サービスに分割氏、定義する

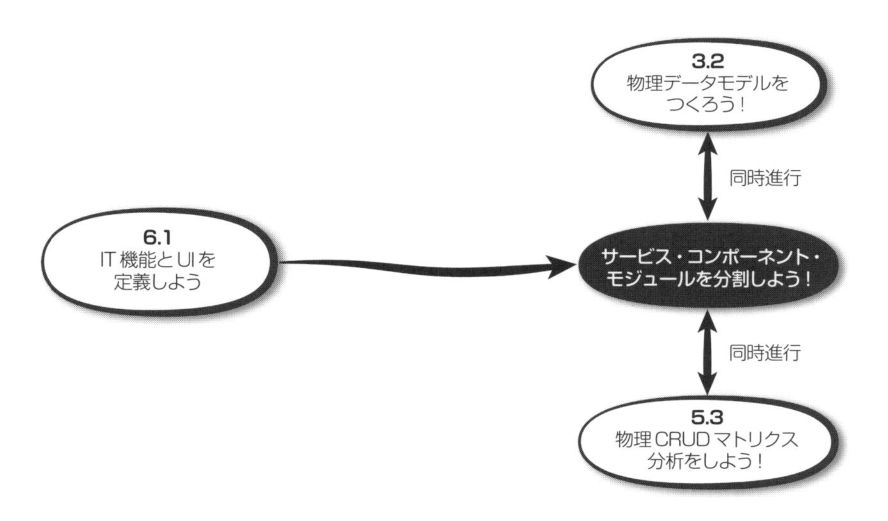

本節ではIT機能をモジュールやサービスに分割する方法と手順を説明します。モジュールやサービスを分割する際にも、「作らない開発」「極力作らない開発」を優先的に選択してから設計することになります。使用可能なフレームワーク等に関するコンシェルジュとしての能力が問われることになります。

サービス・コンポーネント・モジュールの関係性

本書における「サービス」「コンポーネント」「モジュール」の関係は以下のとおりです。

サービス ＞ コンポーネント ＞ モジュール

- **サービス**：IT機能を実現するための部品。単独のデバイス（物理的なハードウェア、VMやコンテナ）上で動作します[4]。サービス間は疎結合で、相互作用は通信を介して行われます[5]。（例：コミュニケーションアプリ内のテレビ電話機能）
- **コンポーネント**：サービスの構成要素であり、モジュールの機能を複合した上位機能を提供するものです。（例：動画撮影・配信コンポーネント、動画受信・再生コンポーネント）
- **モジュール**：ソフトウェアの構成要素として、ひとまとまりの機能を持った部品であり、インターフェース仕様が明確に定義され、容易に追加や交換ができるようなものです。（例：動画・音声のエンコーダー・デコーダー、データ送受信機能）

図6-3　プロセス・IT機能・サービス・コンポーネント・モジュールの関係

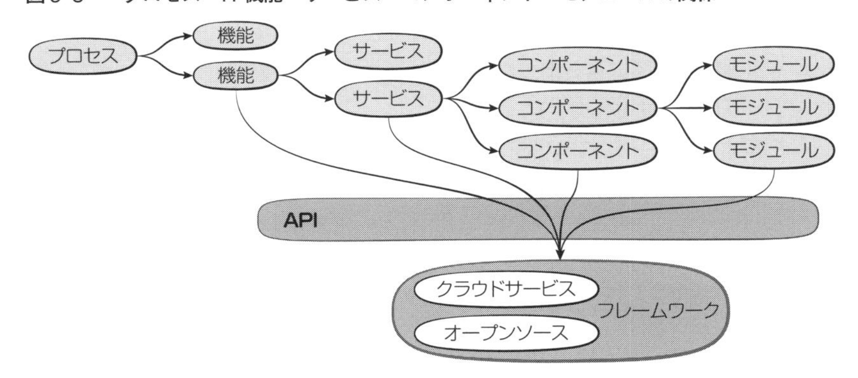

4　複数のサービスが同一デバイス上で動作しても構いません。

5　同一のデータ（ファイルやテーブル）をお互いに直接読み書きするような強い結合を行わなければ、通信以外の方法でデータ交換することもあります（OSの仕組みなどによります）。

IT機能をサービス、コンポーネント、モジュールという単位に分割していきます。

ここでも使い勝手のよい（ビジネスロジックを代用してくれるような）フレームワークに関する知識があれば、効率的に分割することができます。

分割する際には、該当するフレームワークがある場合に「作らない開発」、一部ある場合に「極力作らない開発」、全くない場合には「作る」分割開発を指向することになります。基本方針としては、なるべく「作らない」分割開発を指向します。

調査の必要性

「作らない」分割と「極力作らない」分割を選択するためには、該当機能を満たすフレームワークがどこに、どのような形で存在しているのかを知る必要があります。技術の進化とともにフレームワークも進化しますので、常に最新の状況を把握しておく必要があります。それには、常に既存のSaaSやOSSを調査する姿勢が必要です。

機能の実現に役立つものがあれば、積極的に採用する方向で考えていきます。もちろん、デメリットもあるかもしれません。そこは設計者が対応できる範囲を認識した上で、対応を考えていくことになります。

「作らない」分割開発について

「作らない」分割のメリットは以下のとおりです。

- ○ 新規開発しなくて済む部分が増えれば、全体的な開発期間の短縮につながる（サービスインを早くできる）
- ○ 利用するSaaSやOSSの進化（機能追加や性能向上）の恩恵を受ける
- ○ 特にSaaSの場合、その部分の保守を外部化できる

デメリットは以下のとおりです。

- ○ SaaSやOSSのバグがある場合に、プロジェクトの都合で修正時期を決定できない
  - ■ バグ報告をしても、それを評価して優先度を決めるのは、その責任者
  - ■ SaaSであれば、追加費用で優先対応サービスを追加できるものもある
  - ■ OSSの場合、そのOSSのメンテナをプロジェクト内や社内に入れることで、優先対応させせることができる場合もある（実際、GAFAMやベンチャー企業

などでは、OSSメンテナを積極的に雇用する理由のひとつになっている）

上記のメリットとデメリットを理解した上で、「作らない」分割であらかじめ検討しておくべきことは以下のとおりです。

- ○ SaaS利用がコスト削減を目的とする場合には、将来的なコストで考える
    - ■ ユーザー数に応じて利用料が高くなるものが多いので、将来的な利用者数の見込みに基づいて計算する
    - ■ 普及が進んだ時点（離脱しにくくなった時点）で値上げするサービスもあるので、ある程度の値上げを織り込んで計算する（前述の保守範囲が減ることと、サービス利用料も天秤に乗せて計算する）
- ○ OSSを導入する場合、ある時点の実装をベースにして、独自にメンテナンスし続ける必要が出てくることを想定する（メジャーバージョンアップ時に破壊的な変更が行われるなどがあるが、メジャーバージョンアップ先のみメンテナンスし、旧バージョンはメンテナンスされないものも多い）
    - ■ メンテナをOSSに参画させるなどが難しいのであれば、ある時点のコードをクローンし、そのコードを独自にメンテナンスする
    - ■ サポートなしのライセンスと商用ライセンスで提供されているOSSの場合、商用ライセンスを取得して、その保守サービスを利用する
    - ■ OSS保守サポートサービス事業者を利用する（利用したいOSSの保守サポートを提供している事業者がないか探す）

「極力作らない」分割開発について

「極力作らない」場合は、既存のSaaSやOSSに対して機能を追加する形で開発することになります。SaaSがバージョンアップで変更されたら、使っている側も強制的に変更を迫られます。

● 対応パターンA

- ● SaaSやOSSをそのまま使うのではなく、間接的にアクセスする緩衝機能（以下、ラッパー）をかませてアクセスする
    - ○ データ形式などがそのまま使いにくい場合には、データ変換を行うAPI

をラッパーに持たせる
    - SaaSやOSSの複数の機能をまとめた機能が必要なら、まとめた処理を行うAPIをラッパーに持たせる
    - 単体のSaaSやOSSの機能では実現できない機能の場合には、補完する機能を開発し、組み合わせたAPIをラッパーに持たせる
- 複数のSaaS/OSSをつないで実現したAPIをラッパーに持たせる
    - プロジェクトに必要な機能だけを抽出し、余計な機能を使わせないようにする（OSSなら機能制限版を作る方法もあるが、OSS自体をいじるのは後々のメンテナンスコストが上がる）

緩衝機能を用意しておくことで、特定のSaaSやOSSへのロックインを回避できる可能性が高まります。ラッパーで提供しているAPIを、別のSaaS/OSSの組み合わせでも実現できるなら、いざとなれば乗り換えることも可能です。

また、ベンダーロックインの回避とは逆行するかもしれませんが、Amazon Web Services（AWS）などでAPI Gatewayという仕組みが提供されています。これは、クライアントからのアクセスをAPI Gatewayで一元的に管理して、バックエンドのサービスとのやり取りを統一した方法で仲介するものです。

● 対応パターンB

- SaaSやOSSに機能拡張用のインターフェースがあり、それを用いて所望の機能を実現できる場合
    - 仕様に沿って機能拡張を作成する

ローコード開発なら、何らかのスクリプトを記述することで機能拡張ができるようなものもあります（例：Google DocsのGoogle Apps Scriptなど）

また、Webhookという形で拡張機能を実装し、SaaSからそのWebhookを呼び出すことで機能を拡張するものもあります。この仕組みはECサイトに支払い機能を追加する、ペイメント系のサービスなどでよく使われます。

分割時のCRUD継承

サービスとして分割し、サービスからコンポーネントへ、コンポーネントからモジュールへと分割する際には、該当のCRUD情報、更新要領・更新ロジックについても分割を行い継承します。

さらに外部のフレームワークにAPI連携を行う場合は、CRUD対象のエンティティおよびCRUD情報を、該当のAPIに切り替えて定義します。

分割する際の留意点

分割する際にSaaSやOSSを候補として持ってくるためには、候補を見つけ、プロジェクトに適切かどうかを分析するコンシェルジェの能力が必要になります。

留意点は以下のとおりです。

- 幅広く最新情報へアンテナを張る
  - 自分自身がすべてを知っている必要はない。開発者コミュニティなどに参加し、専門家がまとめた情報を押さえておくなどでもよい
  - 他の専門家とより深く情報交換するには、自らも何らかの技術について専門性を高めておくことが望ましい
    - ジェネラリストとしての能力は重要だが、同時にスペシャリストでもあった方がよい
    - それが難しいのであれば、有償のコンサルティングを活用する手もある

- 検索力を高める
  - 知識がなければ、検索結果から適切なものを選べない
  - 検索結果を絞り込むには、検索エンジンの機能を活用すべき（マイナス検索など）
  - OSSについてはGithub上で最新の状態を確認する。Starの数や最終更新日時などから、活発に使われているか、メンテナンスされているかを確認する
  - Microsoftなどでは SaaSのマーケットプレース（コマーシャルマーケットプレース）を提供している

分析・設計の手順

以上を踏まえて、IT機能をサービス・コンポーネント・モジュールへの分割を行います。手順は以下のとおりです。

step 1　調査・方向性決定

IT機能を実現するために利用できる既存のものがないかを調査します。

step 2　分割の実施

step 1とstep 2を繰り返し行うことで、新規開発すべき部分を限定していきます。

① IT機能をサービスに分割します。
- サービスとして分割したstep 1の結果を踏まえて、既存のSaaSで利用可能なものは利用し、そうでない部分は新規開発とします。

② 新規開発するサービスをコンポーネントに分割し、そのコンポーネントに既存のソフトウェア（商用、オープンソース）を利用可能か調査します

Column

検索力とAI会話サービス

検索エンジンを使って適切な回答を探し出すことを補完する手段として、ChatGPTやBardなどのAI会話サービスが台頭しています。AI会話サービスでは、調べたいことを自然言語の質問文で入力し、結果をまとめたものを提供してもらうことができます。そのため近い未来、検索力とは、AIサービスを外部脳として活用する力を含めたものになるでしょう。

実際、2023年初頭時点でも、技術的な質問に対するAIの回答の精度は比較的高く、将来的には非常に高精度で適切な回答を出力できるようになると考えられます。専門家と比べても遜色のない回答が得られるようになると期待されます。

但し、1つのAI会話サービスに依存するのはリスクがあります。医療におけるセカンドオピニオンのように、複数の独立したサービスを利用し回答を比較することで、リスクを軽減していくのが賢い使い方になるでしょう。

(step 1に戻る)。

③ コンポーネントをモジュールに分割し、既存のソフトウェアが使用可能か調査します（step 1に戻る)。

○ また、モジュールを実現するために、組み合わせて使える既存ソフトウェアがないかを調査します（step 1に戻る)。

step 3　CRUDの継承

分割されたIT機能、サービス、モジュール、コンポーネントに対してCRUD定義を継承します。

6.3

Theory of System Design

バッチ処理の概要から詳細までを定義しよう！

本工程のinput	IT機能定義、UI定義、分割後モジュール、サービス定義
本工程のoutput	バッチ機能定義
本工程の目的	IT機能もしくはモジュール、サービスのうちバッチ機能の定義を確定する

分析・設計の手順

バッチ処理の検討手順は以下のとおりです。

step 1　バッチ機能の確定

IT機能のうち、業務プロセスの5W2Hを実現するために必要な機能か、また、バッチ処理として取り扱うべきかを改めて検討し、確定します。例えば、リアルタイムにユーザーへの情報提示を行う必要があるかないか、その中でもバッチ処理として取り扱うべきかを考えます。基本的には、大量のデータを処理して結果を出力するものがバッチ処理の対象となります。

例として、ECサイトの売れ行き順位の計算を考えます。これをリアルタイムに行うとした場合、商品が1つ売れるごとに順位を計算することになります。多くのユーザーが同時に買い物をすると想定される場合、リアルタイムに計算を行うとコストが非常に高くつき非現実的なので、バッチ処理の対象として確定します。同様の例には、ゲームアプリの順位表示が考えられます。

業務系アプリでは、経費精算の集計、外部への支払い集計といった機能は、指定日までに処理を完了できればよく、リアルタイム性が求められません。このような処理もバッチ処理の対象として確定できます。

step 2　バッチ機能実行頻度の確定

ECサイトの売れ行き順位を例に考えます。この情報はリアルタイム性を必要としませんが、近い時間帯の人気商品を表示すれば、サイト訪問者の購買意欲をかき立てます。また、昨日の人気商品や、直近一週間の人気商品といった集計結果も、顧客の購買意欲を刺激する有用な情報です。そのため、以下のようにバッチ処理を行うことにします。

- 毎時55分に、直近1時間の販売数を集計し、毎時0分に表示を更新する（5分間で毎時の情報集計を行う）
- 毎日午前4時時点で、前日の販売数、および前日までの直近1週間の売れ行き順位を集計し、毎日朝7時に表示を更新する

6.4 Theory of System Design

共通化をしよう！

本工程のinput	IT機能定義、UI定義、分割後モジュール、サービス定義
本工程のoutput	共通化された機能定義
本工程と併行作成するoutput	物理CRUDマトリクス
本工程の目的	IT機能、一度分割したモジュール、サービスの共通化を行い、定義する

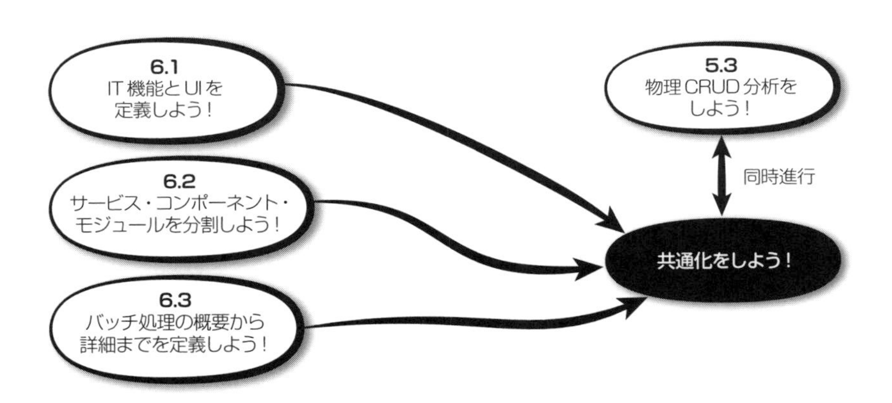

共通化すべきもの

特に共通化すべきものは以下の2つです。

● UI

デザインを揃えるのももちろん重要ですが、同じフレームワークを用いて、動きや設計、実装方法を揃えることも重要です。画面の見た目が共通していても、それぞれをまったく別のUIフレームワークで開発すると、開発エンジニアに求められるスキル範囲が広くなり、不具合が発生しやすくなります。なるべく同じフレームワーク（新しい、広く利用されているフレームワーク）を利用するようにしましょう。

- 通信
  UIからバックエンドへのアクセス方法を共通化することで、通信部分についても不具合が発生しにくくなります。

キメラ的に既存のシステムを統合した場合、UIが統一されていないことがあります。長く使ってきたユーザーは諦めの境地で受け入れてくれるかもしれませんが、新しく使い始める人にとっては、利用方法習得のハードルとなります。そうした観点からも、UIの作り方を共通化していくことは重要です。

通信の共通化としては、APIゲートウェイを作成して、UIからのアクセスを仲介することが考えられます。APIゲートウェイは自前でも作成可能ですが、クラウドサービスも用意されています。ネットワーク構成やセキュリティを考慮して、どちらにするのか検討しましょう。

アクセス方法を共通化する手段として、APIゲートウェイを介して既存のAPIにアクセスする仕組みを作ることは、既存のAPIを新しい仕組みに変更するよりも安全なアプローチです。APIの改修はバグを生む可能性があり、過度の共通化になってしまう可能性もあります。ゲートウェイの追加は、既存のものへの影響を抑えつつ、新しいものを取り込みやすく、技術の進化を享受しやすくする方法です。

図6-4　改善前のシステム概念図

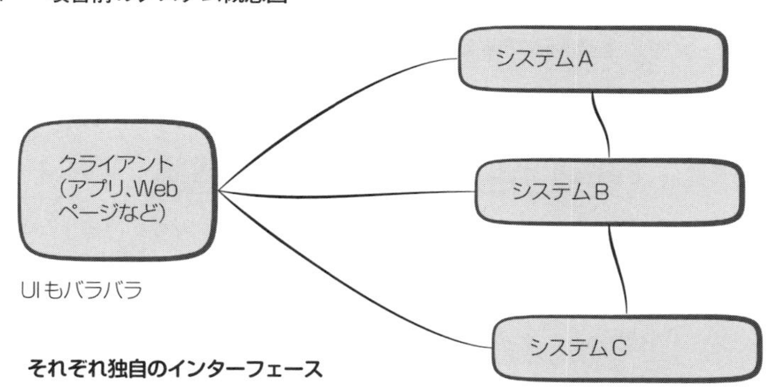

図6-5　改善後のシステム概念図

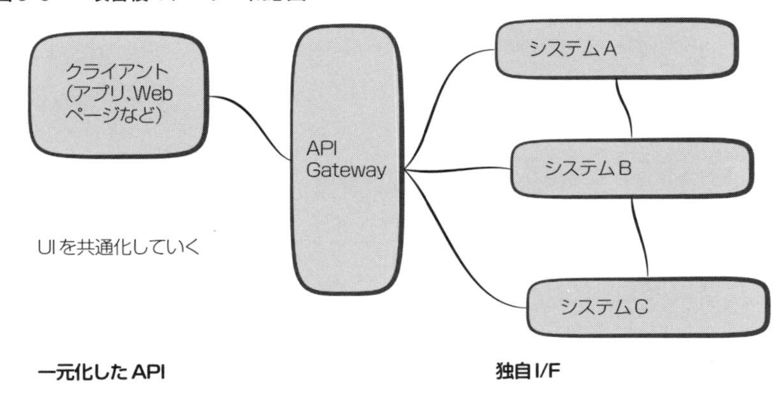

図6-6　新規開発する場合

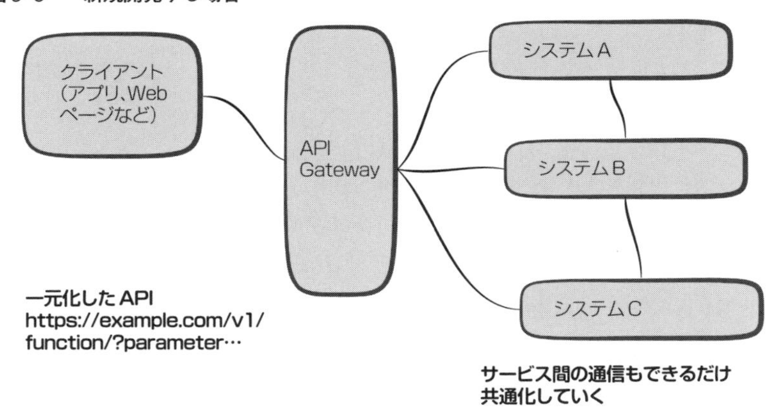

共通化におけるCRUD継承

分割時とは逆に、共通化に合わせてCRUD情報を統合していきます。共通化された機能、サービス、コンポーネント、モジュールそれぞれについてCRUD情報を統合していきます。どの単位で共通化を行うかによって異なりますが、共通化された最小単位の更新要領と更新ロジックがCRUDに定義されている状態にすることが重要です。

分析・設計の手順

以上を踏まえて、機能の共通化を行います。手順は以下のとおりです。

step 1　共通化すべき機能の決定

- UIのうち共通化するものを決定する
  - デザイン（ルック&フィール、配置位置、文言など）
  - 使用する開発フレームワーク
- 通信インターフェースの共通化方法を決定する
  - APIゲートウェイを介する方式とし、複数のサービスへのアクセス方法を統一する

共通化によるメリット（ユーザーが操作しやすい、開発に必要なスキル範囲を限定できる等）と、デメリット（共通化にかかる時間や費用）を勘案した上で、共通化する範囲を決定します。

step 2　共通化の実施

step 1で定めた共通化すべき機能を実際に作成します。

step 3　CRUD定義の反映

共通化したIT機能とUIのCRUD定義を、CRUDマトリクスに反映します。

6.5 Theory of System Design

実装の準備をしよう！

本工程のinput	6.1～6.4で定義した機能とUIの定義すべて、物理CRUDマトリクス
本工程のoutput	実装対象となるIT機能とUI、モジュール、サービスの定義
本工程の目的	各節で定義したIT機能とUIの内容を基に、実装の準備を行う

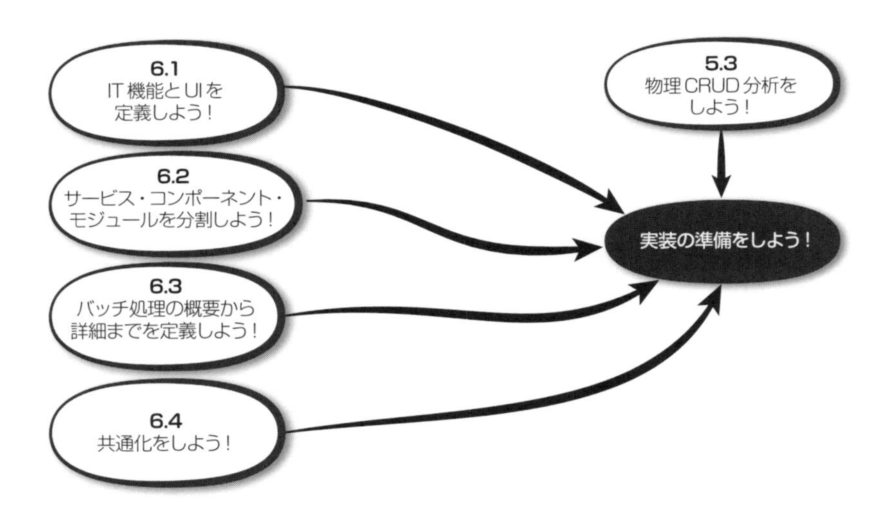

分析・設計の手順

以下の手順で実装の準備を行います。

step 1　UIモックを作成する

step 1は、できれば仕様書を作成する前の段階で行うことが望まれます。さらに可能であれば、提案依頼書（RFP）を作成する前に行います。

きれいなデザインにする必要はなく、簡略化した画面と画面遷移を確認できるものを作成します。これは新しい業務の追加ではなく、これまでの業務のやり方を少し変えることで実現できるものです。

一般的に、業務システムや公開Webサイト、アプリの開発を始める際には、画面遷移図の案を作成し、社内向けに提案して承認を得ます。そのとき、プレゼンテーションツール上に画面遷移図を作成するよりも、UIプロトタイピングツールを用い、画面遷移の関係がわかるものを作ることをお勧めします。

UIプロトタイピングツールには、様々なテンプレートが用意され、ドラッグ&ドロップ操作で簡単に画面案や画面遷移関係を作成できるからです。作成したUIプロトタイプを動かしてみることもできますし、必要ならその画面情報を出力してプレゼンテーション内に貼り付けることもできます。プロトタイプ作成中に、より使いやすくする方法が見つかる場合もあります。また、顧客や上席への提案時や、開発業者に提示する際に、認識のずれが発生しにくくなるというメリットもあります。

step 2　概念実証（PoC）を実施する

特に新しい技術を導入する際に、行っておくことが望ましいステップです。このステップを行っておけば、本格的な実装を行う前に、実現可能性やリスクについての見通しを立てやすくなります。規模の大きなプロジェクトほど、このステップは重要です。

概念実証（Prof of Concept：Poc）は企画策定の非常に早い段階で行ってもよいでしょう。アジャイル型のプロジェクト運営をするのであれば、初期のサイクルをPoC作成にあてる方法も考えられます。

小さなプロジェクトであれば、PoCを実施せず、いきなり本番開発を始めてしまう方が、スピードとコスト面で有利になる場合もあります。

PoC作成とその検証を専門とする開発業者もありますので、社内でのPoC実施が難しければ、そのような業者の利用も検討します。

step 3　性能・操作性の指標を作成する

システム開発を成功させるためには、単にIT機能の実装を完了するだけでなく、それが十分な性能を示す必要があります。そのため、プロジェクトとしての性能指標と操作性の指標を作成します。

リアルタイム処理については、完了までにかかる時間の目標を定めます。高速であることが理想ですが、膨大な同時アクセスに対応するために、困難な場合もあります。その場合にもUXを損なわないようにするための施策を検討します。その施策は、プロジェクトで定めた操作性の指標を基準にして検討します。

例えば、UXを向上するためのUI設計の基準のひとつとして、処理完了までの目標時間について指標を検討しましょう。スマートフォンアプリであれば、処理依頼を受け付けた旨を表示し、通知によって完了（もしくは失敗）を知らせることを、指標に加えることが考えられます。

バッチ処理の対象については、処理にかかる目標時間を性能指標として策定します。その指標にみあう実装、およびシステム（ハードウェアやクラウドサービス）の選定を行います。

指標は性能・操作性だけにかぎらず、実装で迷ったときの指標を定めてもよいです。例えばサービス間の連携を行う場合に、疎結合の維持を遵守すべき条件とするなどです。但し、指標はあくまでもプロジェクトを成功させるために制定するものです。逆に、プロジェクト運営の阻害要因になっていないかを、常に確認し続けてください。

step 4　実装する

これらを踏まえた上で、実装を開始します。

第7章

ユーザビリティ設計のセオリー

クラウドベース開発においては、UI設計の価値を左右するほどに重要なユーザビリティ自体の設計について説明します。
クラウドベース開発の進化に伴い、ユーザビリティの重要性はますます増しています。

7.1

Theory of System Design

ユーザビリティの考え方を整理しよう！

本工程のinput	UIラフデザイン
本工程のoutput	ユーザビリティの方向性・方針
本工程と併行作成するoutput	IT機能定義、UI定義
本工程の目的	UIにおけるユーザビリティの考え方を整理する。

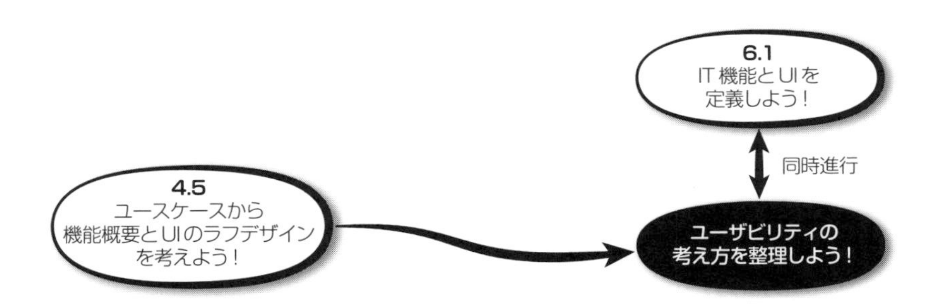

ユーザビリティとは何か？

ユーザビリティとはその名のとおり「使いやすさ」です。UI設計をする際、単に必要な機能を実現するだけでなく、「使いやすさ」まで考慮することは非常に重要です。エンタープライズ系システムが使いにくいと、業務の生産性が低下します。コンシューマー向けのシステムが使いにくいと、顧客が敬遠し継続利用率が下がってしまいます。

ISO/IEC 9241-11（国内規格JIS Z8251）ではユーザビリティを以下のように定義しています。

- **有用性**：使用の指定された情況の中で有効性・効率、および充足を備えた指定された目標を達成するために、指定されたユーザーによって製品

が慣れることができる範囲

- **有効性**：ユーザーが指定された目標を達成する上での正確さと完全さ
- **効率性**：ユーザーが目標を達成する際の正確さと完全さに費やされた資源
- **充足性**：不快さのないこと、および製品使用に対しての肯定的な態度

これは幅広い製品に向けた指標ですが、ソフトウェアにも適用できます。

ソフトウェアのユーザビリティはISO/IEC 9126（JIS X 0129-1）で定義される品質特性の中の「使用性」が該当します。その使用性は以下のように説明されています。

指定された条件下で利用するとき、理解、習得、利用でき、
利用者にとって魅力的であるソフトウェア製品の能力

ここで重要なのは、「指定された条件下」という範囲が規定されていることです。万人にとって常に使いやすいものではなく、あくまでも限定した条件のもとでの使いやすさを考えなければなりません。例えば大量のデータを入力する業務の場合、1行分を入力し登録する都度確認ダイアログを出すようなUIは、余計な親切であって使いやすいとは言えません。しかし、決済画面のように、確定した時点で支払いが発生する画面では、十分な確認が行われることが望まれます。

こうしたことから、優れたユーザビリティのUIを設計するためには、まずは以下のことを明確にしておく必要があります。

- 対象ユーザー
- 目的
- 利用環境

対象ユーザーが異なるなどの理由から、UI設計に影響が出る場合については後ほど詳しく説明します。

また、各種の標準では「ユーザーの満足度」を重視しているのが面白いところです。ユーザビリティに優れた製品は、利用者を精神的に充足させなければならないのです。必要な機能を残らず実現することだけをUI設計の目標としてはいけません。

UIとUXとユーザビリティの関係

UIについて語る場合、最近ではしばしばUXが一緒に語られます。

UIは（機能を実現するための）手段、ユーザビリティはUIに対する評価、UXはそれらを通じてユーザーが得る体験です。といっても、これだけではわかりにくいと思います。

UIとUXの違いについての簡潔な説明として、ケチャップボトルの例を見た人もあるでしょう。

図7-1　ケチャップボトルのUI/UX

左側のケチャップボトルは抽出口を上に、右側は下にして置くことができます。それぞれのUIとUXを、ある視点でまとめると下の表のようになります。

表7-1　ケチャップボトルのUI/UX評価（すぐに使用できるか）

	UI	UX
通常のボトル（左側）	上に抽出口がある	底にケチャップがたまり、すぐに出すことができない
逆さ置きボトル（右側）	下に抽出口がある	抽出口の近くにケチャップがあるので、すぐに出せる

「すぐに使えるかどうか」という視点でユーザビリティを評価した場合、左が悪いUXの例、右が良いUXの例として扱われます。しかし「汚れやすさ」という別の視点

で評価した場合には、どうなるでしょうか。以下のように評価が逆転します。

表7-2　ケチャップボトルのUI/UX評価（汚れにくさ）

	UI	UX
通常のボトル	上に抽出口がある	開けた時にケチャップが飛び出さないので汚れにくい
逆さ置きボトル	下に抽出口がある	開けた時にケチャップがこぼれて汚れやすい

ホットドッグ店での調理場面を想定した場合、すぐにケチャップが出せる方が良いユーザビリティ、良いUXと考えられるでしょう。お客さんが自由に使えるようにしている場合、すぐに使えることを重視するか、汚れにくいことを重視するかは、店によって判断が分かれるかもしれません。家庭で子どもが使う場面を想定すると、こぼれにくさが重要なUXとされる場合が多いでしょう。

この例は、UI、UX、ユーザビリティを考えるときは、対象ユーザー、目的、利用環境をあらかじめ明確にしておくことが重要であることを示しています。

7.2

Theory of System Design

ユーザビリティの概要を固めよう！

本工程のinput	プロセス定義、UIラフデザイン、ユーザビリティの方向性と方針
本工程のoutput	ユーザビリティの概要定義
本工程と併行作成するoutput	IT機能定義、UI定義
本工程の目的	UIにおけるユーザビリティの概要を確定する。

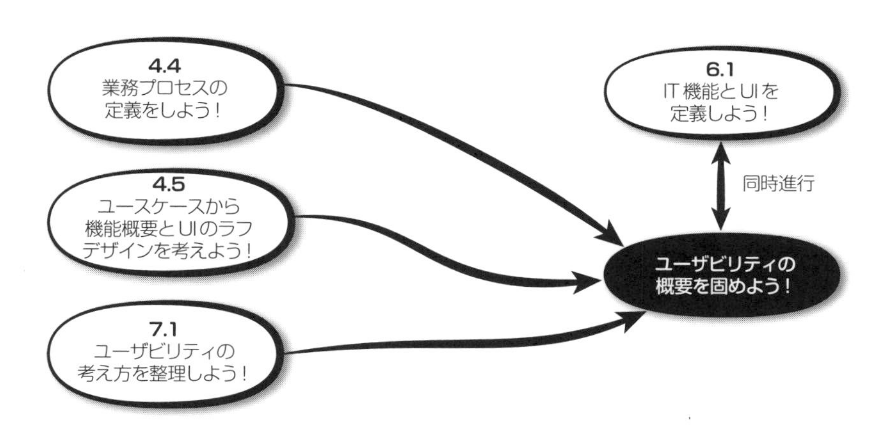

システムのUIとそのユーザビリティの概要を検討する際、アジャイル開発で用いられる「ユーザーストーリー」をベースとするのが有用です。ユーザーストーリーはUI・UXのみを対象としたものではありませんが、ここではUI・UXに対象を絞って説明します。

ユーザーストーリーとは?

ユーザーストーリーは、システムがユーザーにどういった価値をもたらすのかを示すものであり、アジャイル開発において要件定義の代わりに用いられます。アジャイル開発においてユーザーストーリーは以下の「3C」に注意して作成します。

- **Card（カード）**：後述するテンプレートに従って、ユーザーストーリーを記述する
- **Conversation（会話）**：カードに記載した内容をきっかけにして、顧客と開発者が会話を通じ、要求の詳細を共有する
- **Confirmation（確認）**：顧客と開発者の認識に違いがないか、正しく実装されているか、受け入れ確認を行う

本章では、この中のCard（カード）とConversation（会話）を使用します。

● ユーザーストーリーのテンプレート

カードに記載するユーザーストーリーは、以下のテンプレートに従って作成します。

"As a <who>, I want <what> so that <why>"

日本語で記述すると「<who>として、<what>を実現したい。<why>だから」となります。whoにはユーザーを想定したペルソナを入れ、そのペルソナが実現したいことに理由をつけて想定します。

前述のケチャップの例であれば、以下のようなユーザーストーリーで、カードを作成できます。

- ホットドッグ店の店員として、私はケチャップをすぐに出せるボトルがほしい。なぜなら早く商品を提供したいから
- 子どもを育てる親として、私はケチャップがもれにくいボトルがほしい。なぜなら服や家を汚されたくないから

ケーススタディ：ホームセンターサイトの検討

ケーススタディとして、通信販売も行うホームセンターのサイト構築を考えてみます。この例を選んだのは、想定するペルソナによって、大きく異なったシステム開発が求められるからです。ホームセンターはプロ向けの道具や部品を販売していますが、同時に一般家庭もターゲットにしています。

例えば、プロの大工職人や調理師をペルソナとして想定し、検討してみます。

- **対象ユーザー**　：プロの大工職人や調理師
- **目的**　：建築現場や厨房で使う道具や部品の購入
- **利用環境**　：スマートフォン、タブレット

ユーザーストーリーの例としては、以下のようなものが考えられます。

- いつも使っている部品を通販で購入したい。使うものがいつも同じだから
- ある商品の在庫が近くの店舗にあるか調べたい。2時間後に作業現場で使いたいから
- 月末締めの請求書で、まとめて支払って購入したい。経費精算を簡単にしたいから

次に、一般家庭を対象としたペルソナで検討します。

- **対象ユーザー**　：一般家庭の生活者
- **目的**　：日用雑貨（洗剤など）を購入する
- **利用環境**　：スマートフォン

この場合、ユーザーストーリーの例としては、以下のようなものが考えられます。

- いつも使っている洗剤を通販で購入したい。気に入った商品だから
- 洗浄能力の高い洗剤を探して購入したい。今使っている商品に満足していないから
- 別の店（スーパーマーケットなど）で見ている商品の価格を、すぐに確認したい。安い方で買いたいから

このようにオンラインサイトの立ち上げを検討した場合、ターゲット選択によって、求められるユーザーシナリオが異なります。ユーザーシナリオが異なれば、求められる良いUXにも違いが出ますし、それを実現するためのUIの検討にも影響します。

次節では、このうちの一般家庭ユーザーのペルソナでのユーザーシナリオをもとに、UIとユーザビリティを検討します。

ユーザーシナリオからのUI抽出

一般家庭の生活者を対象にしたサイトのUIを検討します。それぞれのユーザーシナリオをもとに、Conversation（会話）を通じて要求を詳細化し、必要となるUIを抽出します。実際にアジャイル開発をしていない場合、顧客と細かな会話ができるとは限りませんので、その場合はチーム内で仮想的に顧客の役割を持った人を置いて、同様のことを行ってもよいでしょう。

●いつも使っている洗剤を通販したい。気に入った商品だから

このユーザーシナリオから「会話」を通じて要求を詳細化すると、少なくとも以下のUIが必要になることが見えてきます。

- 商品の検索
- 商品詳細表示
- お気に入り登録
- お気に入り一覧表示
- 商品を入れるバスケット
- 配送先入力
- 決済
- 決済完了表示

一般的なECサイトが提供する機能が必要となります。毎回ユーザーが商品名を検索しないと目的の商品にたどり着けないのでは不便ですから、商品をお気に入り登録して、簡単に呼び出せるようになっている必要があります。

お気に入り登録に関連し、顧客との会話を通じて次のような要求が引き出される可能性も考えられます。

- ユーザーのアカウント登録
- ログイン／ログアウト
- 定期自動発注

お気に入り情報を覚えておく方法としては、Cookieやローカルストレージへの記録も考えられますが、そうすると記録したときのデバイスからしか情報を参照できなくなります。よって、ユーザーのアカウントに情報を紐づけておく方がよいので、アカウン

ト登録機能と、それに伴うログイン／ログアウト機能が求められます。

また、お気に入りの商品を定期的に購入するのなら、その定期購入が自動化されている方が便利です。サイト運営者にとっても、定期購入を商品の仕入れ計画に反映できるというメリットがあります。

● 洗浄能力の高い洗剤を探して購入したい。今使っている商品に満足していないから

このユーザーシナリオからは、様々な要求が詳細化されます。ある顧客からは以下のような要求が出るかもしれません。

● 検索キーワードに一致していない同ジャンルの商品を、検索結果へ混ぜる

これは、現在使用中の商品と同ジャンルの商品を、乗り換え候補として試す機会を期待したものです。

別の要求としては以下のようなものが考えられます。

● 商品の性能をアピールする動画をサイト内で公開する

これは、テレビショッピングや実演販売のようなことを行って、より良い製品を求めるユーザーに訴求する方法です。

このように、同じユーザーシナリオからでも、検討の流れによって具体的な要求が違ってきます。

● 別の店（スーパーマーケットなど）で見ている商品の価格をすぐに確認したい。安い方で買いたいから

これは前述の検索機能でも実現できる機能です。しかし、より簡単に商品を探せるようにしたい顧客は、次のような要求を提示するかもしれません。

● スマートフォン等でバーコードを読み取ると、その商品を検索して表示する

必要な機能は揃っていても、ユーザビリティを高めるために、さらに別の機能を用意することを考えるのは非常に大切です。

7.3

Theory of System Design

ユーザビリティの詳細を固めよう！

本工程のinput	プロセス定義、UIラフデザイン、ユーザビリティ概要定義
本工程のoutput	ユーザビリティ詳細定義
本工程と併行作成するoutput	IT機能定義、UI定義
本工程の目的	UIにおけるユーザビリティの詳細を確定する。

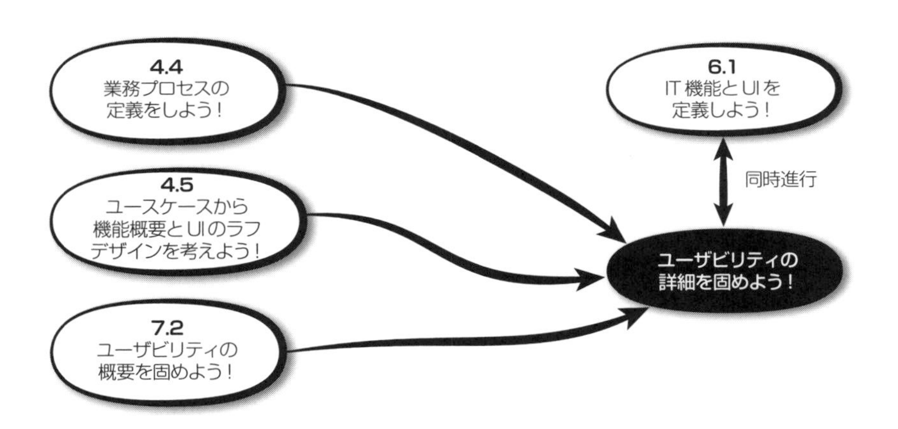

UIとユーザビリティの概要（必要となる機能）がまとまったら、それをより具体的に詳細化していきます。本節では、抽出したUIのうち、配送先入力とバーコード読み取り機能の定義を通じて、UIとユーザビリティの定義を学びます。

配送先入力画面の定義（設計）

商品の配送先を入力する画面では、少なくとも以下の情報が求められます。

・ 郵便番号

・ 住所
・ 氏名（漢字・かな）
・ 電話番号

さらに以下も指定できると便利ですが、説明の都合上こちらは入力しないものとします。

・ 配送方法（宅配便、ポスト発送など）
・ 配送希望日時（日付と時間帯）

図7-2　要求を満たす最低限のUI例

これらの情報を入力できるようになっていれば、それでユーザーは快適でしょうか。例えば図7-1のUIで、それぞれの項目にテキストを入力できるだけでも最低限の機能は満たしますが、一般的なECサイトでの入力画面では、以下のような機能を備えることで、より簡単に情報を入力できるようになっている場合があります。

・ 郵便番号を入力すると、それに対応した住所が自動入力される
・ 氏名の漢字を入力すると、ふりがな欄に読み仮名が自動入力される

これによってユーザビリティが向上し、UXも良くなります。

但し、郵便番号からの自動入力では、余計な文字が入ってしまう場合があります。日本郵便が公開しているCSVファイルから、加工せずそのままデータベースを作成するとそうなってしまいます。例えば「(次のビルを除く・ビル名)」という項目が住所に付加されているからです。これでは余計な部分を削除する手間がかかり、ユーザビリティが低下します。よって、余計な部分が入力されないよう、UI仕様として明確に定義しておくことが望まれます。

郵便番号と加工済みの住所を変換するWeb APIも提供されています。郵便番号は稀に更新されるので、常に最新状態を維持するよう更新管理をWeb API側に任せてしまえば、管理コストの削減が見込まれます。定義・設計の段階からアウトソースも検討しましょう。

また、氏名入力時に、漢字変換前の入力文字を監視し、ふりがな欄に自動入力する機能については、オープンソースのJavaScriptライブラリがありますので、そういったものを利用すると簡単に実装できます。

図7-3　ユーザビリティを改善したUI例

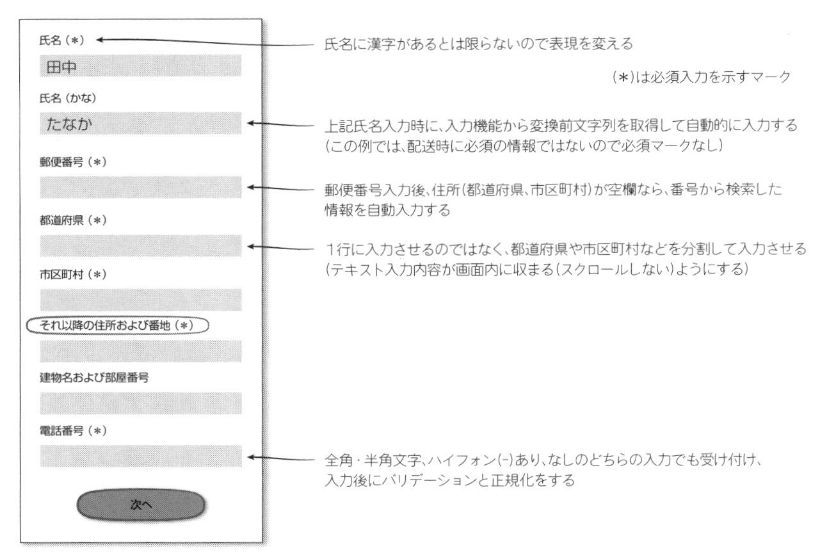

図7-2に、ユーザビリティを改善した例を示します。これはあくまでも一例であり、どんな場合にも最適なUIというわけではありません。例えば、必須入力項目から「氏

名（かな）」を外していますが、お客様サポート（電話対応など）の観点から必須入力とした方がよい場合もあるでしょう。「数字やアルファベットの全角・半角をユーザーは意識しなくてもよい」としていますが、「あえて区別してもらった方が、ユーザーが迷わない」と判断して、制約を設ける場合もあるかもしれません。

また、対象とするユーザーを国内在住の外国人に広げるのであれば、英語や中国語のUIを用意することも検討しましょう。その場合、住所の入力順が日本人向けとは異なるので、単純に英語や中国語に翻訳したページを用意すればよいわけではないことに注意してください。

バーコード読み取り機能の定義（設計）

スーパーマーケットのように商品を実際に陳列している店頭では、バーコード読み取りが便利です。そういった場合に読み取りに使われるのはスマートフォンです。よって、本機能は、カメラを搭載したスマートフォン（およびタブレット）に限定して提供することとします。ユーザビリティの観点からも、実装と運用のコストからも、このバーコードの認識機能は、スマートフォンの端末内だけで実現されることが望まれます。

例えば、撮影したバーコードの画像データをサーバーに送り、商品を検索して特定する方式とした場合、以下のような問題が考えられます。

- 画像がぼやけていて、商品コード（JANコードなど）を正しく取得できない
- 画像送信のために、モバイル通信の容量を消費してしまう
- 画像認識およびコード取得に失敗した場合、再撮影とサーバーへの再送信が発生する

よって、この機能は、以下のように定義されなければなりません。

- 端末のカメラ機能を起動し、撮影したバーコードの画像データをJavaScriptで読み取って解析し、商品コードを取得する
- 取得した商品コードの文字列情報を用いて、サーバーに商品検索を要求する

HTML5以降、JavaScriptを用いて、スマートフォンのWebブラウザからカメラを制御できるようになりました。そのため、撮影画像を解析して、バーコード情報を取得するプログラムを記述できますし、また、それを実現するオープンソースライブラリも存在します。

前述の自動かな入力もそうでしたが、よく使われる定番的な機能には、しばしばオープンソースライブラリが提供されています。クラウド時代のUIには、定義・設計の段階からそれらを活用するよう検討することが望まれます。

7.4
Theory of System Design

アクセシビリティを固めよう！

本工程のinput	ユーザビリティ概要
本工程のoutput	アクセシビリティ定義
本工程の目的	UIにおけるアクセシビリティを確定する

アクセシビリティとは？

「アクセシビリティ」という言葉そのものは「機能に対してアクセスできること」を意味しますが、ITの文脈では「障害を持つ人が利用できること」という意味で使われることもあります。本節では前者を「広義のアクセシビリティ」、後者を「狭義のアクセシビリティ」と呼ぶことにしますが、実際のところアクセシビリティは、すべての人のためのものです。

アクセシビリティは機能を「利用できるかどうか」、ユーザビリティは「使いやすいかどうか」を表します。そもそも利用することができなければ、使いやすさを評価することはできません。UIを使いやすくしてUXを向上するためには、アクセシビリティが確保されていることが不可欠です。

広義のアクセシビリティ

広義のアクセシビリティは「機能にアクセスできること」であると述べました。これはターゲットとするユーザーが誰であるかを問わないということです。それについて例を挙げて説明します。

● 画面上の部品をタップできるかどうか?

スマートフォン向けのアプリやWebサイトなどのUIを設計する上で、プラットフォームがガイドラインを提供しています。その中には、「画面部品を指で適切にタップできるようにする」という要求が含まれています。

例えば、iOSのアクセシビリティに関するガイドライン[1]では、ユーザー操作(ボタンを押す、テキスト入力項目を選択するなど)に反応する画面上の部品は「最低でも44x44ptのサイズを持っていなければならない」と定められています。Androidにも同様のガイドライン[2]があります。ユーザーが健常者か障害者かの区別なく、小さくて押しにくいボタンなどは「アクセシビリティが十分ではない」とみなされるわけです。

これらのガイドラインは、スマートフォン向けのアプリだけでなく、Webサイトでも尊重することが求められます。

狭義のアクセシビリティ

狭義のアクセシビリティを改善する取り組みとしては、例えばPCやスマートフォンのOSは、視覚障害者向けにテキストの読み上げ機能を備えるようになってきています。しかし、アクセス先のWebサイト等が画像を中心にして構成されていたら、視覚障害者は十分な情報を得ることができません。

HTMLの規格では、古くからそれを改善するために、画像に代替テキストをALT属性として記載し、読み上げに利用できるようにしてきました。しかし、視覚障害者が十分な情報を得られるだけのテキストを画像に記載しているサイトは、非常に少ないのが現実です。但し近年では、画像解析にディープラーニングを用い、ALT属性を自動的に付与する技術も登場しています。

聴覚障害者には、音声からテキストへの変換が役立ちます。こちらでもAI技術は有効で、音声・テキストの変換精度も格段に向上しています。動画サイトなどでは自動字幕機能の提供が当たり前となり、聴覚障害者が楽しめる映画なども増えています。

---

1 https://developer.apple.com/design/human-interface-guidelines/accessibility/overview/introduction/

2 https://developer.android.com/guide/topics/ui/accessibility?hl=ja

視覚障害には色の区別がつかない色覚障害もあります。一般的な色覚の人が使えるデザインのUIであっても、配色の問題で、色覚障害の方には使えなかったり使いづらかったりする場合があります。これを改善するために、適切な色を利用する「カラーユニバーサルデザイン」という手法があります。そういったものがあることを知っておくことが大事です。

システム開発においてUIデザインは、デザインの専門部署か、外注のデザイン会社に依頼することになります。その際、カラーユニバーサルデザインを満たすことを要求し、またその観点で問題がないことを確認するようにしなければなりません。　また、UIデザインに利用できる画像制作ソフトの中には、色覚障害の方の見え方をシミュレートできるものがあり、それらを活用するよう依頼するのもお勧めです。

上記のほかにも、ディスクレシアという（言葉は理解できるが文字の読み書きが難しい）識字障害や、音は聞こえるが音声からの情報取得が難しい聴覚情報処理障害というハンディもあります。また、手の障害により、画面のタッチ操作ができない、難しい方もいらっしゃいます。そうした方々も利用しやすいUIを検討することが望まれます。

とはいえ、UI設計においてアクセシビリティの向上を図ることは、「コストに対してリターンが少ないのではないか」と考える向きもあると思います。その懸念への回答を次項で説明します。

狭義のアクセシビリティは誰のためか?

ここまでの説明では、狭義のアクセシビリティについて「障害を持つ人が利用できること」としてきました。しかし実際には、すべての人に役立つものです。下の表は、アクセシビリティのために用意された機能が、一般向けでも役に立つ例を示しています。

表7-3　狭義のアクセシビリティの一般向け活用例

アクセシビリティ機能	考えられる活用シーン
画像のALTタグ	PCで画像にマウスカーソルを合わせると、代替テキストがツールチップとして表示され、画像の説明を見ることができる
音声読み上げ	電子書籍を自動で読み上げる （ランニング中に電子書籍を音声で聞く）
音声自動認識	英語の動画コンテンツに字幕が自動で付与される。リスニングは苦手でもリーディングができる人なら、その動画を楽しめる

アクセシビリティ機能	考えられる活用シーン
音声自動認識＋自動翻訳	外国語の動画コンテンツの音声をテキストへ自動変換し、さらに母語や英語に自動翻訳すれば、未知の言語の動画も楽しめる

また、スマートフォンの設定画面には、アクセシビリティのための以下のような機能があります。

表7-4　スマートフォンのアクセシビリティ機能の例

機能	説明
ズーム	ピンチイン／ピンチアウト操作等により、画面を拡大／縮小表示する
テキストサイズ変更	アプリ内のテキストサイズを調整する
音声コントロール	音声入力により、アプリ内のボタンなどを操作する
周囲の環境音の認識	サイレンや火災報知器、自動車のクラクション、ドアベルやノック、乳幼児の泣き声などを検出して通知する

これらの機能が、幅広い人々に役立つことは想像しやすいでしょう。例えば、ズームやテキストサイズ変更は、老眼が進んだ中高年にも役立ちます。逆に、視力が良い若い人は、テキストサイズを小さくして、一画面中に表示される情報量を増やすこともできます。

音声コントロールは、料理中など手を離せないときや、手を怪我したときに便利です。

周囲の環境音の認識では、音楽を聴いたりWeb会議でヘッドフォンを使っている時でも、宅配便や来客に気づくことができます。

賢明な方は、これまで説明した障害の多くが、高齢者に起こる問題でもあることにお気づきでしょう。誰でも年をとると、視力も聴力も衰え、加齢により色覚も鈍化していきます。指の動きは悪くなり、認知機能も低下します。先進国が一様に超高齢化社会を迎えるなか、多くのユーザーを取り込もうとするのであれば、アクセシビリティを意識したUI設計にコストをかけていく必要があります。

PCやスマートフォンなどのプラットフォームが支援してくれることも多くあるので、それらの機能を把握した上で、そうした機能だけではカバーできない部分に注力しましょう。

第8章

アーキテクチャ設計のセオリー

本章では、システムの骨格となるシステムアーキテクチャとアプリケーションの骨格となるアプリケーションアーキテクチャをどのように定めるか説明していきます。またクラウドベンダーの提供する様々なサービスを俯瞰して、システム構成の設計のセオリーを説明していきます。

8.1
Theory of System Design

システムアーキテクチャについて理解しよう！

一言に「ITシステム」と言っても、個々に全く異なる特徴を持っています。例えば銀行の勘定系システムと、コンシューマー向けのネット通販システムでは、重視すべきポイントが全く異なります。これから構築しようとするITシステムの特性に合わせて、どのような構成をとるべきなのか、まずは大枠を定めましょう。

システムアーキテクチャとは?

本書におけるシステムアーキテクチャとは、1つのITシステムを構成する物理的なサーバーやクラウドサービス、外部システムの組み合わせを定めたものです。システムの使用するクラウドサービスを列挙して、それぞれの連携方法とインターフェースを定めることもシステムアーキテクチャのひとつとなります。これらはEAにおけるAAとDAの一部、それにTAの全部に該当します。そのためシステムアーキテクチャは、適用処理体系（アプリケーションアーキテクチャ）、および技術体系（テクニカルアーキテクチャ）と呼ばれることもあります。

システムアーキテクチャに、決まった正解はありません。開発するシステムの特性はもちろん、開発メンバーのスキル、保守･運用体制、既存システムとの組み合わせなど、様々な制約条件のもと、多岐にわたる選択肢の中から答えを見つけ出さなければなりません。多くの場合、システムの部分ごとに、最適なパターンを見つけなければなりません。

● スクラッチ開発とパッケージ導入

スクラッチ開発では、新たなシステムを何もない状態から作ります。オーダーメイドの自由度がある半面、構築には大きなコストがかかります。

パッケージ導入では、既製品のソフトウェアやサービスに不足している機能を追加開発したり、設定をカスタマイズしたりして、システムを作ります。既製品を活用するので自由度は低下しますが、システム構築のコストを低減できます。

クラウドのSaaS/PaaS型パッケージも多く存在します。中には、コモディティ化している業務コンポーネントを組み立てて、簡単なシステムをすぐに構築できるセミオーダーメイドタイプのサービスもあります。これらの多くは、Web APIを介してサービスにアクセスできるため、スクラッチ開発したシステムと連携するパターンも増えています。

多種多様なサービスの登場によって、ゼロからのスクラッチ開発を選択するケースは減っています。特にビジネス上の競争力に直結しないシステムの場合、パッケージ導入やSaaSの活用をまずは検討してみましょう。コモディティ化の進んでいる領域では、割安なものが数多く存在します。パッケージやSaaSを導入する場合、それらの都合でシステムアーキテクチャが定められてしまうことも多くあります。導入前にどういった構成物が必要なのかを確認しておきましょう。

ビジネス上競争力の源泉となるシステムの場合は、スクラッチ開発を選択するケースが多くなります。今日、独創性の高いビジネスを遂行するには、専用のシステムが不可欠だからです。

●システムアーキテクチャの類型

クラウドが一般化したことで、新しいシステムアーキテクチャが登場するようになりましたが、昔ながらの伝統的なシステムアーキテクチャも、いまだ現役で活躍しています。以下に、4種の代表的なシステムアーキテクチャを紹介します。それぞれのメリットとデメリットを学び、これから構築するシステムの特徴や、開発メンバーのスキルセット、保守・運用体制などを考慮して決定するようにしましょう。

N層アーキテクチャ

基幹系システムによくみられる従来型のアーキテクチャです。プレゼンテーション層、ビジネス層、データ層のように、システムを役割による層に分割して構築します。各層が呼び出せるのは、下位に位置づけられている層のみです。

層には物理的な意味と、論理的な意味があります。例えば、プレゼンテーション層とビジネス層は設計上の論理的な構成概念として扱い、物理的なサーバーは1つの層に統合することがよく行われます。

図8-1　N層アーキテクチャ

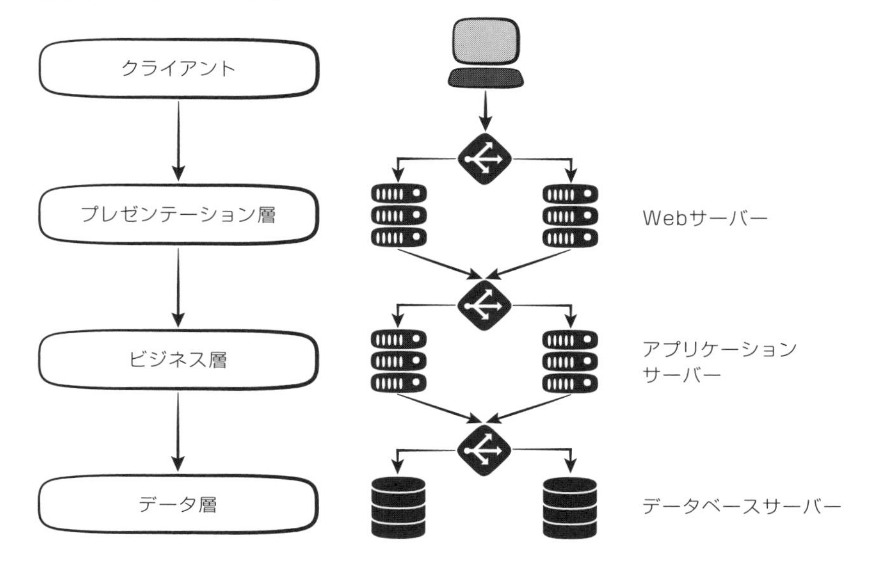

N層アーキテクチャの最大の特徴は、分かりやすさです。理解しなければならない事柄が比較的少なく、機械的な分割が可能です。管理対象のサーバーやサービスも少なく済みます。またオンプレミスのシステムに比較的よく見られる構成であるため、クラウド環境へのリフト＆シフトを実現する目的にもよく用いられます。

しかし、システム分割を層の方向にしか行わないことがデメリットにもなります。複数の機能が同じサーバーに混在するため、システム内の一部の機能を個別にリリースするのが難しくなります。頻繁なシステム更新が求められる場合は運用が煩わしくなりがちです。

キューワーカーアーキテクチャ

N層アーキテクチャをもう一歩発展させて、実行時間の長い処理をバックグラウンドで処理できるようにするアーキテクチャです。ビジネス層の前段にキューを配置することで、Webサーバーは処理の完了を待つことなく、クライアントに応答を返せます。ビジネス層の処理は、キューへのメッセージ投入を検知したタイミングで実行されます。処理時間の短いものはキューを使わずに実行することも可能です。

図8-2　キューワーカーアーキテクチャ

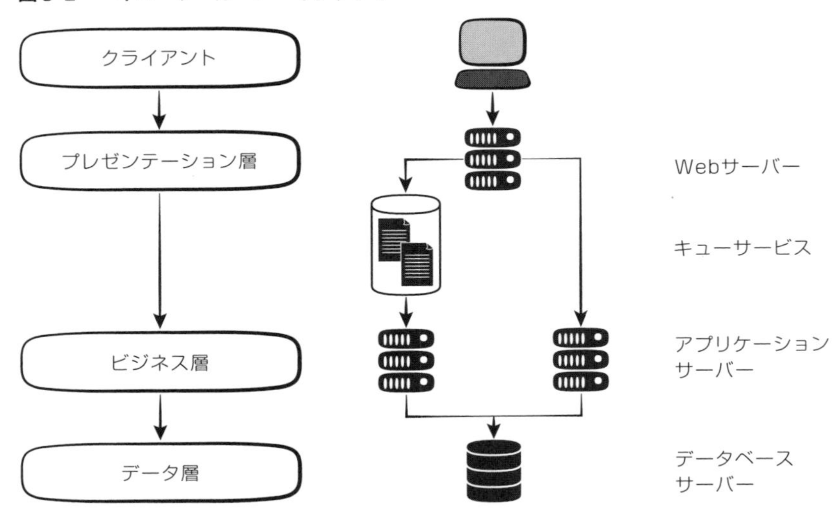

このアーキテクチャの特徴は、実行時間の長い処理をオンラインシステム上で簡単に実現できることです。構造はN層アーキテクチャのルールをほぼそのまま継承した単純なものですが、キューを用いることで、Webサーバーのリクエスト処理能力を最大限引き出せます。クラウドらしいアーキテクチャとも言えます。

しかし、システム規模が大きくなると、プレゼンテーション層とビジネス層のコンポーネントが肥大化しやすく、頻繁なアプリケーションの更新が難しくなります。またキューサービスの品質によっては、ビジネス層の処理で考慮すべきポイントが増えてしまいます。

マイクロサービスアーキテクチャ

小さな自律サービスを複数集めて、ビジネス要件を実現するアーキテクチャです。それぞれのサービスは独立していて、単独で動作することが最大の特徴です。データを永続化して管理する必要がある場合、データベースもそれぞれのサービス専用のものを用意して運用します。

サービスは他のサービスを呼び出せます。原則として、Web APIを介して他の機能を利用します。各サービスの外部仕様はWeb APIの仕様そのものであり、内包するデータベースを直接外部に公開することもありません。

図8-3　マイクロサービスアーキテクチャ

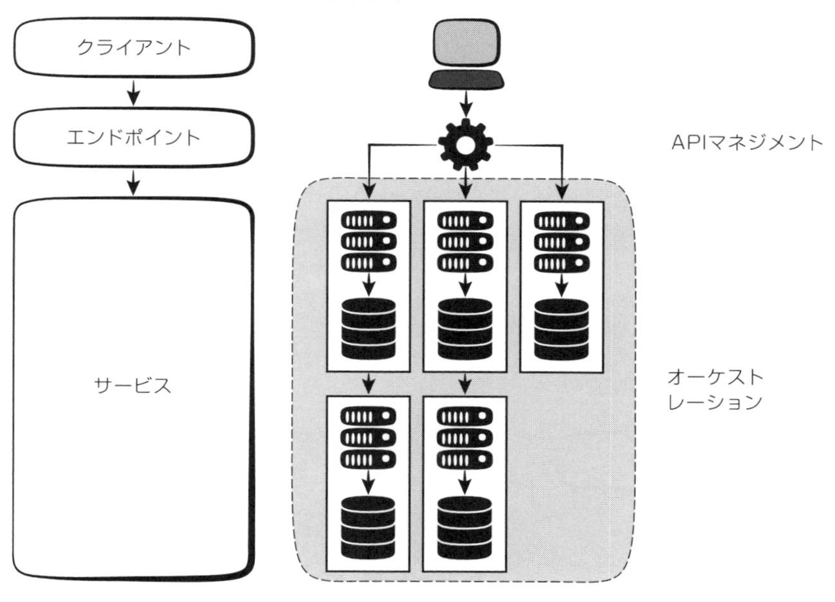

このアーキテクチャの特徴は、各サービスが完全に独立していることです。この原則によって、各サービスは単独でリリースでき、一部のサービスの変更がシステム全体に与える影響を最小化できます。また、サービスの単位が小さくなることで、複雑な業務を単純化して管理できます。スケーリングもサービス単位で行うため、無駄に大きなサーバーを用意する必要がなく、必要なものを必要なだけ準備すれば済みます。

他方でデメリットも多くあります。まずデータベースが分散するので、データの一貫性確保が難しくなります。複数のサービスをWeb APIで連携する場合、データベースのトランザクション制御を用いた一貫性の確保はできません。アプリケーション内で、一貫性の確保を行うための機能を作り込む必要があり、特に異常系の設計が非常に難しくなります。

また、サービスの粒度設計が簡単ではありません。メリットを享受するためには、システム運用を見越した適切なサービス粒度を保つ必要がありますが、その設計手法は確立しておらず、高度な業務知識とシステム設計力が求められます。

イベント駆動型アーキテクチャ

イベントを発生させる「プロデューサー」と、イベントの発生を監視して処理を実行する「コンシューマー」から構成されるアーキテクチャです。プロデューサーがイベントを発行すると、適切なコンシューマーにイベントの発生を通知します。1つのイベントに対して複数のコンシューマーが反応しても構いません。

コンシューマーの処理パターンは、単純に1つのイベントに対して処理を行うだけではありません。例えば、一定時間内に発生したイベントの回数や、何らかの測定データの平均が閾値を超える場合など、複数のイベントを統合して、1つの処理を実行することもあります。また断続的に送られてくるストリームデータを分析して、1つの処理結果を得ることもあります。

図8-4　イベント駆動型アーキテクチャ

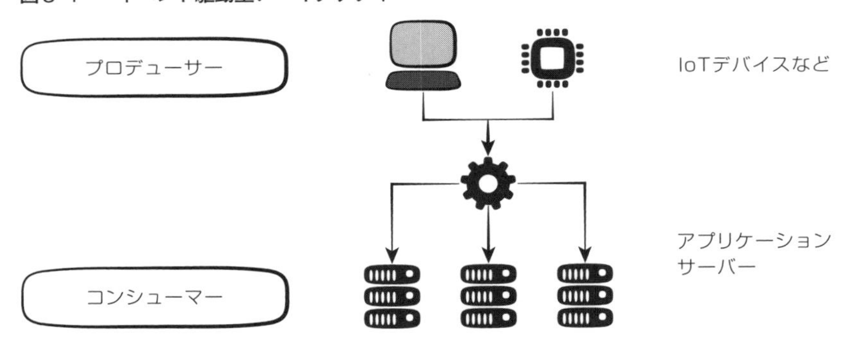

イベント駆動型アーキテクチャの特徴は、プロデューサーとコンシューマー、コンシューマー同士を完全に独立できる点にあります。プロデューサーはイベントを登録した結果、どのような処理が行われるか関与しません。またコンシューマー同士も、お互いに何の処理を行っているかを知りません。そのためコンシューマーを次々に追加し、スケールさせたり、新たな機能を追加したりすることが容易になります。非常に拡張性の優れたアーキテクチャと言えます。

デメリットはメリットの裏返しです。イベントの発生後、コンシューマーが処理を完遂したかどうか、プロデューサーは検知できません。またコンシューマーは、どのイベントから順に処理を行うか定めることができません。疎結合であるがゆえに、整合性を保つのが難しいという特性があります。

8.2
Theory of System Design

アプリケーションアーキテクチャを定めよう！

少し規模の大きなシステムになると、複数のサブシステムが連携動作することになります。ここではひとつひとつのサブシステムに注目して、それぞれをどのように構築していくのか、全体的な設計を行います。

アプリケーション形態の検討

最初に決めなければならないのは、アプリケーション形態です。次に挙げるような様々な形態があります。

表8-1　代表的なアプリケーション形態

アプリケーション形態	解説
Webアプリケーション	WebブラウザーI上でGUIが動作する形態。GUIはHTML言語によって構築されるが、HTMLをレンダリングする場所（Webサーバー、ブラウザー上のスクリプトなど）によって、さらに細分化される
Web API アプリケーション	主にデータの送受信のみを目的とする。通信にはHTTPを用いるため、Webアプリケーションの一形態とも言える
デスクトップ アプリケーション	PCに実行可能ファイルを配置して起動するタイプのGUIアプリケーション
モバイル アプリケーション	スマートフォンやタブレットなど、アプリ配布サービスをとおして配信・インストールするタイプ
コンソール アプリケーション	GUIを必要としない、主にテキストコマンドを用いて入出力を行うアプリケーション

ひとつひとつのシステムを、どのような形態で構築するか決定します。GUIのあるアプリケーションは形態が多様化しているため、利用者像を正確に捉えて、適切な形

態を確定させましょう。

Webアプリケーションは、Webブラウザーがあれば実行できる手軽さが最大の特徴です。その反面、ネットワークに接続できないと、システムを利用できないことがデメリットとなります[1]。またユーザーインターフェース（UI）は、良くも悪くもWebブラウザーの動作や仕様の範囲に収めなければなりません。例えば、ローカルPCのファイルストレージにアクセスするような機能を作ることはできません。

デスクトップアプリケーションとモバイルアプリケーションは、Webアプリケーションとは逆の特徴を持ちます。実行可能ファイルをダウンロードしたりインストールしたりしないと使えませんが、オフラインでも使えます。アプリケーションが個別の端末に導入されるため、一度起動してしまえば軽快に動作します。

処理方式を決める

システムは何らかの入力を受け取って、計算やデータの加工を行い、何らかのアウトプットを返すものと言えます。これら一連の処理を、どのような方式で実行するか、アプリケーション形態と合わせて検討します。1つのシステム内に、複数の処理方式が混在することもあります。処理方式には次のようなものがあります。

表8-2　代表的な処理方式の違い

処理方式	解説
オンライン処理	ユーザーからの要求に対して、すぐに処理を行い、処理結果をその場で返す方式。GUIを持つアプリケーションに多い
バッチ処理	ある程度のデータをまとめて一括で処理する方式
ディレード オンライン処理	ユーザーからの要求をいったんキューなどに蓄えておき、あとでまとめて処理する方式。オンライン処理とバッチ処理の中間に位置し、GUIの応答性と処理の効率性を両立させる

オンライン処理は、主にGUIのあるシステムで採用されます。処理の即時性が求められるため、1回の実行で処理するデータの件数を可能な限り小さく保ち、実行時間を短縮するよう工夫します。また、同じ処理を複数のユーザーが同時に実行することになるため、同時実行性を高めなければなりません。特にデータを更新する処理において

1　近年ではオフラインでも利用できるPWAを採用するケースが増えています。

は、データの整合性を保つための仕組みが必要になります。

バッチ処理は、主に夜間処理や月次処理など、オンラインでは処理しきれない量のデータを一気に処理するために採用します。従って、大量のデータを一定時間内に処理しきる性能が求められます。必要に応じてデータを分割して処理単位を小さくし、システムエラー時の再実行ポイントを設けるよう設計することもあります。クラウド上で実行する場合は、処理を1件単位まで細かく分割し、大量のサーバーで分散処理することで、所要時間内に処理を完了できる場合もあります。

ディレードオンライン処理は、処理の受付と実行を分割して、ユーザーへの応答性を高める目的に使用します。オンライン処理では実行時間のかかるデータの更新を伴う処理に多く活用されます。

どのような処理方式を採用すべきか、機能要件と非機能要件を併せて参照し、機能単位で検討しましょう。リアルタイムでデータの参照・更新が必要なケースでは、オンライン処理を基本線として、更新処理に時間のかかる機能や、アクセスの集中しやすい更新機能だけディレードオンライン処理方式とするといった検討を行います。

8.3

Theory of System Design

使用するサービスの構成仕様を固めよう！

クラウドベンダーから数多く提供されているサービスのすべてを細かく把握して、完全に使いこなすことなど非現実的です。それらの中には、様々なシステムで汎用的に活用できる少数のサービスと、特定のユースケースにおいてのみ実力を発揮する多くのサービスが混在しています。

まずは、汎用的なクラウドサービスにどのような種類があるのかを理解しましょう。多くのシステムは汎用的なクラウドサービスで構築できます。汎用的なサービスでは足りない機能を補うために、特定のユースケースに特化したクラウドサービスを調査して活用しましょう。

システムの構成を定めるまでの手順を解説します。

クラウドサービスの機能による分類

システムを稼働するためには、Webサーバー、アプリケーションサーバー、データベースサーバーなどを準備します。クラウドサービスを活用する場合であっても、システムに必要な機能の構成要素を選定する作業は欠かせません。比較的よく利用される構成要素には、次のような種類があります。

表8-3　クラウド上のシステムを構成する主な機能

システムの構成要素	概要
アプリケーションの実行	アプリケーションを実行するための機能。Webアプリケーションやコンソールアプリケーションなど、何らかのアプリケーションを実行するために必要
データの保存	アプリケーションの生成するデータを永続化して保存するための機能。リレーショナルデータベース管理システムや、単純なストレージサービス、NoSQLサービスなどがこれに該当する
メッセージの連携	システムとシステムの連携に必要なメッセージの管理、配信を行う機能。クラウドシステムでは比較的重要度が高い
ネットワーク	クラウドサービス内に仮想的なネットワークを構築し、ネットワーク境界を定義するための機能
セキュリティの強化	システム全体のセキュリティを強化するための機能。ID管理サービスやキー管理サービス、ウィルス対策サービスなどがこれに該当する
システム監視	システム全体が正常に稼働しているかどうか、性能悪化がないかを監視/管理するための機能。アプリケーションの出力するログや、各サーバーのシステムログを収集/分析するサービスがこれに該当する

8.4

Theory of System Design

利用するサービスを選定しよう！

クラウドベンダーのWebサイトには多数のサービスが紹介されており、何を使えばよいのか、戸惑うかもしれません。しかし、そのサービスは「IaaS/PaaS/SaaSのうちどれなのか」という観点と、それが提供する機能の概要を見ることで、最低限の目利きができるようになります。まずは構築するシステムに最低限必要な機能から順に、利用するクラウドサービスを選定していきましょう。

アプリケーションを実行するためのサービスを決める

IaaS ／ PaaSなど、アプリケーションを実行するためのクラウドサービスには様々な種類があります。まずは構築するシステムの特徴にあわせて、ベースとなるサービスを決めましょう。複数のシステムがある場合は、それぞれに最適なサービスを選定することがポイントです。すべてのシステムを同じ構成にする必要はありません。どのようなサービスを利用するべきか、まずは簡単なチャートで確認してみましょう。

図8-5　サービス選定チャート

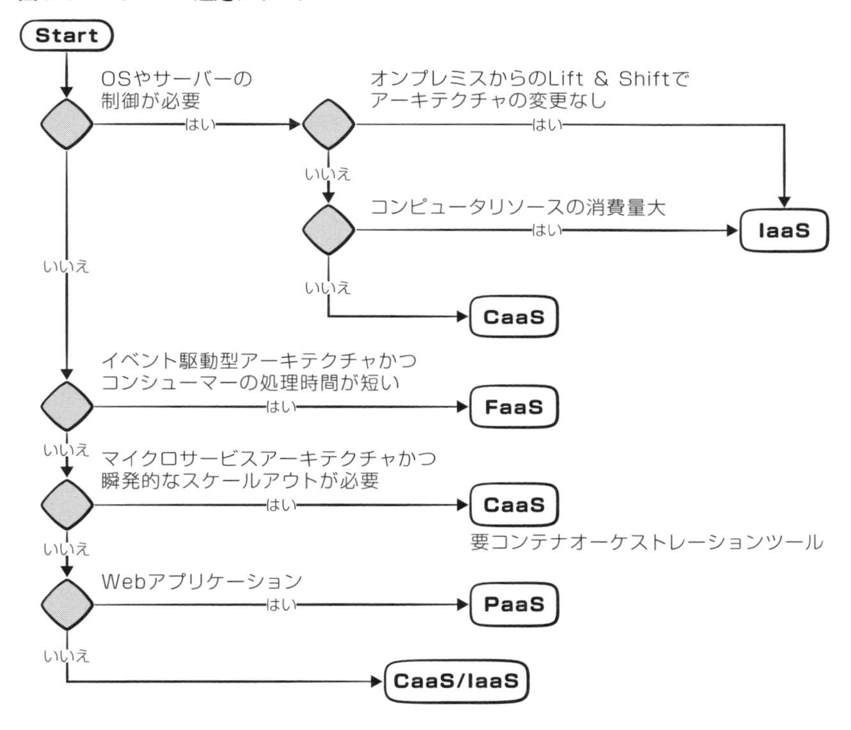

まずはサーバーの制御が必要か検討してみましょう。具体的には、次のような制御が必要かどうかを確認します。

- サーバーOSへのインストールが必要な製品を使う
- 特殊なプロトコル/ポートを用いた通信が必要
- OSやミドルウェアのバージョンなど、アプリケーションの実行環境を固定しなければならない
- 現行システムの構成を大きく変えることができない移行プロジェクトである

これらの条件を満たさなければならない場合は、CaaSかIaaSを選択します。実行環境の固定や、システム移行にかかるコストの低減が必要な場合は、IaaSを選択します。また、1本の業務処理がCPUやメモリなどのリソースを大量に消費することがわかっている場合も、IaaSを選択しておきましょう。CaaSを選択する場合は、コンテナオー

ケストレーションツールの導入を検討します。コンテナの数が少なければそれには及ばず、手軽にコンテナを実行するサービスが選択肢になります。

サーバーの制御が不要な場合は、FaaSやPaaSを積極的に活用しましょう。FaaSは主にイベント駆動型アーキテクチャを採用する場合に利用します。ほかにも、即応性があまり求められない実行頻度の低いシステム[2]や、小さな処理を同時に大量に捌かなければならないシステムにもFaaSがよくマッチします。FaaSをうまく活用すると、システム運用コストの大幅ダウンを実現できます。

マイクロサービスアーキテクチャを採用する場合や、瞬発的なスケールアウトが必要な場合は、コンテナオーケストレーションツールの備わったCaaSの採用を検討します。特にこれらの必要がない一般的なWebアプリケーションの場合は、PaaSの利用を検討しましょう。CaaSよりPaaSのほうがシステム運用にかかる人的コストを低減できますし、インフラ、アプリケーションともに設計が簡単になります。バッチ処理や帳票出力など、Webアプリケーションではないシステムの場合は、他のシステムの都合を見ながら、IaaSやCaaSを選択します。

データを保存するためのサービスを決める

クラウド上にシステムを構築する場合、データを保存するためのPaaSの活用を検討します[3]。アプリケーションの都合や非機能要件にあわせて、適切なサービスを選択しましょう。

(1) リレーショナルデータベース (RDB)

クラウドの時代に入っても、RDBは第一線で活躍しています。最大の特徴は、事前に定めたデータの形式に従って使用するということにあります。データの形式に頻繁な変更がない場合、データ保存先として最適な選択肢です。

また、トランザクション管理機能を用いてデータの一貫性を確保できる点も大きな特徴です。エンタープライズ系システムなどにRDBが採用されるのはそのためです。

2　システム運用や開発運用のためのちょっとした自動化ツールなどが該当します。

3　IaaS内にデータベースサーバーを自前で構築することは、超高スペックなデータベースを用意する必要がある場合や、PaaSのデータベースサービスでは使用できない機能を使う目的以外、ほとんどのケースで必要なくなりました。

（2）NoSQL

分散した環境下でRDBを使い、データの一貫性を担保し続けようとすると、可用性の低下を招きます。そこで登場してきたのがNoSQLと呼ばれるデータベース管理システムです。NoSQLは、事前にデータ構造を定義しないという特徴があります。また、データの一貫性を多少犠牲にするものの、分散した環境下でも可用性を損なわないという特徴があります。システム構築にあたって、強い一貫性を保つ必要がないケースは割と多くあります。強い一貫性より、動作速度が速く、高可用性が重要なユースケースにおいて、NoSQLは有力な選択肢になります。

NoSQLにはいくつかの種類があります。保存するデータの構造にあわせて、最適なNoSQLを選択しましょう。システムが1つだからといって、データの管理場所を1つにまとめる必要はありません。適材適所で、使うデータ管理の方法を選択しましょう。

表8-4　各種NoSQLの概要

NoSQLの種類	概要
Key-Valueストア	保存するデータを一意のキーで識別・保持する。データの検索は原則、キーに対してのみ行う。サービスによって格納できる情報が異なり、単純な文字列や数値、バイト列だけを扱うものや、複雑なデータを取り扱えるものがある。キーに対する検索は非常に高速だが、保存したデータに対する検索は苦手。キー検索を頻繁に行う場合にマッチする。
ドキュメント指向データベース	データをJSONのような構造化したドキュメント形式で保存できる。ドキュメントの構造は事前に定義する必要がない。データの高速な検索にも対応。またデータコレクションの中に、異なる構造のドキュメントを保存できる。こういった性質により、論理的には同じデータであるが、物理的なデータ構造が大きく異なるようなデータを保存する用途に適している。例えばコンテンツ管理の対象や、商品カタログのようなデータがこれに該当する[4]。
グラフデータベース	データとデータの関係性をグラフ構造で表す。SNSにおけるユーザー同士の友達関係を保存する例が一般によく知られている。その例のように、データ同士の関係を検索することに特化したデータベースであると言える。

（3）バイナリデータストア

テキストファイルや画像ファイル、動画ファイルなど、様々な非構造データを保存

4　コンテンツには通常その種類に応じて様々な属性情報が付与されます。統一したデータ構造を定めることは事実上不可能です。各コンテンツで共通した属性と、個別に持つ属性が入り乱れることになります。商品カタログのようなデータも、一部の共通的な属性と、製品ごとに異なる属性を持つ構造となるのが普通です。

できるストレージです。一般コンシューマー向けのクラウドストレージと同じような感覚で、ファイルを管理できるよう設計されています。ほとんどのバイナリデータストアは、クラウドサービス内で冗長化されていて、データ喪失リスクが小さいことも特徴です。アプリケーションから見たとき、単なるファイルの置き場所としての活用が、最も一般的なユースケースとなります。

提供される機能が、ファイルの保存と冗長化のみなので、他のサービスより大幅に安価な価格設定がされています。そのため大容量のファイルを大量に保管するのに適しています。また長期間保存の必要なログファイルの置き場所として活用するケースも多くあります。

(4) 共有ストレージ

仮想マシンから使用するファイルストレージです。サービスによって、OSに直接マウントして使うタイプや、ネットワーク越しに共有ドライブとして使うタイプなど、利用形態に種類があります。オンプレミス環境の構成をクラウド上にそのまま再現する際にしばしば利用検討されますが、使用感の異なる部分が多くあります。利用にあたっては十分にサービスの仕様を調査し、利用目的に合致するか確認しましょう。

(5) ビッグデータの分析プラットフォーム

様々な形式のデータを大量に、かつ定常的に収集して、ビジネスに役立つ分析を行うために採用されます。ここまでに挙げてきたようなサービスでは捌ききれないような大量データを入力として、様々な分析を行います。

メッセージ連携を行うためのサービスを決める

クラウド上にシステムを構築する場合、小さなサーバーを複数組み合わせて、1つの大きなシステムとする構成が増加しています。1つの大きなサーバーに様々なシステムを入れてしまうと、クラウドの特徴であるスケールアウト／スケールインのしやすさが犠牲になるからです。

システムが複数の小さなサーバーに分割されるようになると、各サーバー間のメッセージ連携が重要度を増してきます。各サーバーの機能をWeb APIでつなぐことも技術的には可能ですが、サーバー同士の密結合を招きやすく、構成が複雑化しやすくなります。サーバーを複数設置し、それぞれを連携させる必要が出てきたら、メッセージ連携サービスの採用を検討しましょう。

(1) キュー型

キューワーカーアーキテクチャのように、バックグラウンドの処理を切り出して実行するために活用します。ほかにも、クラウドならではの分散処理を実現する手段として、様々な用途に活用できます。

キュー型サービスの多くは、FIFO (First In Frist Out：先入れ先出し法) を採用しています。しかし、処理の順序が完全に保証されているかどうかや、デキュー時のデータの取れ方などの仕様は、サービスによって異なります。ほかに確認しておくべき仕様や評価軸は次のとおりです。

表8-5　キュー型サービスの評価軸

評価軸	概要
メッセージのサイズ	キューに格納できるメッセージは、通常サイズ制限がある。個別のメッセージのサイズや、キュー自体の最大容量によって、利用できるサービスが制限されることがある
順序保障の有無	キューサービスによっては常にFIFOであることを保証しないものもある
メッセージの配信保障	メッセージの配信保障の考え方として以下のパターンがある。 ・At least once (少なくとも1回)：デキューしたデータが重複するかもしれないが、欠損することはない ・At most once (多くとも1回)：デキューしたデータが欠損するかもしれないが、重複することはない ・Exactly once (正確に1回)：欠損することも重複することもない

キューの仕様によって、アプリケーションの設計に影響を与えることもあります。要件との整合性を確認しましょう。

(2) イベント配信型

イベント駆動型アーキテクチャを実現するために活用します。これにより、システムの結合度を大きく下げることができる反面、システム全体の動作の把握が難しくなります。分散トレースなど、処理の流れを把握するための工夫を別途検討しましょう。

また、1つのイベントに対して複数のコンシューマーが動作する場合、コンシューマー同士が完全に独立した関係となることに注意しましょう。一部のコンシューマーだけが処理に失敗することを考慮して、システム全体が整合性を保ち続けるよう工夫しましょう。

イベント駆動型のアーキテクチャは、ITエンジニアにとって魅力的な仕組みですが、システム設計の難易度は高くなりがちです。このアーキテクチャを利用しなければ実現できない要求仕様（または利用することで実現できなくなる仕様）があるか、十分に確認しましょう。

ネットワーク構築のためのサービスを決める

クラウドサービスを使うと仮想的なネットワークを構築できます。物理的なネットワークはすべてクラウドベンダーが管理するため、自前で結線などの作業を行う必要はありません。IPアドレスの割り当てやサブネットの作成といった論理的な作業を行うのみで、ネットワークを構築できます。

多くのクラウドサービスは、ネットワークを構築しなくても使えるように設計されています。しかしセキュリティを高めるために、ネットワーク構築の作業は必須です。ネットワーク関連のサービスをうまく組み合わせて、必要最低限のサーバーのみをインターネットに公開するよう、ネットワークを組み立てましょう。

プライベートなネットワーク構成を実現できないクラウドサービスも存在します。特にSaaSをシステム構成に組み入れる場合は注意しましょう。またネットワーク境界のみでシステムを防御する考え方は、アンチパターンと言えます。認証基盤などと組み合わせた構成を考えましょう。

（1） 仮想ネットワーク

ソフトウェアによって制御するネットワークのことです。クラウドではL3/L4のスイッチを仮想化したサービスを使用して、ネットワークを構築することが基本です。

前述のとおり、多くのクラウドサービスは仮想ネットワークを構築しなくても利用できるようになっています。しかし、クラウドベンダーが利用者に払い出すパブリックIPのレンジは、広く一般に公開されています。悪意ある攻撃者はこれらのIPに対して、攻撃が成立するかを常時巡回し精査しています。特に仮想マシンの場合、脆弱なログインアカウントを使用していると、あっという間にサーバーが乗っ取られてしまいます[5]。

5　筆者は過去にどの程度の頻度で仮想マシンへの不正アクセスがあるか調べてみたことがあります。パブリックIPを持つ仮想マシンを作成すると、数分後には不正なログイン試行が行われ始めました。

こうしたセキュリティ上の要請からも、仮想ネットワークの構築は必要となります。

(2) ゲートウェイとファイアウォール

クラウドサービス内に配置する情報資産を守るためには、仮想ネットワークと並んで、ゲートウェイやファイアウォールの設置が必要です。構築した仮想ネットワーク同士を接続するサービスもあるので、積極的に活用しましょう。

VPNにゲートウェイを提供するサービスも存在します。接続方式は多種多様です。クライアント端末ごとにVPN接続する方法や、イントラネットなどのまとまったネットワーク単位で、VPN接続する方法があります。端末の数や利用環境をよく調査して、要件にあう方式を選択しましょう。

ゲートウェイ／ファイアウォールのサービスを選択する際は、OSI参照モデルにおけるどのレイヤーを対象としたサービスか、よく見極めるようにしましょう。例えばネットワーク層（L3）やトランスポート層（L4）のプロトコルに対応したサービスでは、アクセス制御の単位がIPアドレスになります。一方、アプリケーション層（L7）に対応したサービスでは、URLベースのアクセス制御が可能です。クラウドサービスでは、FQDNに変化がなくても、各サービスの使用するIPアドレスレンジが変わることがあります。低レイヤーにしか対応していないサービスの場合、こういった変化に追従するための運用負荷が高まります。

高セキュリティ化のためのサービスを決める

クラウドサービスには、ネットワーク以外にも、システム全体を高セキュリティ化するための様々なサービスが揃っており、追加配置できます。特によく活用されるサービスについて、費用対効果を見ながら導入を検討しましょう。

(1) IDaaS（Identity as a Service）

ID管理やシングルサインオン機能を提供する認証基盤となるサービスです。IDaaSを導入することで、認証や認可に関連する処理や、ユーザーアカウントの管理を、クラウドベンダーに移譲できます。IDaaSには、他のIDaaSや企業内でよく使われるID管理サービスと連携できるものも多くあります。これらの機能を活用すれば、ユーザー管理の煩雑さを軽減できます。

高いセキュリティレベルが求められるシステムでは、監査機能も重要です。ユーザーアカウントの発行日や、ログイン履歴等の情報を一定期間保持しておかなければなりません。IDaaSを使用すると、監査機能を別に作り込む手間を省けます。

既存システムをそのままマイグレーションする特殊な場合を除き、ほとんどのケースでIDaaSの利用を推奨します。簡単な設定のみで、多要素認証や生体認証などの複雑な仕組みも構築できます。また、アプリケーション形態別に様々なユースケースが想定されているため、個別に認証機能を作り込まなければならないケースは少ないでしょう。

(2) キー管理

データベースアクセスに必要な接続文字列、システムが依存する外部サービスのAPIキーなど、システムとして保持しておかなければならない秘密情報を管理するためのサービスです。情報の取得が必要なユーザー／サーバー／アプリケーションにだけ、秘密情報の取得権限を付与できます。アプリケーションの設定ファイルに機密性の高い設定値を記載してしまうと、漏洩のリスクが生じます。また、誤って構成管理システムに設定ファイルを登録してしまうと、広く一般にまで設定値が漏れてしまう可能性すらあります。キー管理サービスはこういった問題を解決できるため、クラウドシステムには欠かせません。

キー管理サービスは、アプリケーションの使用する秘密情報を管理する以外に、証明書をセキュアに格納する機能や、監査機能を持つこともあります。秘密情報をシステム内で扱う場合には、積極的に適用を検討しましょう。

(3) ウィルス検知

クラウドシステムでは、ベンダーと利用者がともに責任を持って、マルウェア等のウィルス対策を実施します。IaaSの場合、セキュリティ対策ソフトウェアを導入して、利用者が自ら対策を講じるのが一般的です。PaaSの場合、OSレベルの管理はクラウドベンダーが実施しますが、さらなるセキュリティの強化のため、ウィルス対策サービスを別途追加できる場合があります。

(4) 侵入検知

インターネットにWebシステムを公開すると、常時攻撃にさらされることになります。ネットワークレベルの不正アクセスや、サーバー本体、OS、各種ミドルウェアの脆弱性を突く攻撃などが存在します。先述したファイアウォールのほか、IDS（Intrusion Detection System：侵入検知システム）、IPS（Intrusion Prevention System：侵入防止システム）の導入も検討してみましょう。

システム運用のためのサービスを決める

クラウドサービスを用いてシステムを構築する場合、維持管理すべきサーバーやサービスの数が多くなりがちです。システムの増強には、サーバーを複数台用意するスケールアウト戦略が広く採用されており、負荷状況に応じて構成を自動調整するのが一般的です。

稼働するシステムの維持管理は、クラウドサービスを使用する場合であっても、利用者が責任をもって行わなければなりません。利用するサーバーやサービスの数が増え、自動的に増減するようになるにつれて、運用管理の負荷も上がっていきます。システム運用を効率化してくれるサービスを積極的に活用しましょう[6]。

（1） ログ基盤

効率的なシステム運用のためには、アプリケーションの出力するログを1か所に集約するのが非常に効果的です。構成に加えることを積極的に検討するようにしましょう。

サーバーやサービスが大きく増減するクラウドシステムでは、ログを集約しておかないと、現実的なコストでログを確認できなくなってしまいます。また、オートスケールするアーキテクチャや、PaaS/FaaSなどのサービスでは、ログを外部に出力しておかないとロストする危険もあります。

ログ基盤は、アプリケーションログの書き出し先として機能するサービスです。システム内のすべてのアプリケーションからログを転送することで、ログの一元管理を実現できます。サービスによっては、クラウドサービス内のデータフローを可視化し、遅延の発生を検査する機能も備えています。

多くのログ基盤では、ログを効率的に検索するためのクエリを実行できます。クエリの結果に応じてアラートを送信できるものも多く、システム運用の効率化や自動化に寄与します。

6　システム運用のためのサービスは、非常によく考えられたものが多く、ほとんどのシステムで活用すべきと筆者は考えます。そうしたサービスを活用しない場合、運用管理の負荷が相当高くなることを覚えておいてください。

(2) システム監視基盤

CPUやメモリ、ストレージ、ネットワークといった低レイヤーのシステム情報を監視するサービスです。

クラウドサービスの場合、物理的なモノの管理責任はすべてクラウドベンダーが負ってくれますが、割り当てられたリソースを適切に使用する責任は利用者にあります。各リソースをどの程度消費し、どの程度負荷が高まっているのか、実行するアプリケーションやSQLに問題はないかといった情報を監視し、正確に把握することで、適切なリソースプランニングが可能になります。

システム監視基盤は、ログ基盤と一体になって提供されるケースもあります。また各種リソースの使用状況によってスケールアウト／スケールインを自動実行するトリガーとなったり、管理者へのアラート通知を行うトリガーとなったりします。

システム全体の構成を定めよう！

利用するサービスがおおよそ定まってきたら、システム全体の構成を固めていきます。この作業の中で、不足しているサービスや過剰なサービスに気づくこともあるでしょう。何度かサイクルを回して、最終的な構成を固めていきましょう。

システム全体図は、おおよそレベル１～レベル３の３段階くらいに分けて、目的別に描くことをお勧めします。システムの規模によっては、一部のレベルを省略したり、さらにレベルを増やしたりすることもあります。抽象度、具体度をうまく調整して、目的に合わせた構成図となるよう心がけましょう。

システム全体図レベル１の作成

レベル１は、自システムと他システムの関係を表現するために描きます。構築するシステムがどのような外部システムと連携しなければならないのかを把握することが目的です。

図8-6　　システム全体図レベル１

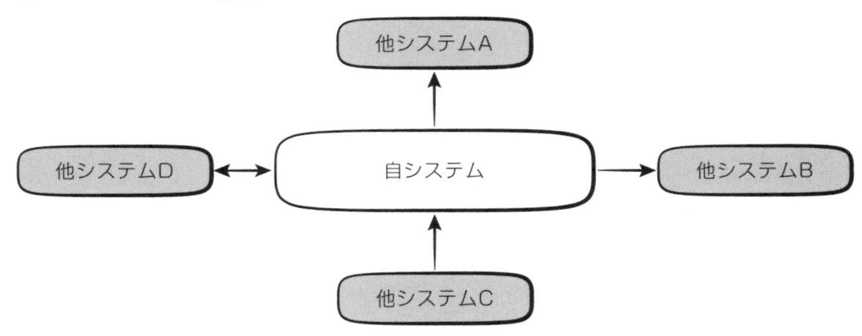

最初はこのような簡単な関係図から始めます。自システムを中心に据えて、連携する他システムがどのくらいあるのか、通信する方向はどうなっているのかを書き表しましょう[7]。

(1) 制約条件の整理

特にエンタープライズ系システムの場合、他システムの都合や外的要因によって、自システムに制約が課されることがあります。システム的な制約のほかに、カットオーバー期日などのスケジュール制約もよくあります。どのような制約条件があるか、必ず確認をしましょう。

(2) 外部インターフェースの連携方式の整理

外部システムと自システムとの連携方式を整理します。主に次のような内容を整理しておきます。

表8-6　外部システムとの連携方式における定義事項

項目	概要
通信プロトコル	HTTP、TCP、FTP、ソケット通信など、通信プロトコルが何かを整理する。近年はHTTPを利用するケースが多い
通信フォーマット	XML、JSON、CSV/TSVなど通信メッセージのフォーマットを整理する。特にレガシーシステムとの連携では、CSVや独自形式のファイルを送受するケースがあるため要注意
文字コード 文字集合	通信文の文字コードを定める。一般的にはShift-Jis、UTF-8などを利用。連携先のシステムによっては、文字集合に制限がある

(3) 認証方式

他システムの呼び出し、および自システムの認証方式を整理します。他システムの認証方式によっては、システム内でAPIキーなどの秘密情報を取り扱わなければならないかもしれません。使用するクラウドサービス選定に影響を与える可能性があります。

7　ここでいう「自システム」は、「構築対象のシステム」と捉えましょう。自社内の別システムと連携する場合も、「他システム」として扱うべきです。

システム全体図レベル2の作成

この図は、構築するシステムの全体像を捉えるために描きます。複数のサブシステム間の呼び出し関係、連携の有無を書き表し、全体の構成を明らかにしましょう。

システムの全体像を論理的に捉えて、どのようなサブシステム分割を行えば、今後の設計・構築・システム運用がうまくいくか検討することが重要です。できる限り各サブシステム同士が疎結合となるよう、適切な単位に分割しましょう。このとき重要なのは、業務的な観点での独立性を確保することです。

最初から満点のサブシステム分割ができるとは思わないでください。相当業務に精通した技術者でなければ、設計を進める過程でサブシステムの統廃合を行うプロセスが必要になります。また構築するシステムによっては、標準的なサブシステム分割が先人によって考案されていることもあります。先人の知恵を拝借したうえで、自システムにとって必要なものを追加・削除するアプローチも有効です。

図8-7　システム全体図レベル2

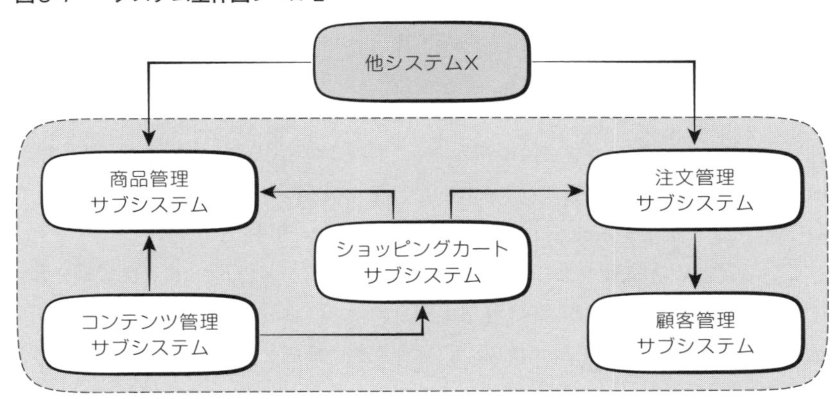

ある程度構造が固まったら、どのサブシステムがどの他システムと連携するか、図内に表現していきましょう。

システム全体図レベル3の作成

このレベルの全体図は、システム内の物理的な構成を可視化するために描きます。

各サブシステムをどのクラウドサービス上に構築するか明らかにしましょう。

最初に、システムやデータが一部でもオンプレミスに残るか確認し、残る場合は連携方式を検討します。構成によっては専用線接続が必要なため、システム構成の中でも早めに確定したいポイントとなります。

図8-8　システム全体図レベル3

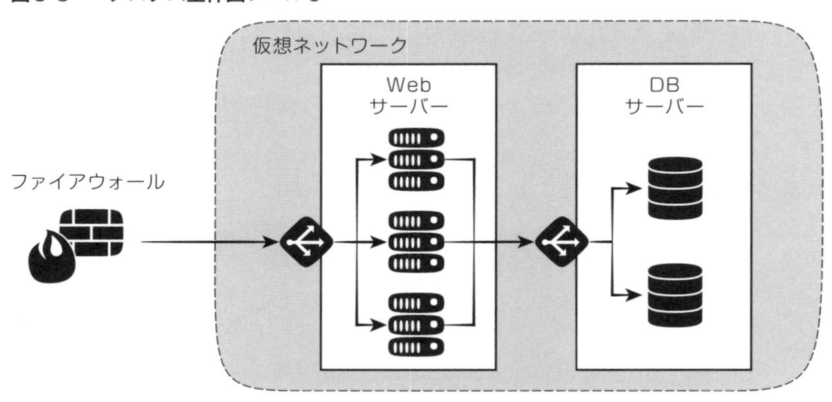

この頃には、利用したいクラウドサービスがおぼろげながら見えてくるはずです。それらをつなぎ合わせて、システムの物理構成を作り上げましょう。まだ決まらない場合は、アプリケーションを実行するサービスと、データを管理・保管するためのサービスから決めて、不足する物を追加するというアプローチをとりましょう。

ここから先は、非機能要件として定めた内容も検討材料とします。クラウドサービスを利用する場合、特に重要なのは可用性向上のための設計です。例えば24時間365日止めることのできないシステムの場合、地理冗長の構成を検討する必要があります。多くのクラウドベンダーは冗長化のためのサービスを提供しています。何を使い、どのようにして冗長構成をとるのか、システム全体図レベル3の中に組み入れ、設計・検討していきましょう。

セキュリティ面の定義も重要な非機能要件です。PCI DSS等に代表される各種セキュリティ基準や認証制度、個人情報保護法やGDPR（General Data Protection Regulation）等関連法規への対応が求められる場合、システムの物理配置や構成に影響を及ぼすことがあります。制約条件としてかなり大きなウェイトを占めることになるため、事前によく確認しておきましょう。

(1) 構成要素のブレークダウン

物理的な構成を定めながら、システム全体図レベル2で作成した各サブシステムを、どこで稼働させるのかマッピングします。コストやシステムの利用率に鑑みながら、最適な配置を検討します。また、先述したシステムアーキテクチャの類型によって、ある程度形が決まることもあります[8]。

ある程度システムの形が見えてきたら、具体的にどのようなクラウドサービスを用いてそれを実現するか、検討を始めましょう。可用性の高さが求められる場合は、早い段階から実現方式を検討し、設計に組み込んでいきましょう。

ここでブレークダウンした結果は、最終的に運用時のコスト計算に使用します。最初から完璧な構成を作り上げるのは難しいかもしれませんが、ここで作るシステム全体図は、インフラ設計の根幹となる非常に重要な設計資料です。設計を進めていく過程で変更が発生した場合もこの図を更新し続け、設計のベースラインとして活用できるように仕立てましょう。

(2) システム連携方式の整理

構築するシステムの規模が大きくなったり、マイクロサービスアーキテクチャを採用したりすると、システムは複数に分かれ、何かしらのデータ連携を行うことになります。ここでは自システム内のシステム連携方式を整理します。

広く採用されるのはHTTPを用いた連携方式です。Web APIを用いてシステム間のデータ連携を実現します。通信フォーマットはJSONやXMLが多く採用されます。近年はSOAPにかわってRESTやgRPC等の方式が採用されるようになっています[9]。

(3) セキュリティ要件の整理と実現方式の検討

クラウドサービスには、セキュリティ関連のサービスが豊富に揃っています。非機能要件に合わせてそれらを組み合わせて追加し、システム全体図に書き加えていきましょう。

まず検討するのはファイアウォールなどのネットワークサービスです。PaaSやFaaS

---

8 システムアーキテクチャの類型について、本書では典型的でよく利用されるパターンのみ解説しています。クラウドベンダーは、システムの目的別にシステムアーキテクチャのパターンを公開しています。それらの資料を参照しながら、最適な配置を検討していきましょう。

9 データベースやファイルシステムを介して、システム間を連携することもあります。しかし、システム間の密結合を防ぎ、構成の自由度を高めるため、Web APIを用いた連携方式が昨今一般化しています。

に付属してくるケースもありますが、多くの場合ファイアウォールは別途設けた方がネットワークセキュリティを高められるので、積極的に活用を検討しましょう。

続いて、シークレットや証明書などのキー管理サービスの導入を検討します。システム内でセキュアに保ちたい情報がある場合は、システムの高セキュリティ化、そして開発環境の高セキュリティ化のためにも、必ず構成に加えるようにしましょう[10]。

IaaSを利用する場合は、OSのセキュリティパッチ適用を利用者が行わなければなりません。クラウドベンダーによっては、この負荷を軽減するために、IaaSに対してセキュリティパッチをまとめて適用してくれるサービスを提供しています。システム運用方式と合わせて導入を検討しましょう。

一言でセキュリティといっても、様々なサービスが存在します。システムの構成と非機能要件とを照らし合わせながら、必要十分なものを利用しましょう[11]。

(4) ネットワーク構成の作成

ここまで検討を進めると、システム全体で使用するクラウドサービスが定まってきます。次に、これらをつなぐネットワーク構成を考えましょう。その際に重要なのは、必要最小限のアクセスだけが許可されるように設計することです。

ラフな構成案を作成したら、そのネットワークに対して誰がどのようにアクセスするか、インバウンド通信について検討を重ねます。一般ユーザー以外に、開発者や保守運用メンバーがシステム内部にアクセスできなければなりません。また、システムを構成するサーバーやクラウドサービス同士も、お互いにアクセスし合います。これらのアクセス経路を整理し、誰がどのような経路でどのポートを使って、セキュアにアクセスできるか検討しましょう。

続いて、システム内からインターネット方向へのアウトバウンド通信の可否を検討します。不用意なアクセスが発生しないように、アウトバウンド通信も最小限に制御するのが一般的です。インターネットアクセスを完全に塞ぐのは難しいですが、特定のURLやIPにのみ個別アクセスを許可すれば、安全性が高まります。これらの制御ができるかどうか、構成を改めて確認しましょう。

---

10 開発プロジェクトのメンバー全員が本番環境へアクセスできる状態にしてしまうと、意図的か否かにかかわらず、誰でもデータを持ち出したり更新できたりしてしまいます。また、シークレットが流出してしまうと、外部からの攻撃に対しても脆弱になります。

11 通常、セキュリティ関連のサービスは、利用料が高額になりがちです。セキュリティ事故が発生したときに生じるリスクをよく見積もって、本当に導入すべきかどうか慎重に検討することをお勧めします。

オンプレミスとの連携がある場合は、その通信方向を必ず確認しましょう。特にクラウドからオンプレミス方向へのアクセスには、専用線接続が必要です。開通までに時間を要するため、開発計画にも影響を及ぼす要素となります。

PaaSやFaaSを構成に加える場合、パブリックなアクセスポイントが存在しないか、よく確認しましょう。サービスによっては、パブリックなエンドポイントを封鎖できないケースがあります[12]。ネットワーク境界を制御できない箇所を把握して、別の防御手段を検討します。データベースサーバーやキー管理サービスのように、高レベルのセキュリティが求められるリソースから優先的に、ネットワーク上の穴がないか、防御手段は十分か確認しましょう。

12 システムへのアクセスルートを制限する、ネットワーク境界型のセキュリティに頼る方式は、今後推奨されなくなると筆者は考えます。この方式を使いつつも、別のセキュリティ強化策を組み合わせるようにしましょう。

8.6
Theory of System Design

運用・管理の視点で仕様を固めよう！

追加で検討すべきポイント

以上のほかにも、追加で検討しておくべきポイントがいくつかあります。必要に応じて、対応するサービスを構成要素に追加していきましょう。

(1) ユーザー認証・認可

システムを安全に運用していくためには、認証や認可の仕組みをシステムに取り込む必要があります。システムユーザーのほか、データベースユーザーや各種PaaSのユーザー、IaaSのログインアカウントなど、開発者や保守運用担当者向けの仕組みもあります。使用するクラウドサービスごとに、認証・認可の方式や、アカウントの管理方法を検討しておきましょう。

開発者や保守運用担当者の認証・認可にも、多くの場合IDaaSの仕組みを適用できます。APIキーや、各サービス独自の認証機構を使用するのではなく、IDaaSの機能を使って認証・認可機構を統合できないか検討しましょう。

(2) システム監査への備え

特にエンタープライズ系システムの場合、監査のためのログを保持しておかなければなりません。監査ログを保存するクラウドサービスもあるので、活用できないか検討しましょう。また、監査ログを集約するサービスもあります。自社のセキュリティポリシーや関連法規に従って、必要な監査機能を利用しましょう[13]。

13 監査を有効に働かせるには、開発者や保守・運用メンバーが個別にアカウントを持つことが重要です。ログインアカウントを複数のメンバーで使いまわしてしまうと、監査ログを取得する意味がなくなります。

(3) 可用性・回復性を考慮した冗長化

システム全体としての可用性をどこまで追求するかによって、冗長化のレベルは大きく変わります。365日止めてはいけないのであれば、大規模災害に備えて、地理的に離れた場所でシステムを同時に稼働させる必要があります。しかし、冗長化を行えば行うほど、システム運用のコストも、設計・構築のコストも跳ね上がります。理想と現実の間で妥協できるポイントを探していかなくてはなりません。

PaaSやSaaSなど、クラウドベンダーの管理責任が広いサービスには、簡易な冗長構成が予め組み込まれているケースもあります。データベースサービスやストレージサービスなど、冗長化がほぼ必須なものについては、特にこの傾向が顕著です。また、契約プランによって、簡単に冗長構成が可能なものもあります。コストと非機能要件をよく確認して、必要十分な冗長構成を作りましょう。

(4) テスト環境

ここまでは本番環境の構成を考えてきましたが、それとは別に、テスト環境も準備しなければなりません。クラウドサービスを活用する場合、本番環境とほとんど同じような構成を、現実的なコストで準備できます。できる限り本番と同等の環境を準備し、テストで活用できるようにしましょう[14]。

コスト最適化戦略の策定

利用するクラウドサービスが定まると、カットオーバー後の運用コストを大まかに見積もることができます。システムがどのように利用されるか、課金の単位と対象を事前によく確認しておきましょう。

クラウドの利用料をこの段階で見積もることに疑問を感じる方もいるでしょう。しかし実際のシステム投資の現場では、利用料の事前見積もりがよく求められます。システムリソースを柔軟に増減できることがクラウドのメリットですので、幅を持たせた額を提示するようにしましょう。また、システムをどのように成長・縮小すればよいか、

14 ほとんどのクラウドサービスは、利用している時間だけ課金されるようになっています。本番同等の構成を作ったとしても、テスト終了後に消してしまえば、それ以上課金されることはありません。必要になったら、再度環境を構築すればよいのです。構築作業を省力化したければ、Infrastructure as Codeのサービスを活用し、構築作業を全自動化します。これにより、いつでも好きな時に本番と同等の環境を構築することが可能になります。

コストを最適化するための戦略を検討しましょう。

(1) 最低限必要のリソースキャパシティ

まずは全体構成図レベル3に描いた各種リソースについて、必要最低限のプランを検討していきます。クラウドサービスは、使用するCPUやメモリ、ストレージの種類や量によって複数のプランがあり、それぞれに利用単価が設定されています。システムを実行するのに最低限必要なリソース量を見積もり、プラン選択の基礎データにしましょう。

現行システムがある場合は、そのリソース使用量を下敷きにして見積もります。現行システムに対する定常的なアクセス数や、同時アクセス数の最大値、ピーク時のリソース使用量などの情報を収集して、最低限必要なプランを選定します。あまり精緻である必要はなく、予測が入ってしまっても構いません。

現行システムがない場合は、アクセス数などの想定値を定めてリソースの所要量を推定します。最も多用される機能のプロトタイプを作成してリソース消費量を測定し、そこから所要量を推定する方法がよくとられます。

初期の見積もりには、ブレがある前提でかまいません。開発を進めながら、必要最低限のリソースはどの程度か、徐々に精緻化しましょう。なお、最初から余裕を多く確保する必要はありません。スケールアウトやスケールアップを簡単に実施できるからです。

(2) スケールアウトとスケールインを計画する

システムの利用頻度が時系列でどのように変化するかを計画時に見定めておくことで、よりコストを削減できる可能性があります。月末やイベント開催日など、アクセス量が増大するときだけリソースを増強して、負荷の増大に対応することができます。

リソース消費が大きく変動する場合は、システムをスケールアウト／スケールインできるように設計しましょう。これらの実行タイミングには、リソースの消費状況に合わせて動的に実行する形と、予め定めたスケジュールに従って実行する形の2パターンがあります[15]。

動的にスケーリングする場合は、サーバーのCPU使用率、メモリ消費量、IO性能などのメトリクスを判断基準にします。いつアクセス量が増大するか見定めるのが難し

---

15 自動スケーリングは非常に便利である反面、ソフトウェアライセンスについて注意が必要です。有償ソフトウェアの中には、ソフトウェアを稼働させるサーバー数や、CPU数など、サーバーの構成に基づいた課金体系となっているものがあります。自動スケールする場合どのような課金体系となるか、事前によく確認しておきましょう。課金体系によっては、最初から大きめのサーバーを準備しておいたほうが、全体的なコストを抑制できる可能性もあります。

い場合に採用しましょう。システムの特性によって、負荷の集中するリソースは変わります。机上での検討に加えて、システムテストを実施し、実際のメトリクスに基づいた検討を行うようにしてください。

月末やイベント、キャンペーンなど、アクセス数の増大が事前に予測できる場合は、スケールアウトのタイミングをスケジュールしておきます。動的なスケールアウトでは、サーバーの台数が増えてシステムとして使えるようになるまでタイムラグがあります。アクセス量が実際に増大する前にスケールアウトしておく方が、可用性を損ないません。特にスケールアウトに時間のかかるサービスを使う場合は、このようなイベントがどのくらいの頻度で発生するのか、調べておきましょう。

スケーリングの方式は組み合わせることもできます。事前にわかっているシステムイベントには、スケジュールに従ったスケールアウトで対応し、予想を上回るアクセス増に対しては、動的なスケールアウトで対応するのが基本的な考え方です。一方、スケールインは多くの場合、計画的に行うのが難しいため、リソース使用量のみに基づいて、動的に実行する形が基本となります。

(3) スケールアップとスケールダウンを計画する

スケールアウトでは対応しきれない場合に備えて、スケールアップの計画を定めましょう。サービスを停止せずにスケールアップできるケースはほとんどありません。しかしクラウドサービスなら、一定のダウンタイムを設けるだけで、現実的な時間内にスケールアップできます。

但し、クラウド上のシステムでは、小さなサーバーを複数台並べて処理するのが一般的です。データベースサーバーなど、限られた種類のリソースだけがスケールアップの対象になります。どのようなケースにスケールアップを検討するのか、確認すべきメトリクスは何か、どのような手順で実施するのか、事前に計画を立てておきましょう。

(4) サーバーの稼働時間を計画化する

テスト環境のように、常時起動しておく必要がなければ、使うときだけサービスを起動することで、コスト削減できる場合があります。エンタープライズ系システムの場合、夜間に本番環境のオンラインシステムを停止するケースはよくあります。使わないサーバーを夜間に停止することで、大きく利用料を削減できます。

システム内の各リソースについて、使用しない時間帯があるかを事前に確認し、サービスを計画的に停止して、コストダウンを図りましょう。

サーバーやサービスごとの設定値を確認・整理する

クラウドサービスは、OSレベルやサービスレベルなど、様々なレベルで利用者が任意の設定を行うことができます。各サービスが提供する設定値の一覧を調査し、どのような設定を行うべきか検討しておきましょう。

次に一例として、筆者の手元にあるWindows Serverにおける設定値の一部を抜粋します。

表8-7　Windows Serverにおける設定値一覧の例（一部抜粋）

カテゴリ	設定項目	既定値	有効範囲	設定値	設定理由
管理者設定	名前	Administrator	—	Administrator	
	次回ログオン時にパスワードの変更が必要	ON	ON OFF	OFF	
	ユーザーはパスワードを変更できない	OFF	ON OFF	OFF	
	パスワードを無期限にする	OFF	ON OFF	ON	
	アカウントを無効にする	OFF	ON OFF	ON	
	アカウントのロックアウト	OFF	ON OFF	OFF	
	所属するグループ	Administrators	—	Administrators	

システムの中には「なぜかわからないが動いている」ものがあってはいけません。この例にあるように、既定値は何か、実際の環境に設定する値はどうするかを事前に整理して確認しましょう。クラウドサービスはほとんど設定を行わなくても利用でき、すぐにシステム公開にたどり着けてしまいます。しかし、設定値を変更しなかったために脆弱な状態で公開され、残念なセキュリティ事故を招くケースが多発しています。

この設定値一覧の各項は、開発を進める中で徐々に成長させていくべきものです。設定の定まらない項目は、一旦セキュリティ上安全な方向に倒して設定しておき、必要に応じてあとから設定を緩めるようにします。

8.7 Theory of System Design

使用するサービスによる共通仕様を固めよう！

ここまでは、システム全体の構成をどう定めていくか、主にインフラの観点からまとめてきました。ここからは、肝心なアプリケーションの構造をどのように定めていくか解説します。アプリケーションの共通仕様を定めることは、クラウドの時代においても保守性の高いシステムに仕立て上げるための基礎となります。

アプリケーションの共通仕様とは何か?

アプリケーションの共通仕様とは、アプリケーションの論理的な内部構造や設計方式のことです。具体的には、機能要件・非機能要件を実現するために必要となるトランザクション制御方式、例外処理方針、ログ出力方針といった共通的な仕様を指します。

通常1つのシステムには複数のサブシステムが含まれています。どのような保守運用体制で、どの範囲までの共通仕様を共有するか検討しましょう。仮に、2つのサブシステムをそれぞれ全く異なる体制の下で保守運用するのであれば、アプリケーションの共通仕様を共有する必要はありません。マイクロサービスアーキテクチャを採用する場合も同様のことが言えます。ログの集約先など、ある程度の共通仕様が定まっていれば十分です。

共通仕様の共有範囲をむやみに広げると、システム開発の足かせになることもあるので注意してください。

アプリケーションのレイヤー化

多くのアプリケーションは、ユーザーからの入力値を受け取り、入力値に誤りがないことを確認し、業務的な計算ロジックを実行し、データを保存して、ユーザーに出力を返す、という流れで動作します。内部で実行する処理の責務に応じて、アプリケーションを階層化して構築することを「アプリケーションのレイヤー化」と呼び、定めたレイヤーに従って構築するのが一般的です。これを行わないと、ソースコードがスパゲッティ化し、保守性が損なわれてしまいます。

レイヤー化にはいくつかの方法があります。どのような方法でレイヤー化するか、共通仕様として定めましょう。

(1) レイヤードアーキテクチャ

アプリケーションをユーザーインターフェース、ビジネスロジック、データアクセスの主に3階層に分割して構築化する方法です。階層の数は特に制限がなく、必要に応じて増減させます。

図8-9　レイヤードアーキテクチャ

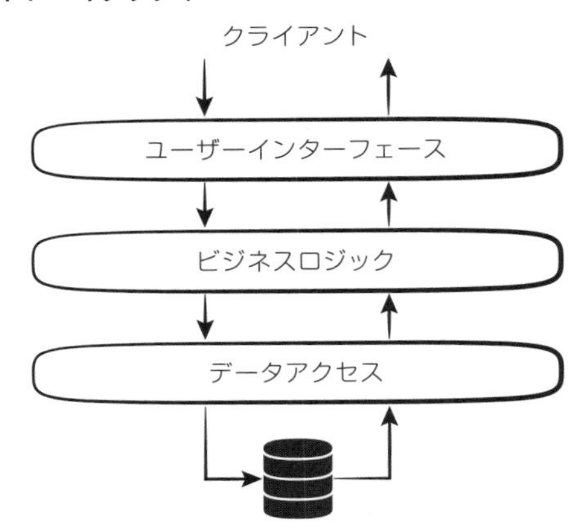

このアーキテクチャの利点は、仕組みが非常にシンプルで、誰でも容易に理解できることです。実装も非常にシンプルで、下位のレイヤーの呼び出しは、単純なメソッドコールに置き換えることができます。

デメリットは、上位のレイヤーが下位のレイヤーに依存することです。レイヤードアーキテクチャを用いると、最も重点的にテストすべきビジネスロジック部分のテストに、下位のデータアクセス処理を含めなければならず、そのぶんテストが複雑になってしまいます。クラウド活用の目的のひとつはシステムの俊敏性を向上することですが、この目的に照らし、レイヤードアーキテクチャは少々重たい構造だと言えます。

しかし、構築後しばらく変更せずに使い続けるようなシステムには、この構造がフィットします。シンプルさは構築コストに直結するため、足の遅い基幹系システムでは効果を発揮する構造です。

(2) クリーンアーキテクチャ

これもアプリケーションを複数の階層に構造化する方法です。レイヤードアーキテクチャとの違いは、最下層のレイヤーが「Entities」となっている点です。Entitiesにはビジネスルールが実装されています。また、データアクセス処理（Database）はEntitiesには含まれておらず、最上位層に配置されています。

図8-10　クリーンアーキテクチャ

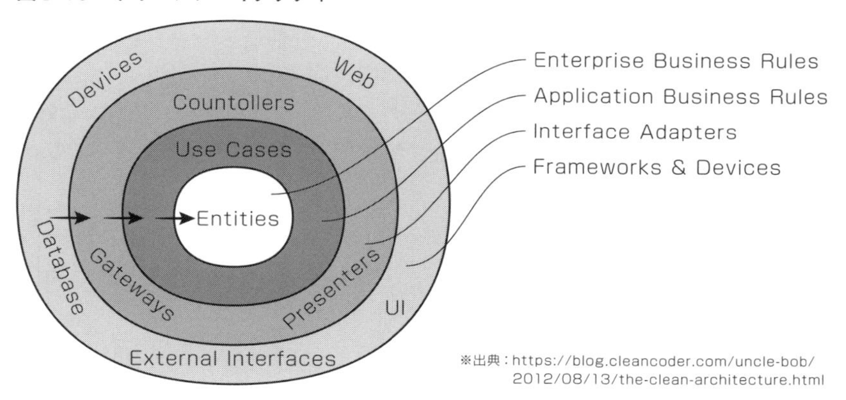

クリーンアーキテクチャではビジネスロジックをUse CasesやEntitiesに実装します。通常ビジネスロジックの中では、データストアに対するアクセスや、外部APIの呼び出しなどを実行しますが、「依存性の逆転」という実装テクニックを用いて、参照関係を反転させます。

このアーキテクチャであれば、ビジネスロジックが他の何にも依存しなくなり、テストの容易性を確保できます。成長・変化し続ける俊敏なシステムの構築に適しており、クラウド向きのアーキテクチャです。その反面、学習コストが高く、アーキテクチャを全員で守り続けるのが難しいというデメリットがあります。

アプリケーションの設計方式

アプリケーションの設計方式は、何を起点にして設計を始めるかで、大きく2つのパターンに分けられます。

(1) トランザクションスクリプト

1つの操作に着目して、その中の処理手順を組み立てていく方法です。1つの操作とは、設計レベルで言えばユースケースに相当しますし、実際のアプリケーションに置き換えれば、ユーザーによるボタン押下などに相当します。それぞれの操作内で、どのような処理を行うかを分析・設計します。

トランザクションスクリプトのメリットはわかりやすさです。ユースケースやユーザー操作に基づいて分析・設計を行うため、業務的な知識があれば設計作業を行うことができます。短期間で一気にシステムを作り上げるには最適な方法です。

しかし、複数のユースケースやユーザー操作で共通した処理があった場合、それらがばらばらに設計・実装されてしまう可能性があります。同じ処理内容が別々に設計・実装されると、修正漏れなどのデグレード発生リスクを飛躍的に高めてしまいます。また、修正対象を特定するのにも時間を要すため、システム自体の俊敏性が下がっていきます。クラウドやアジャイル開発の特性に合わない設計方式とも言えます。

(2) ドメイン駆動設計

システム化対象の範囲にある現実の世界をモデル化して、システムに落とし込んでいく設計技法です。これはシステムの表面的な操作を設計の起点としないことが特徴です。モデリングとコーディングを繰り返し、対象領域をうまく表現できるモデルを探索しながら、システムを組み立てていきます。そのため、業務的な知識と、ある程度の実装力を併せ持つ人でなければ、設計作業を進めることはできません。

現実世界をモデル化したものを「ドメインモデル」といいます。ドメインモデルは、システム化対象領域を、業務的に関わりの深いグループに分割して設計します。これをマイクロサービスアーキテクチャにおけるサービスの粒度と一致させることで、適したサービス分割を行うことができます。

システム化対象領域がそのままコードに落ちていくため、正しくモデリングされていれば、同じ処理が複数の場所にばら撒かれるという問題は発生しません。また、ドメインモデルとコードの一致性が高くなるため、修正作業が容易になるという特徴もあります。

トランザクション制御方式

データを永続化して保存する際、トランザクション制御をどのように行うかを共通仕様として定めましょう。使用するデータストアの種類や、システムアーキテクチャ、アプリケーションアーキテクチャによって、トランザクション制御の方式は個別に定めなければなりません。次のような観点で、データの一貫性を保つ方式を検討しましょう。

- データストアの提供するトランザクション管理機能の活用指針
- データロックの方針：業務排他、楽観同時実行制御
- 分散トランザクション
- ミドルウェアでは対応できない業務的なトランザクション：結果整合性、補償トランザクション、TCCパターン、Sagaパターン

(1) トランザクションの単位

まず検討するべきは、どのような単位でデータベーストランザクションをかけていくかです。最も簡単なパターンは、何らかのユーザー操作に対して1つのトランザクションを作成するという方式です。このような方針とすることで、トランザクションのかけ漏れがなくなります。その反面、同時実行性が下がってしまう可能性が高まります。

全体的な方針を定めたうえで、個別の機能単位でルールを緩和する、という方針もとることができます。まずは全体的にどうするべきか、システムの特性に合わせて検討しましょう。

(2) データのロック方針

続いて検討するのは、データのロック方針です。同じデータを複数のユーザーが同時に編集するような機能において、ユーザーにどのようなエクスペリエンスを提供するか、という観点で検討します。これも個別の機能ごとに、方針が変わっても問題ありません。まずは全体的な方針を定めることを意識しましょう。

● 業務排他

誰かが編集モードに入ったら、ほかのユーザーはその機能を使用できないようにするといった、ビジネスロジックのレベルで排他処理を行う処理方針です。この機能を実現するためには、データベース上に「編集中」「未ロック」などのステータスを保持し、編集前に確認するような設計が必要となります。またロックされたままになってい

るデータに対処する方法を設計しなければなりません。

ユーザーの視点で見ると、処理を行う前に編集状態かどうかを判断できるメリットがあります。その反面、設計や考慮すべきポイントが多岐にわたるというデメリットがあります。

●楽観同時実行制御

異なるユーザーが同時に同じデータを編集してしまったとき、最初にデータを更新したユーザーのみが正常に処理できるようにする方針です。あとから更新したユーザーには、すでに誰かがデータを更新したためデータ更新ができず最初から処理をやり直すように促します。この方針は実装が非常に簡単であるというメリットがあります。データに対してバージョン番号を付与し、更新時にバージョン番号が上がっていないかを確認することで、別のユーザーによって更新されているかどうかを検証できます。

ユーザーの視点で見ると、データ入力が完了し、更新時にエラーを通知されることになるため、入力データが無駄になることにつながります。同じデータを同時に編集するケースが少ない場合にメリットのある方式と言えます。

(3) 分散トランザクション

データベースが複数存在している場合、そのトランザクションをどう扱うかの方針も検討しましょう。分散トランザクションに対応している場合は、ある程度をミドルウェアの機能に頼ることができます。しかし、分散トランザクションを使用すると、必ず2フェーズコミットが使用されることになるため、運悪くインダウトトランザクション[16]となるケースがあります。インダウトトランザクションが発生することを許容して、分散トランザクションを使用するのかどうか、システム運用の観点からも検討しておきましょう。

(4) 業務的なトランザクション

ミドルウェアでは対応できない業務的なトランザクションの取り扱い方についても、共通仕様を定めておきましょう。例えば旅行の予約を例にすると、交通機関の予約と、ホテルの予約、すべてが完了したら旅行の予約が完了します。通常このようなケース

---

16 コミットするべきか、ロールバックするべきか不明なトランザクションのことです。ミドルウェア側で自動的にインダウト状態が解消できるケースもありますが、多くの場合は人手による解消が必要です

では、交通機関の予約とホテルの予約はそれぞれ別会社の管理下にあるため、ミドルウェアによる分散トランザクションによってトランザクションを統一することはできません。他社のサービスを活用した業務的なトランザクションでは、他社の流儀に従った方式がありますが、自ステム内の場合はその定義から始めなければなりません。

特にこれが問題となるのは、マイクロサービスアーキテクチャを採用している場合です。1つの業務的な処理を複数のサービスを連携させてさばかなければならない場合、業務的なトランザクションの実現が必要になります。最もよく採用されるのは、補償トランザクションです。このような設計要素は、正常系ではないため漏れが発生しがちです。全体的にどのような設計を基本とするか、共通仕様を必ず定めておきましょう。

業務トランザクションを完結するための処理を、実装サンプルのレベルまで詳細化しておくことで、機能ごとのぶれを減らすことができます。定めた共通仕様をコードレベルまで落としておくことを推奨します。

例外処理方針

アプリケーションに例外はつきものです。ところが、例外を正しく扱っているシステムは多くありません。これはシステムとして例外をどのように扱うかの方針が定まっていないことに起因します。

まず例外とは何か、よく理解しておく必要があります。例外とは、システム内で発生したエラーを、通知するための方式のひとつです。エラー通知の方式には、戻り値を使って表現する方法もあります。

エラーは、メモリ枯渇などの、ビジネスロジックの設計上全く考慮していない、予期せぬ事態を表すエラー（以降システムエラー）と、業務ロジックによって検出する業務的なエラー（以降業務エラー）に分類されます。例外処理方針を定めるには、まずこれらのエラーの扱い方を定めるところから始めなければなりません。

例えば、システムエラーと業務エラーをどちらも例外で通知するように決めたとしたら、業務エラーは必ずどこかでハンドリングして、適切なメッセージを利用者に伝えなければなりません。これを実現するためには、業務エラーを表現するための例外クラス[17]を設けて、どのように使用するかのルールを定めます。

他方、システムエラーは、ハンドリングしてもビジネスロジックによって状態を回復

17 業務エラーを表現する例外の基底クラスを定義しておくことでも問題ありません。

することができないため、システムエラー画面を表示することになります。その際、システムの保守運用メンバーがエラー原因を追究できるように、ログを記録しておくことが求められます。このような機能横断的な処理を、個別のロジック内に仕込むのは無駄になります。フレームワークの機能を活用して、こういった機能を実現します。

例外処理方針は、システム内でのエラーの扱い方を含んでいます。その状況をシステムの利用者と提供者が正確に把握できる仕組みとルールを定めましょう。可能であれば、実装まで踏み込んだルールを定めておきましょう。

ログ出力方針

ログの出力方針では、主に次の点を定めましょう。

(1) ログの出力先

コンソール、テキストファイル、イベントログなどのサーバー内リソースや、ログ基盤などのサービスが候補となります。ローカル環境での開発時、結合テストなどを実施するテスト環境、本番運用環境で、それぞれ全く異なる設定を行うケースが多いため、環境ごとの出力先と、それらの切り替え方を検討しておきましょう。出力先によってはログの欠損が発生しやすいので、その点も考慮しましょう。

(2) ログフォーマット

1件のログにおける出力内容を定めます。ロギングフレームワークを活用する場合、自動的に出力してくれる項目もあります。障害発生時をイメージして、問題個所をログから探査できるように出力内容を精査しましょう。

また、CSVやXMLなど、ログ情報の出力形式も併せて検討しましょう。ログ集約サービスを使う場合、出力形式が定められていることもあるので、特に注意しましょう。

(3) ログレベルの定義

通常ログにはError、Warningなどのログレベルがあります。どういった時にどのログレベルを適用するかを定めておきましょう。そこを開発者任せにすると、気軽にErrorレベルが使われてしまい、実運用時に頻繁にアラートメールが飛ぶといった問題が発生しがちです。

また、環境ごとにどのログレベルまで出力するかを定義しましょう。例えば「本番運用環境ではInformation以上を出力する」といった基本ルールを定めます[18]。

(4) ログ出力パターンの定義

ログ出力の実行条件、ログレベルの選択、実装方法を定めます。実装サンプルを定義に含めておけば、ブレを削減できます。

(5) メッセージ規約

ログメッセージは障害解析の重要な手掛かりになります。しかし、開発者任せにすると、「エラーが発生しました」といったように、システム運用時に役立たないログメッセージが乱造されがちです。どのようなメッセージを出力するべきか、規約として定めることを推奨します。

ログメッセージの内容は、5W1Hをできる限り揃えるようにしましょう。時間や場所の情報は、多くの場合ロギングフレームワーク側で自動的に出力してくれますが、どんな条件の時に何が起きたのかまでは詳細に記録してくれません。その処理を行っていたユーザーの情報や、エラーの原因となった入力値など、障害解析の助けとなる情報をログメッセージに含めるよう規約化しましょう。

(6) 処理のトレーサビリティの確保

複数のサービスを連携させて1つのシステムを構築する場合には、ログのトレーサビリティを向上させるための方式も検討しておくことを推奨します。何らかのIDを一連の呼び出し間で持ちまわり、各ログに出力しておけば、複数のサーバーで出力したログを、操作単位に集約して閲覧できます。これにより、問題発生時の切り分け速度が大幅に向上します。

例えば表8-8のように、トレースIDをキーにして各サーバーのログを集約できれば、この処理全体で何を行ったのかを簡単に可視化できます。ログ基盤を導入してログの集約を行っても、トレーサビリティが欠如していると効果が半減してしまいます。

18 ログ集約のサービスには、ログの転送量に応じ課金されるものがあります。

表8-8　トレースIDによるサーバーログの集約

日時	トレースID	ホスト	メッセージ
4/10 10:00:00	T00001	ServerA	処理を受け付けました。
4/10 10:00:01	T00001	ServerA	XXを呼び出します。引数：
4/10 10:00:02	T00001	ServerB	処理開始。引数：…
4/10 10:00:03	T00001	ServerB	データベースアクセス開始
4/10 10:00:04	T00001	ServerB	＃件データ取得完了。
4/10 10:00:05	T00001	ServerB	処理を終。戻り値：…
4/10 10:00:06	T00001	ServerA	XXを取得しました。
4/10 10:00:07	T00001	ServerA	XXを呼び出します。

瞬発的に発生する障害に備える

ここまでは、一般的に検討しておくべき共通仕様について解説しました。システムの特性によっては、もう少し追加で検討しておくべき共通仕様があります。

クラウドサービスを使用する場合や、様々なサービスを連携させてシステムを構築するケースでは、連携先システムの障害に対して自動的に手当てする方式を検討しておくことが重要です。

(1) 処理の再実行

クラウドサービスは、ネットワークの不調や、サーバーの自動メンテナンスによるフェールオーバー等により、一時的に接続できなくなることがあります。たいていはアプリケーション内で処理を再実行したり、ユーザーに再操作を促したりすることで、正常に処理できます。このような再実行の戦略を、共通仕様として定めましょう。バッチ処理についても、同様に再実行の方式を検討すべきです。

自動化する場合は、再実行までの時間間隔も検討しましょう。一般的に、ユーザー操作を伴うアプリケーションでは、再実行までの間隔を短めに設定し、一定回数経過後はユーザーに再実行の判断を委ねる戦略をとります[19]。バッチ処理など、ユーザー操作を伴わない場合は、再実行の回数に応じて指数関数的に間隔を開け、できるかぎり1回の処理内で成功するような戦略をとります。

再実行しても回復しない場合は、処理をエラー終了させて運用担当者に通知し、リランを待ちます。

(2) 処理の冪等性の確保

冪等（べきとう）性とは、1回以上、何度同じ操作をしても同じ結果が得られる特性のことを指します。処理の再実行では、呼び出す処理に冪等性が確保されていなければなりません。再実行によってデータが壊れてしまったり、返却される結果が変わったりしまっては、処理を再実行できなくなります。

オンライン処理の場合は、冪等性を確保せず、処理の自動的な再実行をあえて行わないこともあります。何か問題があれば、ユーザー操作を最初からやり直してもらうわけです。一方、バッチ処理には冪等性を確保し、自動的な再実行ができるように設計するのが一般的です。

共通仕様として定めた戦略は、各システムの設計に大きな影響を及ぼします。必ず設計作業を行う前に方針を決めておきましょう。

(3) 補償トランザクションの組み込み

ひとつの業務処理内で複数のサービスを呼び出すシステム構成では、「補償トランザクション」と呼ばれるキャンセル処理が必要になります。RDBのトランザクションが活用できない場合、データをロールバックするには、更新処理を打ち消す別の業務処理を提供しなければなりません。これは設計にも実装にも大きなコストがかかります。

アプリケーションの共通仕様として、補償トランザクションをどのような機能単位で提供するか、よく検討しましょう。補償トランザクションの数が多くなりすぎるようであれば、システムを統合してRDBを採用したほうが、無理のない設計・実装になるかもしれません。システムを分割する場合は、補償トランザクションの組み込みを忘れ

19 障害が長くなることがアプリケーションの中から判定できる場合は、「サーキットブレーカーパターン」と組み合わせることで、より高度な機能を実現できます。但し、サーキットブレーカーパターンは実装が複雑になりやすく、長時間障害が続いている状態を判定するのが比較的困難です。多くの場合は処理の再実行だけで問題なく対処できますが、再実行による不必要な負荷を嫌う場合は、サーキットブレーカーパターンの適用を併せて検討してください。

ないように共通仕様として定めましょう。

帳票出力方式

帳票を出力する業務は徐々に減っているものの、エンタープライズ系システムでは未だに多く残っています。帳票出力処理は実行時間が長く、システムリソースを多く消費する傾向があります。そのため、オンライン処理の中で同期的に帳票出力処理を実行してしまうと、システムに様々な悪影響を及ぼします。

また、帳票出力は業務のオペレーションに直結しやすく、機能要件が複雑化するケースも少なくありません。紙の帳票以外にも、PDFやExcelファイルの生成など、出力先も多種多様です。絶対に守らなければならない要件を整理してから、利用できるクラウドサービスや帳票製品を選定するように心がけましょう。

Theory of System Design

運用・保守の手順を固めよう！

ここまでは主に、システムを作る視点から設計を行ってきました。作り上げた設計を、運用保守の観点から見直してみましょう。また共通仕様として「運用・保守設計書」と「障害・セキュリティ対策設計書」の2点をまとめます。

運用・保守手順の設計

運用要件書のサイトごと、および運用管理項目ごとに、詳細レベルの運用仕様と手順を検討し、ネットワーク管理、システム管理、業務管理のそれぞれについて、運用・保守設計書としてまとめていきます。クラウドベンダーがこれらの管理を代替することもありますが、どのような管理が行われているか、必ず確認するようにしましょう。

(1) ネットワーク管理・システム管理

ベースラインとなるリソース消費状況と、警告通知の必要な状況を定義します。

- ハードウェア／ソフトウェア障害対策（障害発生時に、どのようにシステムを正常稼働状態まで復旧させるかを定義します。非機能要件に合わせて、データセンターやリージョンレベルの障害まで含めて対応の要否を検討します。）
- ネットワーク障害対策
- ハードウェア構成管理（システムを構成するサーバーの配置リージョン、データセンター内の配置など、ハードウェアの詳細情報をまとめます。）
- ネットワーク構成管理
- リソース管理（CPU利用率、メモリ容量、ディスク容量、回線容量などの正常範囲を定義します。リソース不足時のオペレーションについても検討します。）

- 性能管理（トラフィック管理、応答時間管理など、正常時の性能を定義します。性能悪化時の対策も検討します。）
- セキュリティ管理（パスワード、アクセス制御、ウィルス／マルウェア対策などの要件を定めます。）
- 課金管理（従量課金型サービスのサービス利用料について、正常な状態での課金額をまとめます。）

（2） 業務管理

定常的な業務を遂行するための管理手順を定めます。

- 運用実施組織、体制
- スケジュール計画（ハードウェア、ソフトウェアの保守作業をスケジューリングし、管理していくための計画を立案します。サーバーやサービスの計画停止、スケールアップ等の構成変更、システム運用の年間、月間スケジュールの作成などを含みます。例えば、システム負荷の高いイベントを列挙するといった作業があります。）
- 作業手順の作成と管理（定期的に実行するサーバーの起動／停止、バックアップの取得／リストア、DBの再構成、OSのパッチ適用、ユーザーの追加／削除、アプリケーションリリース、ログの取得、ジョブのスケジューリングと実行監視等の定型作業を列挙し、手順を作成するとともに、作業結果の確認方法をまとめます。突発的に発生する緊急作業や、クラウドサービスの障害対応、システム障害対応など、定型化できない作業についても、報告体制などを含めて検討します。）
- セキュリティ管理（データセンターへの入退室の管理方法、行動監視方法、物理的な鍵の管理方法を定めます。ほかに、システム監査まで含めて検討します。）
- 資産管理（機器やクラウドサービスの棚卸方法、手順を定めます。またHDDなどの記録媒体については、納入から破棄までの管理方法を検討、またはクラウドベンダーの管理方針を確認します。）
- 消耗品管理（帳票用紙、インクトナー、記録メディア等の在庫管理方法を定めます。）

障害対策仕様の策定

障害対策の仕様を明確化し、「障害・セキュリティ対策設計書」としてまとめます。

(1) 障害の防止方法の明確化

- ハードウェア構成の高信頼化（クラスター構成、RAID構成、ミラーリング、データの保管場所、定期的な予防保守、各種自動診断機能の採用などを検討します。クラウドの場合は各サービスのSLA[20]を確認し、データセンターやリージョンレベルでの冗長化を非機能要件に照らして検討します。）
- ネットワークの二重化（LANケーブルや、ハブ、スイッチなどの二重化を検討します。）
- 電源の二重化（サーバーの電源ユニット、ブレーカー、無停電電源装置の二重化や発電機の準備など、非機能要件に従ってどの程度の冗長化が必要か検討します。クラウドの場合、非機能要件を満たすシステム配置を検討します。）
- 代替機器の準備（故障機器を即座に交換できるように準備するか検討します。LANケーブルや電源ケーブルなどの簡単なものから、ハブやスイッチなどの機器まで、様々なものが対象になります。クラウドの場合、マスターイメージの管理、待機系の準備が必要かを検討します。）

(2) 障害発生の検出方法と記録方法を明確化

- 障害検出機能の適用範囲の確認と検討（OSやデータベース管理システム、各種障害検知アプリケーション等の適用と範囲を確認し検討します。クラウドの場合も、各種メトリクスを収集可能なサービスやログ基盤を用いて、同様の検討を行います。また、クラウドサービスやデータセンターの異常を周知するWebサイトの巡回についても検討します。）
- 障害内容の表現仕様（収集データや通知メッセージのフォーマット、記載内容を確認して、どのような時に対応が必要か検討します。）

(3) 障害の通知方法を明確化

- 障害レベルごとの通知方法、手段、範囲（アラートメールの送信、パトランプ

---

20 Service Level Agreement（サービスレベル合意）の略。サービス品質保証とも呼びます。

による視覚的な通知、チャット/SMS通知、警告音など、即座に対応可能な手段を検討します。)

- 障害内容の表現仕様（障害の記録方法、記載内容を検討し、障害票などのフォーマットを作成します。)

(4) 障害発生から業務再開までの運用・仕組みを明確化

- バックアップ方針
- 機器構成の変更／再編
- リカバリー方針（手動フェイルオーバー等)
- 最適で再開可能な構造設計の指針（オンライン／バッチ処理の構造設計の指針を明確にします。)
- 応急処置と代替手段の切り替え方法（原因追及のためのデータやログの保管なども含みます。)

情報セキュリティ対策の仕様策定

情報資産の機密性、完全性、可用性を守るための仕様を明確にし、障害・セキュリティ対策設計書に追記します。

(1) 情報セキュリティ対策の内容を明確化

- アクセスコントロール（ユーザー認証方式、端末認証、権限設定、ID／パスワードの更新ルール、端末管理などを検討します。)
- 情報漏洩対策（暗号化、認証局、電子署名、キー管理サービスの導入など、対策を検討します。)
- ウィルス対策ソフトウェアの導入（PaaS型のセキュリティ対策サービスの導入も検討します。)
- ネットワークセキュリティ（VPN、DMZ、WAF、サーバー認証、不正侵入検知、DoS攻撃対策、ネットワークフィルタリング、NAT変換など、専用のクラウドサービス導入を検討します。)

(2) セキュリティ違反の検出と記録方法の明確化

- アプリケーションによるログの取得（システムに対して誰が何を行ったのか、あとから監査できる仕組みの構築を検討します。)

・データベースのログ取得(データベースに対する監査機能の組み込みを検討します。)

・その他のソフトウェアの機能活用

(3) セキュリティ違反検出時の運用の明確化

・ウィルス駆除の方法

・セキュリティ事故報告ルートの策定(社内・社外を含みます。)

・セキュリティ事故発生後の運用フローの策定

・違反者に対する運用ルール

Column

クラウドからの最先端テクノロジー導入について

クラウドサービスの中には、自動翻訳や画像解析など、人工知能を活用したサービスが多数存在しています。どれも革新的で魅力的なものばかりです。もし使いこなすことができれば、既存の業務プロセスを効率化し、全く別の姿に刷新できる可能性を秘めています。

しかし、本当に自分たちのシステムに取り入れてもよいのかは、冷静に考えてみる必要があります。特に基幹系システムの場合、システムの構築や刷新に年単位の時間をかけることも珍しくありません。そのような足の遅い開発体制の中に、最先端の革新的サービスを取り入れるのは相当にリスクの高い行為です。

革新的なサービスには日々改善が施されており、バージョンアップも頻繁に行われます。インターフェースの破壊的変更も多く、時としてサービス自体がなくなってしまいます。そのスピード感に自社のシステムは追従できるでしょうか。

スピード感を損なわないためには、システムの中でも頻繁に更新をかける部分と、ほとんど変化のない部分を色分けしておくことが非常に重要だと筆者は考えます。それぞれが別々に成長できるよう、設計に工夫が求められます。

古くから存在するエンタープライズ系システムの多くは、モノリシックな構造です。システム更改にも十分な予算が割り当てられず、できる限り仕様を変更しない「守りのIT投資」になりがちです。このままでは、システムの構造的に革新的なサービスを取り入れることができなくなります。その先にはシステムの陳腐化、そして企業としての競争力低下が待ち受けているかもしれません。

単純にシステムをクラウド上に持っていくだけでは、デジタルトランスフォーメーションにはなりません。コスト構造の変革や、運用コストの圧縮だけでは、大きな成果を得ることはできません。ブラックボックス化してしまったシステムの内部構造まで含めてモダナイズした先に、「攻めのIT投資」を実施できる基礎体力が備わり、明るい未来が開けるのだと筆者は考えます。

第9章

クラウドファースト実現のために

本章では、クラウドサービスを使いこなすために必要となる知識や、近年定着してきた技術トレンドを解説します。これらの技術はすでに当たり前のように使われており、その多くがエンタープライズ系システムの開発にも適用できます。

9.1

Theory of System Design

マイクロサービスアーキテクチャの適用を考えよう!

マイクロサービスアーキテクチャはクラウドとの親和性が高く、システムの特性によっては高い効果を発揮します。モノリシックなシステムではビジネスをけん引できなくなってきたとき、マイクロサービスアーキテクチャの適用を検討してみましょう。

マイクロサービスへの期待

すでに第8章でも触れましたが、小さな自律サービスを複数集めて、ビジネス要件を実現するアーキテクチャのことを「マイクロサービスアーキテクチャ」と呼びます。クラウドベンダーの1つであるAmazon Web Services (AWS) では、次のように定義しています。

『マイクロサービスは、小さな独立した複数のサービスでソフトウェアを構成する、ソフトウェア開発に対するアーキテクチャ的、組織的アプローチです。』[1]

組織的アプローチとは、ビジネスを推進する組織がITシステムを主体的に運営することを意味しています。ビジネスの規模が小さいうちは、中央集権的なシステム開発が効果的に機能します。しかし、ビジネス規模が拡大するにつれ、その体制はビジネスの成長を阻害するようになります。そうなったとき、マイクロサービスアーキテクチャは真の力を発揮するのです。

1 Amazon Web Services、" マイクロサービスの概要 | AWS"、https://aws.amazon.com/jp/microservices/、(2021/8/28 参照)

メリットとデメリット

マイクロサービスアーキテクチャのメリットを享受するためには、設計・運用で考慮すべきポイントが多くあります。まずはマイクロサービスアーキテクチャのもたらすメリットとデメリットについて、理解を深めましょう。

（1） メリット

① スピード感のある新機能リリースが可能

モノリシックなシステムの場合、新機能の追加や一部機能の修正であっても、システム全体の再リリースが必要です。システムの規模によっては、日単位の時間を要します。マイクロサービスアーキテクチャでは、サービス単位の単独リリースが可能なため、ビジネスのスピード感を損なうことがありません。

② システム全体の可用性を高める

モノリシックなシステムのクラッシュは、システム全体のダウンにつながってしまいます。マイクロサービスアーキテクチャの場合、障害発生が他のサービスに直接影響しません。システム全体を止めずに済むため、可用性を向上できます。

③ 組み合わせる技術の自由度が高い

モノリシックなシステムの場合、すべての機能を同じ技術スタック上に作り上げなければなりません。マイクロサービスアーキテクチャの場合は、サービスごとに最適な技術、製品を選択することができます。

④ スケーリングの極小化によるコスト削減

マイクロサービスアーキテクチャを用いた場合、負荷の集中するサービスだけ選択的にスケーリングすることができます。モノリシックなシステムと比較して無駄が少なく、コストの最適化が可能です。

（2） デメリット

① サービスの単位を適切に設計するのが困難

上記のメリットを享受するには、サービスが個別に独立していなければなりません。しかし、ちょうどよい粒度のサービスを見つけるための手法は、現在のところ確立していません。業務知識・設計力・基盤技術力を併せ持つ高スキル人材による探索的な設計が必要です。

② 整合性の確保が困難

マイクロサービスアーキテクチャに則ったシステムの場合、データの整合性確保は、結果整合性によって行うことになります。リレーショナルデータベース管理システム（RDBMS）が提供するトランザクション機能を利用できる従来型システムと比較してシステム設計の難易度が高く、開発する機能数も大きく増加します。これらは最終的にコスト増を招くことがあります[2]。

③ サービス間のインターフェース調整が困難

サービスが増加して粒度が細かくなるにつれ、サービス間の依存関係が複雑化していきます。依存関係が増えれば増えるほど、インターフェース調整は困難になり、徐々に開発スピードが阻害されるようになります。

④後方互換性の確保が必要

マイクロサービスアーキテクチャでは、それぞれのサービスを独立してリリースできることが重要です。この独立性を担保するには、各サービスがバージョンの概念を持ち、後方互換性に配慮し続けなければなりません。

マイクロサービスアーキテクチャのシステム設計

マイクロサービスアーキテクチャを採用したシステムを構築するためには、アーキテクチャにあわせた業務設計と、クラウドサービスの活用が欠かせません。そうしたシステムの設計手順と、関連するクラウドサービスについて解説します。

(1) 適切なサービスの粒度を分析する

まずもって重要なのは、サービスを適切な粒度に保つことです。サービスを細かくし

2 2020年代になって、マイクロサービスアーキテクチャのシステムで整合性確保を容易にするためのミドルウェアやライブラリ、SaaSサービスが登場するようになりました。今後の技術の進化によっては、マイクロサービスアーキテクチャ導入を阻む技術的・経済的な障壁が低くなるかもしれません。

過ぎると、相互の依存関係が増え、開発速度の低下を招きます。逆に大きくし過ぎると、モノリシックなシステムと同様の問題を抱えるようになります。

機械的な方法でサービス分割を行うと、失敗するケースが増します。サービスの粒度の見極めには、システム化対象の業務を分析・モデリングしながら、最適な状態を探索する「業務的な観点」が欠かせません。近年、「ドメイン駆動設計における境界付けられたコンテキストの範囲が、ひとつのサービスの粒度に適している」と言われています。しかし、境界付けられたコンテキストを導くこと自体が、業務知識と設計力を要す高度な作業です。システムを成功に導く重要な作業であるため、業務知識の豊富なメンバーを中心にして、分析を進めましょう。

(2) 整合性維持の方式を検討する

サービスの分割を行うと、多くの場合、サービス間でデータの整合性をとることが求められます。整合性維持には、大きく分けて2つの設計方式があります。どちらを選ぶかによって、システムの設計も大きく変わるため、事前に方式を定めるようにしましょう。

① 分散トランザクション方式

複数のサービスにまたがる論理的なトランザクションの成否を監視して、どこかひとつでも失敗したら、他のサービスのトランザクションを打ち消す「補償トランザクション」を走らせます。そのために、データ更新処理と対になるキャンセル処理を設計します。また、処理全体の流れをコーディネートするサービスを配置します。

この処理方式は、最終的な整合性確保が難しく、サービスが一部ダウンした場合に備える必要があるため、設計難易度も高くなります。

② イベントソーシング方式

イベントを追記する台帳と、イベントを処理するコンシューマーに分けて処理する方式です。イベントは一度登録したら更新・削除されることはなく、不変な情報として扱われます。変更・削除をする場合は、前のイベントによって行われた処理を打ち消す新しいイベントを登録します。

この方式は、イベントが常に追記されるだけなので、登録された順にコンシューマーを走査していけば、結果として整合性を維持することができます。但し、イベントがいくつも重なっている場合、現在の状態を復元するのに大量の業務処理を実行しなければならず、パフォーマンス悪化を招く可能性があります。処理の途中状態をキャッシュデータとして保持することで、パフォーマンス改善を図ることが一般的です。

ひとつのイベントに対して大量のコンシューマーが動作する設計の場合、整合性維持は困難になりがちです。一部のコンシューマーが処理に失敗したとき、どのようにシステム的な対処を行うか検討するようにしましょう。

(3) 業務のモデリング

サービス分割と整合性維持の方針をもとに、システム化対象業務のモデリングを行います。ドメインモデルはサービス単位に作成しましょう。また、ドメインモデルの構築にあたっては、クリーンアーキテクチャやドメイン駆動設計の考え方を活用し、画面やデータストアなどの高レイヤーな構成物に対する処理をドメインモデル内に持ち込まないよう注意しましょう。

(4) 画面設計とWeb API設計

業務モデリングの結果を受けて、アプリケーション形態別に画面設計を行います。うまく設計されたドメインモデルには、利用者が意識しやすいオブジェクトの単位が表現されています。このオブジェクトに対するCRUD操作を基本にして画面を設計すれば、直感的に理解しやすいUIを設計できます。

画面設計が終わったら、画面とドメインモデルを接続するWeb APIを設計します。Web APIは、画面から見て利用しやすくなるよう意識して設計し、ドメインモデルとの橋渡し役を担うようにします。複数のアプリケーション形態がある場合、BFF[3]の考え方を取り入れることも有効です。

Web APIの公開に際しては、API管理クラウドサービスの導入を検討しましょう。認証機能や、システム内のWeb APIに対するプロキシ機能を提供します。また、Web APIを外部公開する際、開発者向けの情報を提供する役割も持ちます。

(5) 実行基盤の検討

システム全体をどのような基盤上で実行するかを定めていきます。マイクロサービスアーキテクチャのシステムは、多くの場合、コンテナオーケストレーションツールを利

3 Backends For Frontends の略。フロントエンドのアプリケーション形態ごとに、個別のバックエンドWeb APIを設ける設計方式です。バックエンドWeb APIの数は増えますが、それぞれをシンプルに保つ効果が期待できます。

用できるCaaS上で稼働させます。しかし、システムの規模やサービスの特性によっては、PaaS/FaaS/ローコードツールも実行基盤の選択肢になります。またサービスごとに異なる実行基盤を用いても問題ありません。

サービスの数が多い場合は、管理負荷を軽減するため、コンテナオーケストレーションツールの利用できるCaaSを選択しましょう。サービスの数がそれほど多くなく、CaaSに慣れた技術者がいない場合は、ほかを選んでも構いません。業務処理の実行時間が短く、APIの数が少ない場合はFaaS、そうでない場合はPaaSを最初の選択肢としましょう。また、適したサービスであれば、ローコード／ノーコード開発ツール[4]を用いることも検討しましょう。

コンテナオーケストレーションツールの採用を決めると、その導入自体が目的となりがちですが、FaaS/PaaS等では実現できないような要件が明らかになってから導入しても遅くはありません。コンテナオーケストレーションツールは利用者が管理すべき範囲が広く、運用に相応の技術力とコストがかかる点に留意しましょう。

(6) システム監視方式の設計

システムの状態を監視し、問題発生時に素早く対処するまでの方式を設計します。システム監視やログのトレース、パフォーマンス分析に特化したクラウドサービスは数多く存在します。コストを加味しながら、システム運用を効率化するものを選定し導入しましょう[5]。

(7) 運用方式の設計

マイクロサービスアーキテクチャにおける、サービス単位の頻繁なリリースに耐えうるような、サービス運用の方式を検討します。

① 開発体制

サービス開発速度を向上し、ビジネスの高速化を阻害しないようにする——この目的を達成するには、サービスの開発を、自律的で独立した存在に仕立てることが求められます。理想的には、1つの組織が1つのサービスを、責任もって開発・運用する姿が想定されています。

4 9.4節を参照してください。

5 近年では、AIを用いて、サービスのダウンを予測するツールも登場しています。

図9-1　サービス開発体制

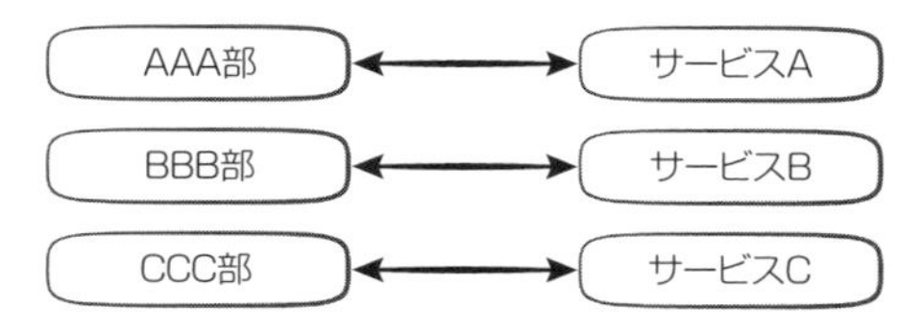

このように、システムの構造を組織の構造にあわせる考え方を「コンウェイの法則」と呼びます。逆にシステム構造に組織構造をあわせる「逆コンウェイの法則」もあります。実際に組織を分割せずとも、サービスごとに開発チームを分割し、各チームが責任をもってサービスの開発・保守を行うように体制づくりをすることで、開発からリリースまでのサイクルを高速化できるようになります。

② リリース方式

サービスのリリースは自動化することが前提です。リリース方式のパターンには、次のような種類と特徴があります。

表9-1　サービスのリリース方式の違い

パターン	ダウンタイム	本番環境でのテスト	ロールバック速度	コスト
閉塞デプロイ	あり	なし	△	低
ローリングアップデート	なし	なし	×	中
カナリアリリース	なし	あり	○	中
Blue Greenデプロイメント	なし	なし	◎	高

閉塞デプロイは、一旦システムをメンテナンスモードにしてから、サービスリリースを行う方式です。データベース（以下DBと略）の破壊的変更がある場合に採用されることがありますが、ダウンタイムを伴うことが最大のデメリットです。

ローリングアップデートとカナリアリリースは、サービスを構成する一部のサーバーから、少しずつ新バージョンに切り替えていきます。新旧のバージョンを並行稼働させつつ、徐々に新バージョンに移行させます。カナリアリリースでは、新バージョンに一部のユーザーだけをアクセスさせ、問題ないことを本番環境で最終確認します。ABテスト[6]にも活用できる方式です。

Blue Greenデプロイメントでは、新バージョンの実行環境を現行システムとは別に構築しておき、準備ができたら新旧を一気に切り替えます。切り替えはネットワーク制御により行うため、新バージョンに問題があれば、再度切り替えて、すぐにロールバックできることが特徴です。

どのリリース方式を採用すべきか、非機能要件に基づいて検討しましょう。また、これらの方式を実現できるCI（継続的インテグレーション）のためのクラウドサービス選定も行いましょう。

（8） 追加の考慮事項

マイクロサービスアーキテクチャのシステムに必須ではないものの、採用を検討しておくべき項目を紹介します。

① インフラのコード化

迅速なインフラ構築は、サービスの新規リリースまでの時間短縮に効果的です。マイクロサービスアーキテクチャを採用すると、インフラの構成が頻繁に変更されるようになります。PaaS/FaaSを利用する場合も、インフラをコード化する機能を活用して、このスピード感に追従できるようにします。このコード化機能はクラウドサービスとして提供されています。

② 設定の外部化

サービスの中に設定ファイルを含めてしまうと、異なる環境に同じサービスを配置して動かすことができなくなってしまいます。サービスの可搬性を高めるには、サービスの外部に設定を保持しなければなりません。システムの設定値を管理するクラウドサービスの採用を検討しましょう。

モノリシック状態からの移行アプローチ

すでにITシステムが広く浸透している今日、全く新規のシステムをゼロから構築す

6　主にUIの改善効果を判断するために、一部のユーザーに限定して新しいUIを提示し、システムやビジネスの効果が高まるかどうか比較検討するテストです。

るケースは非常に稀です。予算や期間の限られる中、レガシーシステムを一気にリアーキテクチャするのは非常に高リスクです。マイクロサービスアーキテクチャへ少しずつ近づけていくアプローチが現実的です。本項では、モノリシックなシステムから変換していくための手順を解説します。

(1) 安心・安全なリリースを可能にする

システムの迅速なリリースを可能にするため、事故が発生しないリリースの仕組みをまずは構築しましょう。モノリシックなシステムであっても、自動ビルドや自動デプロイの仕組みは導入できるはずです。9.3節で解説するDevOpsを実現するツールを用いて、最低限の自動化を行いましょう。

(2) モジュール分割を行う

モノリシックなシステムで、モジュールの構造化ができていない場合は、まず内部構造の整理を行いましょう。

図9-2　モノリシックなシステムの構造

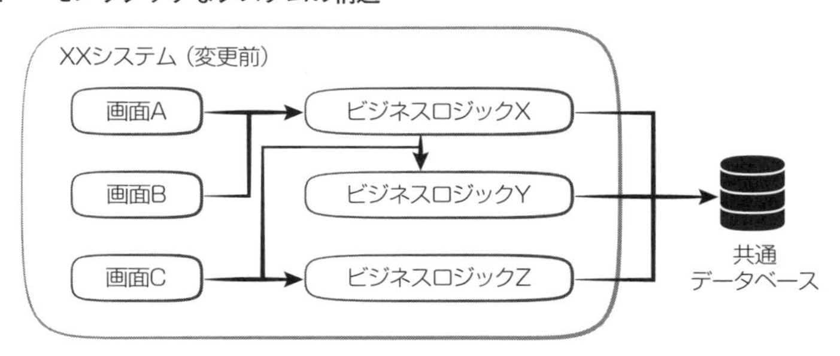

マイクロサービスアーキテクチャを意識したモジュール構造となるように、システムの内部構造を見直して、サブシステム分割やサービス分割を実施していきましょう。このとき、実行環境のシステムアーキテクチャまで無理に見直す必要はありません。サービス同士の独立性を高め、サービス間の呼び出しを行わないように内部構造を改善することがポイントです。また、アプリケーションのレイヤー化も行いましょう。

図9-3　内部構造改善後のシステム構造

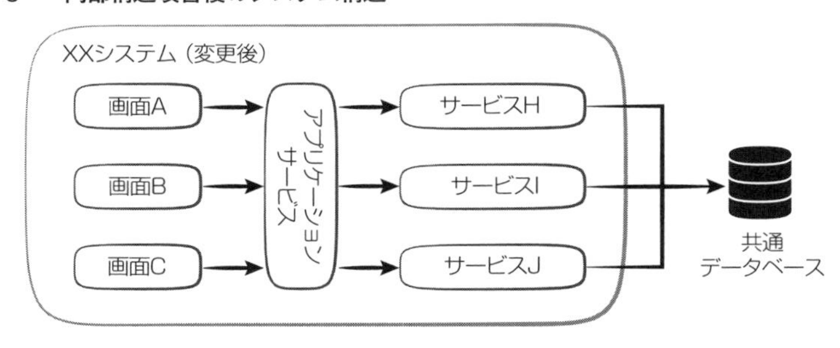

大規模なシステムの場合、いきなり全領域にわたってサービス分割を行うことは避けるべきです。既存システムの中でも、独立性の高い部分や、頻繁に改修作業が行われている部分からサービスとして切り出しましょう。DB構造を分析し、他の機能と独立した部分を見つける方法も有効です。また、頻繁に改修の入る機能は、スピード感が求められる機能と考えられます。このような機能をサービスとして分割できれば、コアシステムを改修せずに必要な部分だけをリリースできるようになり、スピード感の向上に役立ちます[7]。

この段階では、データストアの分割を無理に行う必要はありません。前項でも解説したとおり、データストアを分割すると、データの整合性を保つための設計や戦略が複雑化します。それらの技術課題に取り組むよりも、システムの内部構造を整理する方が、スピード感の向上に大きく寄与します。

(3) テスト自動化の範囲を拡大する

モジュール分割の結果、小さなサービスに分割できた部分から優先的にテストの自動化を行いましょう。自動テストでは、できる限り短時間で多くの機能を網羅できるよう工夫します。すでに構築済みの自動ビルド、自動デプロイの仕組みを、CIの段階まで進化させましょう。

(4) APIレイヤーとバックエンドサービスの分割

適切なモジュール分割が完了したら、システムをレイヤー方向にも分割していきま

7　このように、システムの一部から徐々に設計を新しくして、システム全体を切り替えていく手法のことを「ストラングラーパターン」と呼びます。

す。最初に分割するポイントは、画面とアプリケーションサービスの境界線です。この部分を切り離すことで、画面からWeb APIを経由してバックエンドの処理を呼び出す構造になります。

図9-4　フロントエンド、バックエンド分割後のシステム構造

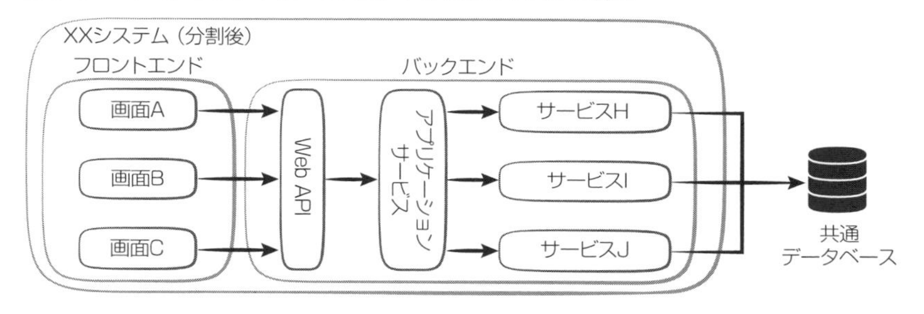

この形式の利点は、最も頻繁に修正の入る画面周りのサービスが完全に独立し、画面デザインの変更が容易になることです。

（5） バックエンドサービスの分割

モジュールとして独立させたバックエンドの機能を、完全に独立したサービスとして切り出していきます。ここまでは共通DBを使用することも許容していましたが、この段階ではDBも分割します。それぞれのサービスが独自のDBを使用するようにテーブル設計を変更します。

DBトランザクションを用いてサービス間のデータの整合性確保を行っていた場合は、結果整合性の考え方に依拠した設計へと変更します。データの一貫性が重要で、結果整合性が受け入れられないサービスは、無理にサービス分割を行わなくて構いません。

「サービス分割しやすいところだけ先に分割する」という方法は、この段階でも有用です。切り出しやすいサービスから徐々に分割する箇所を広げていきましょう。

図9-5　バックエンド分割後のシステム構造

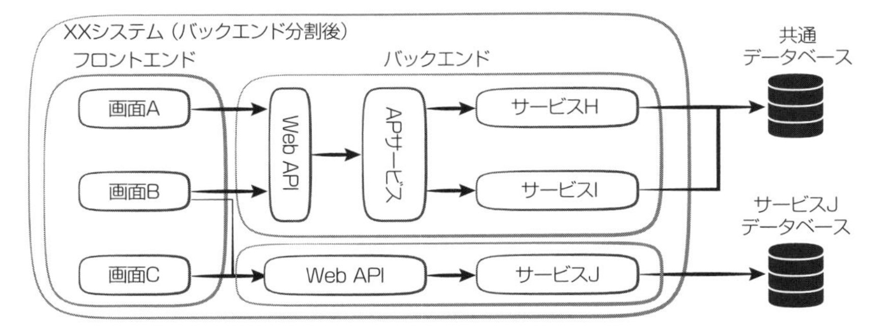

（6）コンテナオーケストレーションツールの導入

サービス分割が進み、管理するサービスの数が増えてきたら、KubernetesやDocker Swarm 等といったコンテナオーケストレーションツールの導入を検討しましょう。内部構造の整理とサービス分割、CIの仕組みが整ったサービスから順次、コンテナオーケストレーションツール上で管理するようにしましょう。

Column

【コラム】マイクロフロントエンド

マイクロサービスアーキテクチャのシステムでは、規模が大きくなるにつれてフロントエンドのサービスが肥大化していきます。システム規模に応じて画面数が増えるため、1つしかないフロントエンドのサービスが肥大化し、その結果システムの進化スピードが徐々に遅くなってしまうのです。

このような状態に陥ったら、フロントエンドのサービス分割を検討すべきかもしれません。フロントエンドのサービスを、バックエンドのサービスの粒度にあわせて分割することを、「マイクロフロントエンド」と呼びます。

2021年頃からか、iframeやHTMLのCustom Elementsを用いてこれを実現する方法が登場していますが、まだまだ一般的とは言えません。また、UIはシステムとして統一したいケースも多いため、ドキュメントベースの標準化が必要になることもあります。

マイクロフロントエンドは、ありとあらゆる課題を解決してくれるわけではありませんが、フロントエンドのサービスが大きくなり過ぎたときの助けになるかもしれません。

9.2
Theory of System Design

アジャイル開発の適用を考えよう!

アジャイルソフトウェア開発（以降アジャイル開発）が日本でも広がりつつあります。特にコンシューマー向けシステムでは、市場の動向を分析しながらシステムを絶えず進化させ続けることが求められますが、アジャイル開発はこの不確実な時代にあった開発の進め方です。

アジャイル開発の俊敏さは、それを支える開発体制と、開発ツール、クラウドサービスに支えられています。本節ではアジャイル開発チームの構築方法と、アジャイル開発を実現するクラウドについて解説します[8]。

アジャイル開発とは何か?

アジャイル開発とは、プロダクト開発手法のひとつです。開発対象のシステムを細かな機能単位に分割し、「イテレーション」と呼ぶ一連の短い工程を繰り返すことで、少しずつ機能開発とリリースを進めていく開発方式をとります。

なぜ、開発とリリースを小さな機能の単位に分割して行うのか、改めて考えてみましょう。それは、システムは動かない限り何の価値も生み出さないからにほかなりません。システムが動いた結果、ビジネスがどのように成長したかによって、システムの価値は決定づけられます。ビジネス上重要な機能を優先してリリースし、素早く改善する方が、システムとビジネスの価値を最大化するのに役立ちます。仮にそのビジネスがうまくいかなかったとしても、失敗に早い段階で気付くことができれば、損失が小さいうちに撤退できます。

8　本書では、可能な限り特定の開発手法に寄った解説をしないように構成しています。但し、適切な用語がない場合に限り、特定の開発手法の用語を使用することがあります。

アジャイル開発を実現するためには、ウォーターフォール型の開発手法を抜本的に見直さなければなりません。特に大きな柱となるのが、アジャイル開発に適したチームの構築とツールの導入です。

アジャイル開発と開発チーム

アジャイル開発の中心的役割を果たすのが開発チームです。一人ひとりの参加メンバーはどういったマインドを持つべきか、またチーム全体としてどういった姿を目指すべきか、解説します。

(1) アジャイル開発プロジェクトに終わりはない

ウォーターフォール型とアジャイル開発の最大の違いは、開発期間が有限か無限かにあります。アジャイル開発では、システムを完成させることを目的にしません。その時々のビジネスニーズに応じてシステムを俊敏に変化・成長させ、ビジネスの価値を最大化することを目的にします。そのため、開発・運用・保守のようなフェーズ分けを行わず、これらのタスクを日常的に繰り返し実行します。アジャイル開発プロジェクトは、プロダクトが終焉を迎え廃棄されるまで終わりません。

一度開発を行ったらしばらくのあいだ機能開発を行う必要のないシステムに、アジャイル開発を適用する意義はありません。但し、本当にシステムを塩漬けしても良いのか、それがビジネスを阻害しないか、よく検討して判断しましょう。

(2) 開発チームの自己組織化

開発チームには、自分たちで目標を設定し、それを解決するように振舞うことが求められます。プロダクトを成長させるために何が必要か、開発チーム内で意思決定できるような文化を醸成しなければなりません。従来のように、外部から依頼され、割り振られたタスクをただこなし続けるだけでは、アジャイル開発がうまく回っているとは言えません。

開発チームは、プロダクトの成功に責任を持ちます。プロダクトや開発チームの問題を自分自身で解決して、ビジネスニーズに応え続ける姿勢が求められます。そのためには、メンバー全員がプロダクト開発を自分事として捉え、「システムをとおしてビジネスに寄与する」という強い意志を堅持し続けることが非常に重要です。

(3) メンバーの固定化

開発チームの効率を上げるためには、メンバーの顔ぶれをできる限り固定し、入れ替えを抑えることが大切です。また、1人のITエンジニアを複数のチームにアサインしないようにしましょう。頻繁なメンバー変更は、チーム全体のスキルと生産性の向上を阻害します。

従来型の開発手法では、フェーズの移行に応じて人員を大きく増減させ、一気にシステムを構築する戦略がとられます。アジャイル開発では開発のテンポを刻み、少しずつ着実にシステムを構築し続けるため、急激なメンバー増強や短期的なチーム編成は行われません。開発のペースを上げたい場合は、適切な粒度にシステムを分割して、より多くのチームが並行稼働できるように工夫しましょう。

(4) 開発メンバーの多能工化

チームの一員として能動的に動くためには、システム開発の幅広い知識とスキルが必要です。設計やコーディングだけでなく、ビジネススキルやマネジメントスキルなどが必要です。以下にその一例を示します。

① 技術スキル

- 開発プロセス:アジャイル開発フレームワークの実践力
- プロダクト管理:バックログ、ユーザーストーリーの管理
- 開発プラクティス:ペアプログラミング、自動テスト、テスト駆動開発、CI、CD、リファクタリング、など
- システム設計:要件定義、論理設計、物理設計、方式設計、運用設計、移行設計、テスト設計、システム基盤設計、クラウド基盤、クラウドデザインパターン、セキュリティ、UI設計
- アプリケーション開発:プログラミング、アプリケーションフレームワーク、アプリケーションアーキテクチャ、デザインパターン、テスト技法
- データサイエンス:統計学、データマイニング、機械学習、ビッグデータの解析・可視化

② ビジネススキル

- 企画:ビジネスフレームワーク、システム企画
- リスクマネジメント

- コンプライアンス：法務、財務
- コミュニケーション

③ マネジメントスキル

- 継続的改善：カイゼン活動、情報・知識共有
- チームビルディング：チームビルディングメソッド、開発環境の整備、リーダーシップ、心理的安全性、成長マインドセットの醸成
- 顧客マネジメント
- 情報資源管理

ITエンジニアに求められるスキルの幅が大きく広がっていることがわかります。アジャイル開発では、これらのスキルをチームのメンバー内で補完しあうことが求められます。また、開発作業を進める中で、各自のできることを増やし、どのタスクを誰がやっても完遂できるフルスタックの能力を身に着けるようにしましょう。

アジャイル開発を支えるクラウド

アジャイル開発にとって、クラウドは必要不可欠な存在です。短いサイクルでプロダクトの開発とリリースを繰り返すには、システムライフサイクルの全域でクラウドサービスを活用しなければなりません。アジャイル開発とクラウドの切っても切れない関係について解説します。

(1) 開発の効率化

アジャイル開発では、構成管理やプロジェクト管理など、開発チームの活動を支援するApplication Lifecycle Management（以降ALM）ツールの活用が不可欠です。これらのツールの多くはSaaSで提供され、サインアップすればすぐに利用できることがメリットです。業界の標準的なツールを用いて、プロジェクトの立ち上げ速度を向上しましょう。詳細は9.3節で解説します。

(2) リードタイムの短縮

クラウドを活用すると、物理的な機器を調達する必要がなくなるため、今までとは比較にならないほど短期間で、システムの実行環境やテスト環境を準備することがで

きます。リードタイムの短さは、開発とリリースを素早く繰り返す手法と親和性が高く、求められる開発スピードを実現するためのキーポイントとなります。

（3） インフラ構築の一般化

クラウドの登場によって、サーバーの手配や通信ネットワークの構築、キッティング（インストール等のセットアップ作業）など、インフラエンジニアや購買部が担当してきた物理的で専門性の高い作業は、ほぼ不要になりました。今日のインフラ構築は、クラウドサービスのサインアップと、論理的な設計や設定作業が中心となりつつあります。それに伴ってインフラ構築に必要なスキルや知識は減少し、一般化するようになりました。上述したような専門的なスキル・知識が乏しいエンジニアであっても、一般的で簡単なインフラ構成であれば、容易に構築できてしまいます。

多能工の求められるアジャイル開発において、開発チームに必要な専門スキルが減ることは効率化に寄与します。但しその分、クラウドサービスの目利き力は重要度を増しました。8章でも解説したとおり、要件に合わせて適切なサービスを見繕う力が、インフラ構築には必要とされています。

（4） コスト構造の変革

クラウドの料金体系は、利用したサービスの分だけ利用料を支払う従量制が一般的です。市場の変化に追従しながらシステムの在り方を変化させていくアジャイル開発にとって、物理的な資産を保持せずに済むことはリスクの低減に役立ちます。ビジネスがうまくいかなかったときも、クラウドを利用すれば無駄な資産を保持し続ける必要がありません。また、ビジネスが急成長したときも、すぐにリソース増強が可能です。急激なアクセス増によって引き起こされるサーバーダウンなど、せっかくのビジネス機会の喪失を減らすことにつながります。

（5） 品質の確保

システム開発を含むモノづくりにおいて、QCD（Quality：品質、Cost：費用、Delivery：納期）のバランスを取ることは非常に重要です。その中で最も重視されるのは品質です。コストの低減や納期の短縮のために、品質を犠牲にしてはいけません。これは従来型の開発であってもアジャイル開発であっても同じです。

システムの品質はJIS X 0129-1で規格化されています。この規格の品質モデルには、品質特性として「機能性」「信頼性」「使用性」「効率性」「保守性」「移植性」が定められており、それぞれの品質特性に複数の品質副特性が定義されています。品質の高低は、これらの特性を満たす度合いで計測します。どの特性を重視するかは、システムごとにチームが定めます。品質特性を見てもわかるとおり、不具合が少ないだけでは高品質なシステムと言えません。利用者にとっての使い勝手や保守のしやすさも、品質の大切な要素なのです。

短期間でシステムの品質を確保するために、アジャイル開発では様々なDevOpsプラクティスを実践する仕組みを整えることが重要です。自動化ツールを使いこなしながら、システムの品質を高めるように開発プロセスを整えることから始めましょう。

また、アジャイル開発の俊敏さを生かして、システムの使い勝手や魅力を高め続けることも、品質向上の大切な要素です。市場分析や顧客からのフィードバック、システムの利用状況などをもとに、システムの継続的な改善を行いましょう。

これらの活動を支えるツールや仕組みは、どれもクラウドに根差したものばかりです。詳細は9.3節で解説します。

9.3

Theory of System Design

DevOpsの適用を考えよう!

アジャイル開発の浸透とともに、DevOpsの概念は広く一般化しました。本節ではDevOpsの概要を簡単に振り返り、DevOpsを実現するためのクラウドについて解説します。

DevOpsとはなにか?

DevOpsは開発(Dev)と運用(Ops)を一体化する一連の活動を表す用語です。アジャイル開発同様、ビジネスの変化にシステムを素早く追従させ続け、ビジネスの価値を最大化することを目的としています。

図9-6　DevOpsのサイクル

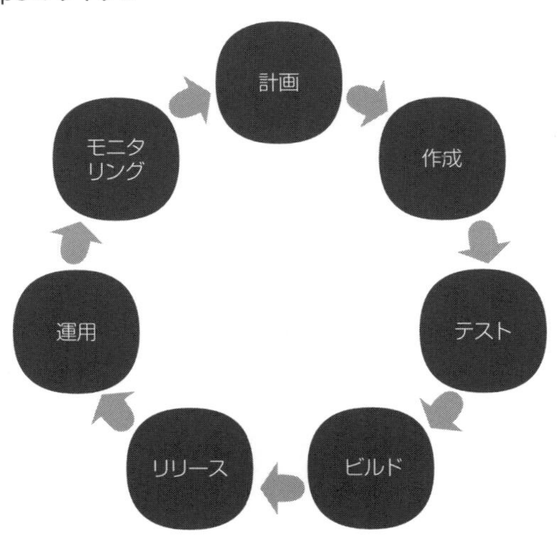

DevOpsは、図のような循環型のライフサイクルを回しながら、システムを成長させていきます。計画からビルドまでが主にシステムを開発するフェーズです。ビルドしたシステムは素早くリリースを行い、運用を経ながらそのビジネス上の効果や、システムの状態をモニタリングします。運用から集まった情報をもとにして、さらにシステムを成長させる計画を立案し、よりよい姿を追い求めます。このサイクルを素早く回して、改善を随時施すことがDevOpsの価値のひとつです。

(1) DevとOpsの分断による弊害

日本のシステム開発／運用の現場では、開発と運用のタスクが完全に別の組織やプロジェクトに分断されているケースをよく目にします。このような構造は、内部統制報告制度（J-SOX）の導入が契機になったと言われています。J-SOXは、開発担当者と運用担当者を明確に区別することを求めています。それが組織やプロジェクトの構造にそのまま表れているのです。

このような分断が起こると、それぞれの立場で全く異なるアプローチをとるようになります。開発担当者は、新しい価値を生み出す機能の素早い構築とリリースに力点を置き、運用担当者はシステムの安定稼働に力点を置きます。どちらもビジネス貢献に必要ですが、それぞれ単独で見ると、攻めと守りの相反関係にあると言えます。

ビジネスの価値を最大化するためには、両者のバランスを取り、お互いが協力し合うことが求められます。しかし、担当が分かれることで協力関係はいつしか薄れ、溝が生まれやすくなります。

(2) DevOpsの目指す世界

DevOpsは、開発と運用の分断から脱却するために考案されました。DevOpsには、開発担当者と運用担当者がそれぞれの立場で求める「あるべき姿」を高いレベルで調和し、ビジネスの価値を最大化するためのプラクティスが多く含まれています。開発や運用に関わる様々な作業を自動化して、開発担当者の求めるスピードと、運用担当者の求める品質を両立していきます。

このような世界を実現するためには、DevOpsを手助けしてくれるツールや環境の導入と、開発／運用の担当者が協力してビジネスを加速するという目的意識を持つことが重要です。DevOpsの考え方やプラクティスの多くは、従来型の開発でも役立ち、すぐに導入可能なものも少なくありません。ビジネスをシステムが牽引するために何ができるかを考えることから始めてみましょう。

DevOpsの適用とそれを支えるクラウド

DevOpsのプラクティスを実践するために、クラウドは必要不可欠です。開発のスピードを上げるためには、アジャイル開発同様、クラウドの利用は必須です。また、システムを適切に運営するためには、運用のためのクラウドサービスを活用しなければなりません。

(1) プロダクト開発の効率化

DevOpsの実現において中心的な役割を果たすのがApplication Lifecycle Management (ALM) ツールです。これはプロダクトの開発開始から終了まで、様々な開発作業や管理業務を支援する機能を提供します。多くのALMツールはSaaS型で提供されており、サインアップすればすぐに利用できる軽快さは魅力的です。閉じたネットワークに自前のサーバーを用意し、インストールして利用するタイプの製品もあります。会社のセキュリティポリシーに従って選定しましょう。

ほとんどのALMサービスは海外のサーバーにホスティングされています。オープンソースソフトウェアの開発が目的であれば、無償で利用できるものも少なくありません。その反面、全世界に公開するリポジトリを簡単に作成できてしまう怖さもあります。無駄なリスクを負わないよう、利用方法をコントロールすることが重要です。

ALMツールは、プロジェクトやシステムの状況を可視化する機能や、品質を高めるための機能を提供します。

表9-2　ALMツールの提供する機能

機能	できること
バージョン管理機能	**ソースコードの構成管理**、リリースバージョン管理など
作業項目管理機能	**チケット管理**、かんばん、要望管理、設計情報管理など
プロジェクト管理機能	バーンダウン／バーンアップチャート、累積フローダイアグラム、キャパシティ管理、ベロシティ計測など
情報共有機能	Wikiなど
自動ビルド機能	**コンパイル**、**パッケージング**など
自動テスト機能	**コード化した単体テストの実行**、自動打鍵テスト、負荷テスト、性能テスト、**静的テスト**など

機能	できること
自動デプロイ機能	Infrastructure as Code、**アプリケーションの自動リリース**、DBの自動リリース、閉塞デプロイ、ローリングアップデート、Blue Greenデプロイメント、カナリアリリース
コミュニケーション基盤	チャット

ALMツールは、ウォーターフォール型の開発にも利用できる機能を含んでいます。特に、表9-2において太字で示した機能は、どのような開発プロセスであっても活用できます。ALMツールの中でも非常に重要で、開発効率の向上に役立ちますので、優先的に利用しましょう。

ツールの選定は、求められる非機能要件にあわせて次のような評価軸で検討するとよいでしょう。

表9-3　ALMツールの評価軸例

評価軸	条件／評価内容／確認内容
ホスティング先	・データの保存先が高リスクな国や地域にないか
契約	・秘密保持契約を結べるか ・またはそれに準ずる利用規定があるか
ネットワーク制限	・ソースコードや設計情報を会社のポリシー上SaaSに保存してよいか ・特定のネットワークからのみアクセスできるように構成できるか（IP制限など）
情報資産管理	・サービス提供者が各種認証を取得しているか
認証・監査	・認証基盤の連携機能を持つか ・サービスが監査機能を持つか

ALMツールの導入にあたっては、プロジェクトの体制や制約条件等にあわせて適切な使い方を模索しましょう。様々な使い方ができるツールもあります。また、機能間のデータ連携を通じて、大きな効果を発揮できるものもあります。ALMツールを導入しても、開発標準や運用規則、メンテナンス規約等、プロジェクト内のルール作りは必要です。利用するツールの標準的な使い方をベースにテーラリング[9]を行いましょう。

9　各社の保有する標準的な開発プロセスや、プロジェクトの特徴、利用する開発ツールの特徴などにあわせて、開発プロセスを最適な形に組みなおすことを言います。

(2) システム運用の効率化

システムが正常に動作していることを常時監視し、問題発生時に迅速かつ適切なオペレーションをとれる仕組みを作ることが、運用の効率化につながります。ログの集約やリソース監視など、システム運用に活用できるクラウドサービスを使用して、これを実現しましょう。例えば、システムの稼働状況を可視化しダッシュボードに表示したり、障害発生時に活用できるログ検索の仕組みを整えたり、システム運用を効率化できるツールは多くあります。日々のシステム運用に適したクラウドサービスの活用方法を模索しましょう。

詳細は8.4節「システム運用のためのサービスを決める」を参照してください。

(3) サービス運用の効率化

主にコンシューマー向けのシステムを運用する場合、顧客や市場からのフィードバックを取得しなければなりません。ユーザーとのコミュニケーションにクラウドサービスを使用することが一般化しています。

表9-4　サービス運用の効率化に利用できる機能

機能	できること
サービスデスク／ヘルプデスク機能	顧客からの問い合わせの受付／管理、サービス評価の収集、アンケート実施、お知らせ管理など
アクセス解析機能	アクセス数集計、サービスへの流入経路集計、検索エンジン最適化、サービス内の導線可視化、コンバージョン率の計測、ABテストなどの効果測定など
ALMツールとの連携機能	チケット登録の（半）自動化など

これらは顧客と開発者とをつなぐ重要な機能です。顧客の生の声や行動データを収集・分析することで、ビジネスやシステムの改善に役立つ情報を得ることができます。また、その情報を咀嚼して素早く開発チームに伝える仕組みを作ることで、システム運用と開発のサイクルをより高速に回せるようになります。

(4) セキュリティの作り込み

プロダクトのライフサイクル内に、セキュリティ対策の作り込みを織り込む「DevSecOps」という考え方が登場しています。素早く開発と運用をつなぐには、そのサイクル内でセキュリティを担保しなければなりません。できる限り開発の早い段階で問題を検知（シフトレフト）し、対策を後回しにしないことが重要です。

様々なクラウドサービスを活用して、セキュリティの作り込みを行いましょう。セキュリティを高めるためには、システムを構成するすべてのレイヤーに対策が求められます。作業を自動化できるサービスを用いて多層的な確認を行い、開発プロセスに与える負荷の軽減と、高セキュリティ化を両立するよう工夫しましょう。

DevSecOpsを実現するためのツールには、次のようなものがあります。

● SAST（Static Application Security Testing）

ソースコードを静的に分析し、脆弱な処理が含まれていないか検査します。SQLインジェクションやクロスサイトスクリプティングなど、開発者のちょっとしたミスに起因する脆弱性を検出できます。また、IaC（Infrastructure as Code）のための定義ファイルを解析できるツールもあります。インフラを構築する前に、リスクのある個所がないか検査できるため、安全なクラウドサービスの利用に効果を発揮します。

SASTツールはソースコードの全量を比較的短時間で検査できます。そのため、自動ビルドのワークフローに組み込みやすく、ソースコードのマージ前チェックによく利用します。ツールによってはIDEに組み込んで利用できるものもあり、サービスの提供形態は多種多様です。

● SCA（Software Composition Analysis）

アプリケーションの利用しているOSSやサードパーティのライブラリに脆弱性ないか、新バージョンがリリースされていないか、ライセンスにリスクがないかを検査します。多くのツールは、脆弱性やライセンスのリスクをスコア化して報告してくれるため、危険度の高いものから優先的に対応することができます。

SCAツールを定期的に実行すれば、運用しているシステムが内包するリスクを常時可視化できます。OSSの脆弱性は、ある日突然顕在化します。本線にマージした後も、継続的に新たなリスクが生まれていないか確認することが求められます。

● DAST（Dynamic Application Security Testing）

アプリケーションを外部から実際に攻撃して、脆弱性の有無を検査します。悪意あるユーザーの攻撃方法を模倣して、WebアプリケーションやWeb APIの問題を検出します。

DASTツールは一般的に、動作するシステムに対して、システムの外部からネットワーク経由で検査を実行します。すでに稼働済みのシステムでも、あとから導入できます。またシステム内の振る舞いには関与しないため、Webシステムであれば開発言語を問わず検査できます。

但し、ツールの検査方式上、本番環境と同じ構成のテスト環境を準備することが求められます。そのため、開発プロセスに自動化して組み込むことが比較的難しいツールと言えます。テスト実施コストが相対的に高くなることに注意しましょう。

●IAST(Interactive Application Security Testing)

テスト対象のシステムを実行し、その実行環境をバックグラウンドで監視することで、システムの脆弱性を検査します。サーバー内のアプリケーションの動作や、システムが送受信するデータをもとに、脆弱性の有無を検証します。

IASTツールは、テスト用の特別なスクリプトや、専用のテストドライバーを準備しなくても実行できます。また、実行環境内でシステムを監視しながら動作するため、脆弱性のある個所を比較的簡単に特定できます。

●クラウドベンダーの診断ツール

クラウドベンダーによっては、構築したインフラ構成にセキュリティ上の懸念がないか検査するサービスを提供しています。各社のベストプラクティスに従っているかを簡単に調査できるため、非常に有用です。但し、ほとんどのサービスは構築済みのインフラに対して検査を行うに留まります。検査を自動ビルドに組み込むのは難しいため、最終的なチェック目的に使うことを推奨します。

Column

xOps

近年様々なワードと「Ops」を組み合わせた「xOps」という用語が登場するようになりました。例えば、DataOpsやMLOps、AIOpsなど、様々な用語があります。これらはいずれも、システムの運用から得る気づきを、サービスやシステムの機能にフィードバックする考え方から来ています。「エンドユーザーに価値を届け続ける」という価値観、「持続可能・再生可能・循環型でなければならない」という要請が、様々な領域に広がり始めていると言えます。

これはビジネスの在り方が、大きく変わり始めていることと関連しています。少し前までのビジネスは「モノ売り」が中心でしたから、よいモノを作ることが目標になりがちでした。しかし、モノを所有する時代から、コトを消費する時代へと、人々の要求は変化しています。一昔前まで、CDの販売や楽曲のダウンロード販売が音楽ビジネスの中心でした。今では、定額で最新の楽曲をいつでも聴けるサブスクリプション型のサービスが中心です。サービスへのシフトは、継続的な売り上げを確保しやすい反面、エンドユーザーにとって価値のあるサービスを提供し続けなければ、顧客はすぐに離れていってしまいます。

現代において、サービスを提供することとシステムを運用することは、同義になりつつあります。システムがエンドユーザーに価値を提供し続けるためにも、運用から気づきを得て、サービスの改善を継続することがビジネス上も重要視されているのです。

システムの力が大きくなった現代において、ITエンジニアがビジネス上に果たす役割はますます大きくなっていくでしょう。ITエンジニア自身が、ものづくりからビジネスの世界へと視野を広げれば、もっと面白いことが実現できると思います。ITエンジニアには、ビジネスを大きく動かす力があると筆者は信じています。

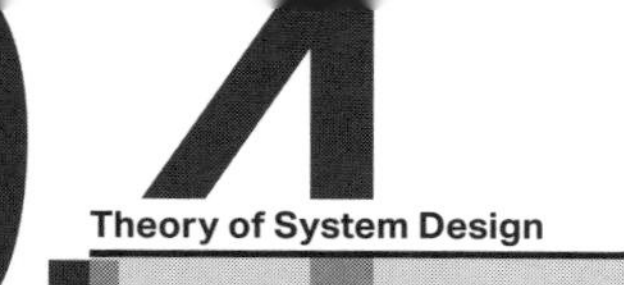

ローコード開発の適用を考えよう！

ビジネススピードが加速したことで、システム構築のさらなる高速化が必要とされています。この要請に対し、ローコード／ノーコード開発ツールは大きな効果を発揮します。本節では、ローコード／ノーコード開発の概要を俯瞰し、それらのツールを用いた開発手法を解説します。

ローコード／ノーコード開発とは？

ITシステムの開発にはソースコードの作成が必須でした。これには多くの時間と専門的なスキルを要します。「ローコード開発ツール」は、この現状に一石を投じます。従来よりも少ないソースコードでシステムを構築できます。ソースコードの代わりにグラフィカルなインターフェースを用いて、UIやビジネスロジックの設計と開発を行います。さらに、画面機能の開発からデータの保存まで、一切ソースコードを記述する必要のない「ノーコード開発ツール」も登場しています。

これらのツールは、いずれもシステム開発の在り方を大きく変える可能性があります。ツールがシステム設計の自由をある程度制限する一方、システム開発のハードルを下げ、短期間で開発を完了させるメリットも提供します。

ローコード／ノーコード開発の類型

ローコード／ノーコード開発ツールは、大きく2つの種類に分類できます。また、それぞれの中にも、様々な背景や特徴を持ったツールが乱立しています。開発ツールの特徴を捉えて、どういった視点でそれらを比較すべきか解説します。自社に必要なツールの特徴をしっかり把握してから導入するようにしましょう。

●統合システム開発ツール

UIからビジネスロジック、DBなどのデータストアまで、一気通貫で構築できるツールです。ビジュアルデザイナーを用いてシステムを構築できることが最大の特徴です。ほとんどのツールが、コードを書かずにシステムを開発できます。

統合システム開発ツールには、コードを生成するだけのツールから、実行環境も含めて提供するプラットフォーム型のツールまで、幅広い製品があります。システムの構築方法についても、既存のDBからシステムを構築する「DB駆動型」、ドメインオブジェクトの設計から始める「モデル駆動型」、画面の設計から始める「画面駆動型」など、ツールごとに様々な手法がとられます。

●統合ワークフロー開発ツール

SaaSやローコード／ノーコード開発ツールの活用が進むと、データがシステムごとに分散してしまいます。オンプレミスやクラウドに構築した個別システムにも、データはバラバラに存在します。それらのデータ連携を行うツールも、ローコード／ノーコード開発ツールのひとつです。

多くのツールはワークフローの自動実行機能を備えます。各システムが求めるデータ形式にあわせて加工を行いながら、データ連携を実現します。

ローコード／ノーコード開発におけるシステム設計

ローコード／ノーコード開発ツールを用いた場合も、システム設計の作業は必要です。しかし、利用する開発ツールによって、設計の進め方は大きく異なります。本項では開発ツールの選定と、開発プロセスの作り方を解説します。

●開発ツールの選定

ローコード／ノーコード開発ツールは、構築するシステムの役割や目的、用途に応じて、適切なものを選択または組み合わせるようにしましょう。

ローコード／ノーコード開発ツールは、実行環境ごと提供されるプラットフォーム型と、様々な実行環境に合わせたソースコードを生成するものに大別できます。前者は開発からデプロイまでを簡単に実施できるよう工夫されており、初期リリースまでの期間を短縮できます。しかし、実行環境ごと提供されるため、ベンダーロックインが発生しやすい構造を持ちます。また、実行環境がベンダー管理下にあるため、ベンダーの事業継続性や、プラットフォーム自体のセキュリティレベル[10]をよく確認しなければなりません。

ライセンス体系にも注意が必要です。小規模な利用を想定したユーザー単位の課金から、全社共通プラットフォームとしての導入を想定した料金体系まで、様々な種類があります。利用シーンに照らし合わせて、妥当な価格で利用できるツールを選定しましょう。

● 統合システム開発ツールの選定

統合システム開発ツールは、数十人程度の組織の業務効率を改善するEUC (End User Computing) を実現するツールと、エンジニアが大規模なエンタープライズ系システムを高速開発するためのツールに大別できます。開発を行うのは誰であるかを確認し、使用するツールを選定しましょう。ツールを次のようなマトリクス上に整理することで、ある程度の目星をつけることができます。

図9-7　図9-7 統合システム開発ツールの４象限

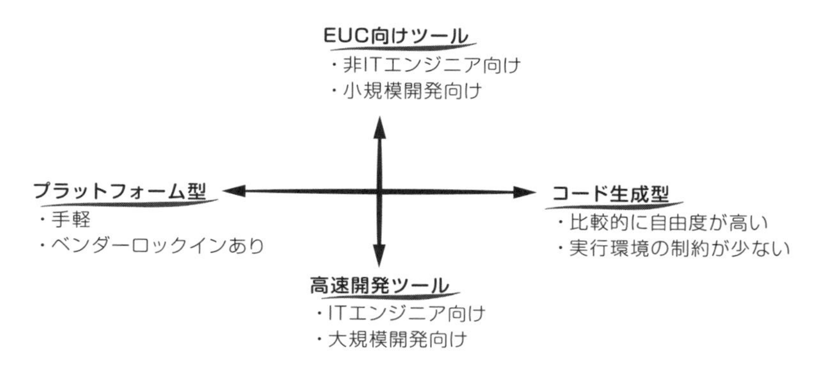

EUC向けツールの多くでは、UI設計を入力するだけで、システムを作り上げることができます。一般的にDBのテーブルが画面と1対1で生成され、画面間やシステム間データ統合までは、ツールは補助してくれません。非エンジニアでも手軽に利用できる

10　システムの取り扱うデータに機密情報が含まれる場合は、プラットフォームの信頼性を事前に調査しましょう。また企業のセキュリティポリシーに準拠しているか、設定やカスタマイズによって準拠できるかを確認しましょう。

よう工夫されており、ちょっとした業務効率改善に大きな効果を発揮します。しかし手軽さの反面、ツールの提供する機能をカスタマイズできないものも多くあります。

ECU向けツールの利用を拡大し続けると、同じようなシステムやデータが社内に点在するようになります。システムが分散すればするほど、データの整合性確保や、システム間のデータ連携は難しくなります。こうした「サイロ化」が進むと、企業全体の業務効率は下がってしまいます。EUC向けツールは、あくまで小さな組織内の業務効率化を目的としているという点を十分理解して、利用しましょう。

高速開発のためのツールは、エンジニアが実施する画面設計やコーディング作業を軽減してくれます。しかし、要件定義や論理設計の工程は、別途実施しなければなりません。データモデリングやビジネスロジックの設計など、通常のシステム開発で行う設計作業には、ツールの支援を得られないことがあります。ツールの利用にはシステム設計の知識が必要であり、非エンジニアが使いこなせる物ではありません。その反面、大規模なシステムにも対応でき、エンタープライズ系システムの構築に従事するITエンジニアの助けになります。

そのほかにも、ツールの選定には様々な観点が求められます。次のような評価軸で各ツールの特徴を捉え、利用目的に適合するものを選定しましょう。

表9-5　統合システム開発ツールの評価軸

評価軸	概要
作成可能なアプリケーション形態	Webアプリケーション、モバイルアプリケーション、など
システム構築方式	既存DBからシステムを構築するDB駆動型、ドメインオブジェクトの設計から始めるモデル駆動型、画面の設計から始める画面駆動型、など
他システム連携	Web APIで連携できる、ファイルで連携できる、専用ツールを用いて連携できる、他システム連携不可、など
ツールの出力形式	Javaなどのソースコードを生成するツール、ソースコードの存在を完全に隠蔽して実行環境ごと作成してくれるツール（専用のクラウド環境を利用するツールもある)、など
対応言語	英語のみ、日本語可、など
カスタマイズ方式	専用のプログラミング言語を用いてカスタマイズ、JavaやJavaScriptなどの汎用言語でカスタマイズ、プラグインによるカスタマイズ、など
カスタマイズ範囲	ビジネスロジックのみ、画面のみ、カスタマイズ不可、など

評価軸	概要
サポート体制	国内代理店や日本語サポートの有無、技術コミュニティの有無、技術サポート提供時間、など
価格体系・利用料	開発ライセンス販売型（開発者単位での課金、組織単位での課金、など）、実行環境の利用料課金型、システムの利用ユーザー数での課金型、など
ベンダーの体力	ツールの普及度、開発・運用のサポート体制、など
非機能面	可用性、SLA定義、性能、移行性、セキュリティ（各種認証制度への準拠）、など

● 統合ワークフロー開発ツールの選定

統合ワークフロー開発ツールは、データ連携の対象となるシステムに対応しているかどうかで選定しましょう。様々なSaaSやDB、オンプレミスのシステム、統合システム開発ツールと連携する場合には、iPaaS（Integration Platform as a Service）製品から選定します。連携先システムが日本のみで普及している場合、海外製のiPaaSは接続できないことがあるので注意しましょう。

メガクラウドベンダーは、各社の提供するクラウドサービスと親和性の高いワークフロー開発ツールを提供しています。クラウドサービス同士を連携させるコネクターが準備されており、簡単にワークフローを構築できます。特定のクラウドベンダーにシステムを集約している場合、有力な選択肢となります。但し、他のベンダーが提供するクラウドサービスと接続できるコネクターは、iPaaS製品とは異なり、通常は提供されません。連携先システムが限られる分、利用料は非常に安価です。要件に合致するなら、最初に利用を検討すべきツールと言えます。

ツールの種類を問わず、実行環境はクラウドベンダーの提供する環境内であることがほとんどです。また、ツールによってはカスタマイズの自由度が低いものもあります。次のような軸で評価し、利用するツールを選定しましょう。

表9-6　統合ワークフロー開発ツールの評価軸

評価軸	概要
処理方式	オンライン処理とバッチ処理のどちらに向いているかなど
対象ユーザー	ITエンジニア向け、一般ユーザー向けなど
連携サービス	使用しているサービスと連携可能か、連携サービスの数は十分か、オンプレミスのデータ連携が可能かなど

評価軸	概要
データ変換	データ連携時に変換処理を実行できるかなど
データ連携方式	Web API（REST、SOAPなど）、通信プロトコル（HTTP、FTP、POP3、SMTPなど）、ファイル連携（JSON、XML、CSV、Excel、HTMLなど）、データベース接続など
カスタマイズ方式	専用の言語を用いてカスタマイズ、プラグインによるカスタマイズ、単独製品でのカスタマイズ不可[11]など
価格体系・利用料	実行環境の利用料課金型（ワークフロー実行回数での課金、実行環境の維持時間での課金など）、システムの利用ユーザー数での課金型、個別見積り型など
非機能面	可用性、SLA定義、性能、移行性、セキュリティ（各種認証制度への準拠）など

●開発プロセスの定義

使用するローコード／ノーコード開発ツールが決まったら、各ツールにあわせた開発プロセスの定義を行いましょう。開発プロセスは、安全で効率的な開発を行うために定めます。要件定義から保守運用まで、一連の作業タスクやレビューポイントを定め、各タスクの実施結果を検証するためのチェックリストを作成します。

開発プロセスには、IT管理者を中心に全社的に整備すべき部分と、システム開発プロジェクトごとに定める部分があります。

プロジェクトが始まったら、定められた開発プロセスに沿って全メンバーが作業を行います。開発プロセスの課題が明らかになったときには適宜改善を実施します。開発プロセスの良し悪しはシステムの品質に直結します。

●全社的に整備すべき開発プロセス

ローコード／ノーコード開発ツールを導入すると、今までシステム開発に携わったことのない一般ユーザーも開発を行うようになります。セキュリティに対する意識が低い人でも参画できるため、適切な内部統制を効かせる必要があります。

まずはセキュリティ上機微なデータを安全に取り扱うための方式を全社的に整備しましょう。特に個人情報や機密情報を脅威から守る方式を標準化しましょう。例えば

11 ほとんどのツールは、ワークフローからスクラッチ開発したWeb APIを呼び出せるため、製品がカスタマイズできるように設計されていないケースも多くあります。FaaSと組み合わせて、独自の処理をワークフローに追加することが一般的です。

社内情報なら、誰にどのデータを閲覧させるのか、きめ細かくアクセスコントロールを行うこともセキュリティ対策につながります。また、万が一セキュリティ事故が発生した際の対処方法や、誰がいつどんなデータにアクセスしたかを監査する方法など、機能開発とは直接関係しない部分まで含めた標準的な開発プロセスの整備を行います。このような重要で汎用的なプロセスは、IT管理者が取りまとめて全社に展開するようにしましょう。

但し、全社的な開発プロセスによって、行き過ぎた管理を行うことはやめましょう。過度な管理によって業務改善に向けた取り組みが頓挫しては、開発プロセスの価値が下がってしまいます。また、重厚過ぎる開発プロセスは「シャドーIT[12]」の原因にもなりえます。必ず守らなければならない部分にフォーカスし、安全性と効率性のバランスに優れた必要最小限の開発プロセスとなるよう意識しましょう。

●システム開発プロジェクトごとに整備すべき開発プロセス

ローコード／ノーコード開発ツールが設計方式や実装方式を提供している場合には、開発プロセスの基本型として利用しましょう。また開発プロジェクトの都合にあわせてテーラリングしましょう。

ほとんどのローコード／ノーコード開発ツールは独自の統合開発環境を提供します。どのような設計情報をもとにしてシステムを構築していくのか、事前によく確認しましょう。高速開発のためのツールを利用する場合、通常のシステム開発同様、要件定義や論理設計を実施します。しかし、今までの開発プロセスより省力化できる作業もあります。例えば「モデル駆動型」の開発ツールは、ドメインモデルが開発ツールのインプットです。DBの構築は開発ツールが手助けしてくれるため、大きな労力をかけて設計せずに済む可能性があります。また「画面駆動型」の開発ツールであれば、画面設計の作業を開発ツール上で実施できる可能性があります。モックアップを兼ねて、実際に動く画面を作りながら設計を行うこともできます。従来のシステム開発プロセスにとらわれず、開発ツールのインプットと論理設計のアウトプットが整合するように開発プロセスを設計しましょう。

ローコード／ノーコード開発ツールを使用すると、コードを記述する分量を大幅に

12　IT管理者が関知せず導入されたITシステムや機器、クラウドサービスなどを言います。業務効率化を優先するがあまり適切な管理がされていないことも多く、セキュリティリスクが高くなりがちです。

削減できますが、その恩恵に与るためには、各ツールで実装できる機能の限界を超えないように設計を行わなければなりません。特に画面設計は、機能要件が膨らみがちです。ツールで実装できない機能を実現しようとすると、開発コストが大幅に上昇します。標準機能で実現できる範囲を見定め、画面設計パターンを整備しましょう。画面設計以外にも、開発ツールがシステム設計に対して制約を課していないかを確認しましょう。初めて使用するツールの場合は、本格的な開発に入る前に、重要機能のプレ開発を行うことも有効です。

ローコード／ノーコード開発ツールを利用すると、出来上がったシステムをすぐ利用できます。その分、テストに対する配慮を欠くものも少なくありません。まずはツールの提供するテスト方式があるかを確認しましょう。テスト方式が提供されない場合には、どのようにテストを行うかを検討しましょう。また、作成したシステムをどのようにテスト環境や本番環境にデプロイするかを確認し、開発プロセスに取り込みましょう。

最後に、開発するシステムの特性に合わせて、開発プロセスの濃淡を調整しましょう。EUC向けのツールを用いたシステムは、非エンジニアであるユーザー自らが、手軽に構築・改造できることに価値があります。過度に煩雑な開発プロセスによって開発の手軽さを阻害しないように、できる限り軽量なプロセスを設計しましょう。

第10章

成功パターンと失敗パターン

本書の最終章となる本章では、クラウドベース開発におけるシステム設計を成功に導くために押さえておくべき成功パターンと失敗パターンを明示します。今まで説明してきた内容の確認用チェックリストとして使用できます。

10.1

Theory of System Design

成功パターンと失敗パターンを理解しよう！（その1）

システム開発には成功パターンも失敗パターンも数え切れないほどに存在します。クラウドベース開発においてシステム設計を行う場合においても同様です。

ビジネスの方向性

クラウドベース開発に限定した話ではありませんが、開発対象のシステムがどのようにビジネスに貢献するか、しっかり検討がなされた上でシステム開発を行う必要があります。そうでなければ、いかに最新技術を用いようとも無用の長物になってしまいます。

まずはシステム企画において、きちんと目的と方向性を指し示し、システム設計を含む以降の工程において、その方向性に沿って目的を達成するための開発を行っていくことが必須になります。新規開発において、一度でも目的と方向性がぶれると、プロジェクトは迷走を始めます。さらに変更開発においては、当初の目的を見失い、原型を留めなくなってしまうことすらあります。

こうした危険性は、「簡単に始められる」クラウドベース開発のほうが、従来のオンプレミス開発よりも増します。アジャイル型開発を行う場合は特に要注意です。

クラウドベース開発においては、今まで以上に、論理設計の前半で概要を固め、後半と物理設計の繰り返しの中で詳細を固めていくことを徹底する必要があります。当初想定した方向性を見失って、なんとか稼働させようとするあまりに、選択したサービスに対して大量のカスタマイズを行うような事態は、避けなければなりません。

● 成功パターン

- ビジネスの方向性からぶれずにシステム開発を実施

● 失敗パターン

・ビジネスの方向性からぶれる、ぶれたままシステム開発を実施・続行

EA

上記同様、「簡単に始められる」クラウドベース開発だからこそ危険性が増しているのが、「EA（エンタープライズアーキテクチャ）」から逸脱したシステム開発です。つまり全体最適の視点を失うことです。

迅速性・俊敏性を活かして、一日でも早くサービスを展開したいと思うのは当然です。しかし、個別最適を優先するあまりにEAから逸脱したシステムは、早期に廃棄されるか、後からEAとの整合性をとるために多大な労力と時間を必要とすることに成りかねません。特にEAの上位2層、ビジネスアーキテクチャ（BA）とデータアーキテクチャ（DA）から逸脱したシステムは、全社的視点に立って考えたとき、すぐに意味をなさなくなることがあるので要注意です。

Column

アーキテクチャと個別システム開発の対立

システム開発は昨今ますます、時間、金、そして完成したシステムの投資効果を問われるようになっています。

俊敏性が求められるコンシューマー向けシステムを開発する際によく起こるのが、EAを管理するアーキテクトと、システム設計者との対立です。アーキテクトはあくまで全社最適を指向してEAの整合性を最優先します。片や個別システム開発の設計者は、開発対象のシステムをより早く実装までもっていくことを最優先します。どちらも正しく、どちらも間違っているともいえます。対立は立場の違いによるものです。

本書では「システム設計はEAを意識して行うべし」と主張しています。ややアーキテクト寄りの考えとも言えます。お互いが歩み寄るべきとの前提の下、どのようなシステムを設計する際にも、EAの視点を忘れてはなりません。システム設計に関わる人間がEAを意識して作業するだけで、全く違う世界が見えてきます。つまりビジネスに役立つ仕組みを構築する視点です。全社アーキテクチャの視点と、個別のシステムライフサイクル視点、双方にとって最適な形を指向できるようになります。

BAを常に意識するのは当然のこととして、第3章で説明したとおり、マスターとコードの体系をＤＡの方向性に合わせて設計することは必須です。

● 成功パターン

- 全体最適を意識してEAの一環としてのシステム開発を実施

● 失敗パターン

- 個別最適を優先してEAからの逸脱、もしくは最初から考慮もれのシステム開発を実施（特にDAの全体と個別との整合性に注意）

サービスの選択

クラウドベース開発を行う際にはいずれかのクラウドサービスを使用しますが、このサービス選択は結構悩ましいものです。

何らかの期間を設けて、初期段階で試用できるのなら、是非ともそうすべきです。もし試用が難しいようであれば、事例を徹底的に調べることです。試用もしくは調査してみて、特性や内容を把握し、最適な選択であるのかを判断します。サービスにはベンダーごとの癖もありますので、注意が必要です。

さらに、クラウド化の目的自体が不明確だと、後々問題になります。

単にオンプレミス環境をそのままIaaSのサービスへ移行する例が多くあります。移行後は一見クラウド化に成功したように見えますが、オンプレミスのサーバーのイメージをIaaSに載せ替えただけだったり、監視システムをIaaSに移行せず、オペレーションはオンプレミス環境のままといった状態では、何のためのクラウド移行かわかりません。こういった場合、コストの増大や使い勝手の悪化等の理由で、オンプレミス環境へ回帰してしまうことが多々あります。

また、新規に提供を開始したばかりのサービスの使用にも、注意が必要です。仕様変更が多いので、開発や保守に影響が出る可能性があります。場合によっては、途中で要件を満たさなくなることもあります。長期で稼働するシステムを構築する場合は、オンプレミスと同様に実績が多く、比較的枯れた技術・サービスを選択することを検討します。

さらにアズアサービスの選択にも注意します。IaaS、PaaS、FaaS、いずれかを選択する際には、サービスの内容に気を付けます。細かなサービスを選ぶときほど、プログラミング言語の限定、キャパシティの上限、サービス間の利用制限などを受けます。これらの制約が、開発するシステムの制約となるに止まらず、失敗原因となったり、コスト削減を見込んでいたのにかえってコストが増大してしまうことがあります。ここでも事前の検証・調査が重要になります。

●成功パターン

- まず試用、もしくは徹底的な調査をしてみて最適なクラウドサービスを選択する
- さらにクラウドサービスの特性と内容を理解して使用する
- むやみに新規サービスに飛びつかない

●失敗パターン

- 考えることなく、時流に流されてサービスを選んでしまう

組織・文化

本書ではこれまで、組織論にあまり触れませんでしたが、積極的にクラウドベース開発を行っていくには企業の組織と文化を変えていく必要があります。

クラウドサービスは、利用した分だけ請求される従量制がほとんどです。リソースの増強や縮小も容易であり、すべてが料金に反映されます。効果的に使用するためには、変更する際の承認プロセスを柔軟にしておき、迅速に処理できる状態を保つ必要があります。例えば、リソース増強／縮小の承認に時間がかかってしまうようでは、クラウドサービスのメリットを享受できません。

●成功パターン

- クラウド環境の俊敏性を最大限生かせる組織・文化作り

●失敗パターン

- 従来の所謂日本的承認プロセス等を踏襲した組織のまま

ロックイン

「ロックイン」とは、特定の企業・製品・サービス・技術などを、他へ置き換えるこ

とができない状態を指します。特定のITベンダーに依存し、他社への乗り換えができない状態を「ベンダーロックイン」と言います。オンプレミス環境だけなく、クラウドサービスにもこれが発生します。

IaaSのようにレイヤーの低い分野が自由に設計可能であれば、自己責任の範囲が大きいので、ロックインは発生しにくくなります。気を付けなければいけないのは、SaaSアプリケーションです。業務で活用していればしているほどに、他のサービスへの乗り換えが難しくなります。

注意すべきは、やはりサービスの選択です。新たなサービスは、利用者数が増えない場合（採算が合わない場合）、すぐに終了してしまうことがあります。継続性について、ほとんどのサービスは保証してません。今日明日すぐに終了してしまうケースは少ないものの、1年先に終了してしまう可能性は十分にあります。その場合のサービス移行の可能性を考慮しておく必要があります。

もし、ノーコード／ローコード開発ツールを使用するなら、設計内容をきちんと把握しておき、他のツールへの移行を可能な状態にしおくこと、サービスを使用するならデータ連携と最低限の機能把握をしておくことです。

● 成功パターン

- 最適なサービス選択
- ロックイン回避の仕組みを考慮しておく

● 失敗パターン

- 不適切なサービス選択
- ロックインを受け入れざるをえない環境に甘んじる

開発範囲

システム開発は規模が大きくなればなるほどに、失敗のリスクが大きくなります。初めてクラウドベース開発を行うときは、変更が容易であり、俊敏性が高いという特性を最大限に利用して、まずは開発範囲を小さな単位で行ってみて、成功したら次の開発を行う方が賢明です。サブシステム単位に切り出して、クラウドベース化していくのがわかりやすいといえます。最終的にすべてをクラウドへ移行するとしたら一時的にハイブリットとなりますが、あくまで通過点と考えればよいのです。

●成功パターン

- 小さく生んで大きく育てることができるクラウド環境の特性を利用し、小さな単位で開発を始める

●失敗パターン

- 最初から大きいシステムをクラウドベースで開発

データとプロセス

開発中にデータとプロセスの関係を分析したところ、整合性がとれていない、データのライフサイクルに不備があるといった場合には、そのまま放置してはいけません。新規開発か変更開発を問わず、データとプロセスが明確になったら、その関係性を明確にするために、データ、プロセス、そして両者の関係性についてデータモデル、プロセスモデル（業務フロー図）、CRUDマトリクスを作成して3者の整合性を確保しなければなりません。

また、マスター管理の方針変更に伴い、明らかに概念データモデルに変更の必要が生じた際には、手戻りを恐れるあまりに変更をせずに論理データモデル、物理データモデルの作成へと強引に作業を進めてはいけません。

●成功パターン

- データ、プロセス、データとプロセスの関係性を早期に把握し、常に整合性を保てる状態を作り上げる

●失敗パターン

- データとプロセスおよび関係性の不整合を修正せずに、IT機能とUIを設計
- 概念データモデルの必要な見直しをせずに、論理データモデルを作成

SaaSサービス

現在、様々なSaaSサービスが提供されており、第1章でも説明したとおり、クラウドベース開発においても、まずSaaSが業務に適用可能かどうかを検討すべきです。最適なサービスが選択できればよいのですが、残念ながらうまくいかない時もあります。

そんな時、勇気をもって撤退、即ち再度選択をし直す決断を下す必要があります。

間違っても、サービスを変更せずに、業務との適合性が低いためにカスタマイズ過多になりそうでも、一度選択してしまったERPの使用を継続したりしてはいけません。また、明らかにスクラッチ開発でなければ実現できない複雑な処理を必要とするIT機能を、ノーコード／ローコード開発ツールで開発しようとするのは問題外です。システム開発プロジェクトを泥沼に落とし込むのみならず、システムライフサイクル全体にわたって問題を抱え続けることになります。勇気ある撤退が必要な時があるのです。

● 成功パターン

- 最適なSaaSが提供するサービス、ERP、ノーコード／ローコード開発ツールの選択
- 選択を誤った際の勇気ある撤退

● 失敗パターン

- 不適切なSaaSが提供するサービス、ERP、ノーコード／ローコード開発ツールの選択
- 誤った選択のままシステム開発を続行

開発手法

クラウドベース開発をスクラッチで行う場合には、アジャイル型開発の適用と、マイクロサービス化を積極的に検討すべきです。しかし、なんでもかんでもこの両者で行えばよいとは言えません。システムによっては、クラウドベース開発であろうともウォーターフォール型開発の方が適している場合が多々あります。開発対象のシステムが求めるものをきちんと分析して、開発手法を決める必要があります。

● 成功パターン

- 適切なアジャイル型開発、マイクロサービスの適用

● 失敗パターン

- 不適切なアジャイル型開発、マイクロサービスの適用

10.2

Theory of System Design

成功パターンと失敗パターンを理解しよう！（その2）

アーキテクチャ・開発プロセスと企業文化

第9章で扱ったマイクロサービスアーキテクチャやアジャイル開発は、企業文化や商習慣と密接に関連します。

マイクロサービスアーキテクチャは、システムを小さなサービスに分割し、独立したリリースや運用を実現することで、システムの俊敏性を高めることが目的です。システム運用では、独立した個々のサービスについて、常に責任の所在が明確な体制を構築しなければなりません。全サービスの運用を一元化するような組織体制では、アーキテクチャのメリットを活かしきれません。

アジャイル開発は、システム開発の自営を前提とした開発プロセスです。ITベンダーに開発を丸投げすると、プロジェクトがうまく機能しなくなる可能性が高まります。ITベンダーを活用する場合も、自社で開発の主導権を握ることが重要です。プロジェクトにメンバとして参画し、システムの方向性を決めて、主体的にプロジェクトを推進する姿勢が求められます。ITベンダーとは準委任契約を結ぶのが一般的です。

いずれの場合においても、ITベンダーに全作業を一括発注し、ユーザー企業はその成果物を受け取るような関係では成り立ちません。プロジェクトの進め方や商習慣も、アーキテクチャや開発プロセスにマッチする形に変えていきましょう。

● 成功パターン

- ユーザー企業の組織体制をアーキテクチャに合わせて構築する
- ユーザー企業自身がシステム開発の主導権を握る

● 失敗パターン

・ 今までの商習慣や組織体制を維持したまま、アーキテクチャや開発プロセスだけ変える

無理のないアーキテクチャ選定

従来から様々なシステムアーキテクチャが考案されてきました。しかしその多くは、定着することなく消えていきました。裏を返せば、今流行しているアーキテクチャも、伝統的に成功を収めているアーキテクチャを完全に置き換えることはないと言えます。

新しいアーキテクチャには、誕生に至った課題や背景が必ず存在します。構築するシステムが、それと同じ課題に対処するものなのかを考えてみましょう。新しいアーキテクチャを取り入れるのは、その点を確認してからにしましょう。

アーキテクチャの変更には、通常大きなコストがかかります。現行システムにアーキテクチャが原因となる課題がなく、将来性にも問題がないようなら、無理に新しいアーキテクチャへ乗り換えるメリットはありません。アーキテクチャは何かしらの課題を解決するための手段です。アーキテクチャの変更や適用を目的にしてはいけません。

● 成功パターン

・ 現行システムの課題を克服するためにアーキテクチャを変更する
・ 今後のビジネスの成長を加味して、あるべきシステムアーキテクチャを検討する

● 失敗パターン

・ 最新のアーキテクチャを盲目的に適用してしまう
・ 現行システムの課題を明らかにすることなくアーキテクチャを変更する

クラウドファースト

クラウドベースのシステム開発では、ベンダーの提供するベストプラクティスの研究が非常に重要です。一般的なクラウドアーキテクチャの解説から、目的別の成功事例まで、幅広い教材が提供されています。それらの中から自社の要件に合致するものを見つけ出せれば、設計の手間を大きく削減することができます。解説されているアーキテクチャと完全に一致したシステムを構築しなくても構いません。アーキテクチャの

目的をしっかりと理解して、部分的に適用することも検討しましょう。

そうした解説や事例には、PaaSやFaaSの活用例が多数登場します。今までどおりのシステムアーキテクチャをクラウド上に再現するのではなく、クラウドらしい設計を追求してみましょう。利用者が管理すべき領域を削減できるサービスの活用を進めると、クラウドのメリットがより生きてきます。

●成功パターン

- クラウドベンダーの提供するベストプラクティスを研究し、要件にあうものを取り入れる
- クラウドのメリットを生かすアーキテクチャを検討する

●失敗パターン

- オンプレミスのアーキテクチャを、何も考えずクラウド上に再現してしまう

自動化の推進

クラウドを活用して運用コストの削減や作業の正確性向上を図る場合には、開発や運用のタスクを自動化しましょう。オンプレミスの時代には、OSパッチの適用やアプリケーションのリリースなど、様々な作業が人手で行われていました。夜間に運用担当者がメンテナンス作業を行うこともありました。こういった手間やコストを削減できる下地がクラウドには整っています。そのキーワードが自動化です。

アプリケーションのテストや配置、ログの収集や分析、各種メトリクス分析などの自動化は、特に手間やコストの削減効果が高く、優先して取り組むべきタスクです。これらを実現するためのクラウドサービスも多数存在します。

但し、自動化を行うには相応の初期構築コストがかかります。自動化の対象は、何度も行う作業や人手や時間のかかる作業、ミスの許されない作業に限定すべきです。自動化した作業を繰り返し実行すると、投資効果が徐々に表れてきます。短期的にはコストを回収できないことに注意しましょう。

自動化を目指すのであれば、開発の早い段階から自動化に取り組みましょう。自動化のコスト削減効果は、早く始めた方が大きくなります。また自動化した作業フローを何度も繰り返し実行することで、タスク自体も洗練されていきます。

自動化を行うと、それを保守するコストがかかることにも注意しましょう。コスト

削減を図ったつもりが、却って保守コストのほうが高くつくケースもあります。保守に時間やコストを要する部分については、あえて自動化しないという選択肢も持ちましょう。

目先の作業コスト削減だけを目的とすることも避けましょう。作業の正確性を担保できることも自動化のメリットです。人為的な「うっかりミス」の削減も投資効果に含めるべきです。自動化の目的と目標を明確にし、できる限り正確な投資判断を下しましょう。

● 成功パターン

- 保守運用を見越して、開発の早い段階から投資効果の高いタスクを中心に自動化する
- 自動化の目的と、定量的・具体的な目標を定める

● 失敗パターン

- 今までのやり方を変えず、手動で繰り返し同じタスクを行う
- 自動化すること自体を目的にする
- コスト削減以外の自動化の効果を考えず、自動化の範囲を狭める
- 自動化したタスクの保守コストを考慮しない

ベンダーロックインのコントロール

ITシステムの可搬性を保つために、ベンダーロックインを避けようとする動きが広がっています。しかし、クラウドベースのシステムでは、当然ながらクラウドベンダーに少なからず依存することになります。システム開発のスピードを保つには、ある程度のベンダーロックインを許容することも必要です。

PssS・FaaS・SaaSはベンダーロックインが発生しやすいですが、活用しない手はありません。多少のベンダーロックインを受け入れながらも、アプリケーションの可搬性を保てるようコントロールするアーキテクチャ上の工夫が、開発者には求められているのです。

アプリケーションの可搬性を利用者の工夫によって確保できないサービスは、注意して利用しましょう。SaaSやローコード／ノーコードツールには、アプリケーションの可搬性を全く保てないものもあります。開発スピードの向上や手軽さの享受を目的に、

短いシステムライフサイクルを想定して使用するのであれば問題ありません。しかし、代替手段がほかにないと、将来的なコスト増や、突然のサービス終了のリスクを抱え続けることにつながります。長期間使う予定なら、少し立ち止まって考えてみましょう。

●成功パターン

- コントロール可能な範囲でベンダーロックインを受け入れ、開発スピードの向上とアプリケーションの可搬性を両立する
- アプリケーションの可搬性が高まるようアーキテクチャを設計する

●失敗パターン

- ベンダーロックインを過度に避ける
- システムの利用目的に沿わないベンダーロックインを受け入れてしまう
- アプリケーションの可搬性を犠牲にして、過度に開発スピードを追い求めてしまう

クラウド利用者の責任を果たす

クラウドベンダーと利用者がそれぞれの責任を果たすことで、システムの安全性や可観測性は高まります。各種クラウドサービスには、ベンダー側の管理責任の範囲が定義されています。それ以外の部分は、利用者が責任を負わなければなりません。

責任の所在が不明確な問題が発生すると、障害解析は難航します。利用者が管理対象のログを採取しておらず、管理責任を果たせていないことが原因であるケースを、筆者は多く見てきました。アプリケーションやWebサーバーの状態記録、サーバーの各種メトリクスなど、クラウドサービスごとに利用者が責任をもって採取すべき情報は変わります。利用に際しては、ユーザー側の管理対象をしっかり理解しておきましょう。

近年では、分散型のアーキテクチャを採用するケースが増えています。そうしたシステムはモノリシックなシステムと比較して、全体の挙動把握が困難です。そのため、システムの可観測性を高めるサービスを導入して、管理運用する必要があります。クラウドベンダーに過度に依存せず、自分たちでできることを増やさなければな

りません。

セキュリティ関連の設定は、ほとんどの場合、利用者の責任において設計・管理します。正しく権限管理を行い、システムに適用するのは利用者の責務です。多くのクラウドサービスは、本番環境では通常設定しない脆弱な設定も適用できてしまいます。開発者の利便性を優先した結果、悪意ある部外者から攻撃を受け、システムを乗っ取られてしまうこともあるのです。またアプリケーションがセキュアに構築されていることも重要です。セキュアなシステム基盤の構築と、セキュアなアプリケーションの開発責任は、利用者が負っていることを強く意識しましょう。

●成功パターン

- システム障害に備えて、利用者が取得できるログやメトリクスを常時収集して管理する
- 設定値の意味を理解して、セキュアなシステムとなるよう最小権限の原則を守った設定・設計をする

●失敗パターン

- 障害原因がクラウドベンダー、アプリケーションどちらにあるか特定できるだけの情報を収集しない
- システムのセキュリティをクラウドサービスの設定にだけ依存し、アプリケーションのセキュリティ対策を怠る

10.3

Theory of System Design

成功パターンと失敗パターンを理解しよう！（その3）

目的と手段

目的と手段を混同していないか、確認しましょう。サービスやアプリの開発を自社や自部署で初めて行う場合に特に注意すべきです。決裁権を持つ上司や経営者の「鶴の一声」でプロジェクトが立ち上がるようならますます要注意です。

開発会社はユーザー企業から、「経営陣主導でプロジェクトが立ち上がり、予算も確保し、開発会社を探している」という相談を受けることがあります。このとき、ユーザー企業側の担当者レベルでは、システムを作成すること自体が目的化している場合があります。このような状態では、ビジネスの成功に寄与するかどうかを十分検討できないままに、システム開発に突入してしまうおそれがあります。

これは開発会社にとっても危険です。ユーザーのビジネスの成功が、長期的な取引の継続につながるからです。

● 成功パターン

・ビジネスの成功を目的とし、サービスやアプリの開発はあくまで手段であることをきちんと認識する

● 失敗パターン

・サービスやアプリを開発することそのものを目的としている

資産と負債

すでに導入されているシステムも、やがて更改する必要に迫られます。ビジネスの変

化に加え、動作が遅い、使い勝手が悪い等が理由になることもあります。

そのような場合にも、既存システムを資産と考え、できるだけ再利用することで、システム更改の費用や開発期間を抑えようと考えるケースがあります。

既存システムの一部を温存し、それを利用することで新規開発の費用を抑えたとしても、既存部分と新規部分の両方に運用費がかかり、数年後にはトータルの費用が逆転する可能性があります。運用費が削減される場合であっても、既存システムを残すことによって、開発の期間と費用がかさんでしまう可能性もあります。このような場合、既存システムは資産ではなく、負債としての側面が強いと言えるでしょう。

●成功パターン

・既存システムを資産と負債の両側面で分析し、システム更改の検討を行う

●失敗パターン

・既存システムを資産としてのみ見る

Column

長期的な視点から見える負債

企業にとっての負債は、金銭とは限りません。例えば、既存システムに使われている言語やフレームワークが古くなり、もう誰も学ばなくなってしまうことがあります。

こうした場合、そのシステムの維持運用に必要な人材の確保は、時間経過に伴って困難になります。人件費の増大にもつながりますし、将来的には運用を断念せざるをなくなります。

実際、金融機関ではこの問題が一因となって、全銀協が2027年にオープン系システムへと切り替える決断を下しました。

また、古い技術には精通していても、新しい技術の知見を十分に持っていない人たちしかいなかったら、システムの維持はできても、価値を向上させることは望めません。もちろん、古い技術の上に新しいことも学び続ける人はいますが、非常にレアであると考えた方がよいでしょう。よって、新しい技術を常に取り込み、組織としての技術力を積極的に更新し続けるための、具体的な工夫や取り組みが非常に大事です。

プラットフォームの知見

PC向けのソフトウェアやWebシステムとは異なり、モバイルアプリはアプリストアの規約に強く縛られます。この規約は、技術的制約よりもより強い制約です。技術的に利用可能な形で公開されているAPIだけを使っていても、一般ユーザーへの提供が認められない場合があります。社内ユーザー限定なら使用してよく、一般ユーザー向けアプリの開発では使用が許可されていないAPIが提供されているなどです。

また、倫理上の理由から不合格となるアプリが示されている場合があります。例えば、ソーシャル機能などでのユーザー生成コンテンツ（ユーザーの入力データ）に対し適切な管理を行い、不適切なコンテンツの削除やユーザーのブロック等が求められたりしています。自社のアプリやサービスに、ユーザー間でやり取りできるソーシャル機能を持たせたいと考えた場合には、運用ルールを含め、こうした点への配慮が必要となります。

さらに、「Webであれば何でも自由」というわけでもありません。クラウド利用についても、事業者が倫理規約を設けています。例えばAWSなどは、違法行為や他社の権利侵害につながるサービス等への利用を許可していません[1]。

● 成功パターン

- クラウドシステムやアプリマーケットの規約を把握し、抵触しないように仕様を検討する

● 失敗パターン

- クラウドシステムやアプリマーケットの規約などを確認しないまま、仕様を検討する

---

1 https://aws.amazon.com/jp/aup/

おわりに

本書の序章は、病院の待合室の場面からスタートしました。あのエピソードは筆者の身の上におきた実話です。

「大晦日、もうすぐ紅白歌合戦が始まろうとしていた。あと数時間で年が明けようとしているこんな時間に、私は薄暗い病院の待合室に座っていた。たった今、ほかに身寄りがいないために私が身元引受人を引き受けざるをえなかった叔母を看取った。すでに心臓は停止していたようで、私の到着時刻をもって叔母の死亡時刻になった。死亡時刻が確定すると、叔母につながれた医療器械の電源が目の前で落とされていった。

今は、亡き叔母の身支度を待っている。年の瀬だというのに忙しそうに立ち働く看護師や医師の姿を、肘をついて眺めていた。待合室には私のほかにも、年老いた女性と息子と思しき男性が下を向いて座っていた。

もうすぐ年が明ける。こんな時間に病院の待合室に座っている自分のことが、少し滑稽に思えた。叔母の身支度が整ったら顔を見に行くことになる。ふと生前の叔母の顔を思い出した。笑った顔をあんまり覚えていない。もともと表情の乏しい人ではあったが、叔父が亡くなった後、ますます顔つきが厳しくなっていった気がする。」

あれはそんなふうに叔母の人生に思いを馳せながら、ノートPCを開いた時のエピソードでした。

ITやデジタルがいくら進化しようとも、人間は喜怒哀楽を味わいながら地べたを這いずり回って生き、そして一生を終えます。人生のライフサイクルを全うしていくためには社会に適合して、大きな進化を受け入れていかなければなりません。本書のテーマであるクラウドベースは、今、そしてこれから何等かのITに関わるすべての人にとって避けては通れない進化です。

本書は素晴らしいお二方のお力を借りることにより完成させることができました。企画・編集を通じ執筆を支援してくださった松本昭彦氏と蒲生達佳氏とともに、共著者である川又眞綱氏と中西良明氏のお二方に感謝します。そしていつもどおり本書の出版を喜んでくれた家族に、感謝の意を示すとともに本書を捧げます。

このデジタル時代を生き抜くためにIT技術者として日々戦っている読者の皆様に、本書が少しでも役に立つことができたら、これに勝る喜びはありません。

2023年5月　東京・日本橋人形町にて　　**赤 俊哉**

索引

く

け

こ

さ

し

す

せ

著者プロフィール

赤 俊哉（せき としや） …… 序章、第1章、3～5章、6章の一部、10.1節および全体構成を担当

ITエンジニア。最初に下請けプログラマー、SEとしてIT業界の最下層に潜り込む。IT業界の闇をイヤというほど味わいながら、数々の悲惨なプロジェクトを体験後、ユーザー企業のIT担当へ転職。さらに業務の現場とデジタル責任者を経験。ベンダー企業のSE/プログラマー、ユーザー企業のシステム担当、利用部門という異なる立場からITシステムに関わってきた。その経験から上流工程の重要性を痛感するとともに、データ中心で考えていくことが日本のIT復活の処方箋であると考えるようになる。趣味（？）は末っ子ましゅー（8歳）との散歩。生まれ変わってもITシステムに関わる仕事に就きたいと考えている。

川又 眞綱（かわまた まさつな） …… 第2章、8章、9章、10.2節を担当

BIPROGY（株）所属。アプリケーション開発標準であるMIDMOST for .NET Marisの開発に携わる。鉄道・流通・小売・金融など、様々な分野の大規模システム開発にアプリケーションアーキテクトとして参画。プロジェクトを通じて、2018年よりAzure DevOpsやGitHubを活用した開発プロセスのモダナイズを社内で推進。2022年からはOSSの活用を支援するサービスを主導し、様々なプロジェクトに寄り添った技術支援を生業としている。最近はキーボード沼に片足を踏み入れている。2児の父。

中西 良明（なかにし よしあき） …… 第6章、7章、10.3節を担当

ブライテクノ（株）代表取締役。大手家電メーカーでの研究開発、アンチウイルスソフト研究開発、Androidスマートフォンのセキュリティソフト開発などを経験した後に2010年に起業。現在は、スマートフォンアプリ開発、IoT・ロボットソフト開発、研究機関の研究開発支援、技術コンサルティングなどを行っている。また、Android、iOS関連の書籍の執筆やセミナー講師なども行う。大学時代に基礎を作ってくれたX68000が好きでX68000Zももちろん入手したが、触る時間があまり取れなくて困っている。

システム設計のセオリー II
——クラウドベース開発

2023年6月28日　第1版第1刷発行

著　　者　赤 俊哉・川又 眞綱・中西 良明

発 行 人　新関 卓哉
企画担当　蒲生 達佳
編集担当　松本 昭彦
発 行 所　株式会社リックテレコム
〒113-0034　東京都文京区湯島3-7-7
振替　00160-0-133646
電話　03（3834）8380（代表）
URL　https://www.ric.co.jp/

装　　丁　河原 健人
本文組版　前川 智也
印刷・製本　株式会社 平河工業社

●訂正等

本書の記載内容には万全を期しておりますが、万一誤りや情報内容の変更が生じた場合には、当社ホームページの正誤表サイトに掲載しますので、下記よりご確認下さい。

＊正誤表サイトURL
https://www.ric.co.jp/book/errata-list/1

●本書の内容に関するお問い合わせ

FAXまたは下記のWebサイトにて受け付けます。回答に万全を期すため、電話でのご質問にはお答えできませんのでご了承ください。

・FAX：03-3834-8043
・読者お問い合わせサイト：https://www.ric.co.jp/book/のページから「書籍内容についてのお問い合わせ」をクリックしてください。

製本には細心の注意を払っておりますが、万一、乱丁・落丁（ページの乱れや抜け）がございましたら、当該書籍をお送りください。送料当社負担にてお取り替え致します。

ISBN978-4-86594-363-4　Printed in Japan